高职高专"十三五"系列教材

高等职业教育土建类专业"互联网+"数字化创新教材

建筑防水设计与施工

程建伟　周　园　主编

中国建筑工业出版社

图书在版编目（CIP）数据

建筑防水设计与施工 / 程建伟，周园主编. —北京：
中国建筑工业出版社，2021.3（2023.12重印）
高职高专"十三五"系列教材　高等职业教育土建类
专业"互联网＋"数字化创新教材
ISBN 978-7-112-25758-4

Ⅰ. ①建…　Ⅱ. ①程…②周…　Ⅲ. ①建筑防水-设
计-高等职业教育-教材②建筑防水-工程施工-高等职
业教育-教材　Ⅳ. ①TU761.1

中国版本图书馆 CIP 数据核字（2020）第 256189 号

　　本教材共分为7个教学项目，其内容包括：建筑防水设计综述、屋面工程
防水设计、室内工程防水设计、外墙工程防水设计、地下工程防水设计、建筑
防水工程施工、防水工程质量保证与验收。

　　本教材按照现行的国家规范、规程，结合防水工程实践，进一步补充了有
关工程设计、施工及验收标准和方法，增加新工艺、新材料、新技术等内容，
如高分子 TPO 施工、隧道防水施工、特殊方法施工防水等。

　　本教材既可作为高等职业教育土建类专业教材，也可作为防水工程技术人
才岗位培训教材或供土木工程技术人员参考。课件请发送邮件至 10858739@
qq.com 索取。

　　责任编辑：刘平平　李　阳
　　责任校对：焦　乐

高职高专"十三五"系列教材
高等职业教育土建类专业"互联网＋"数字化创新教材
建筑防水设计与施工
程建伟　周　园　主编

*

中国建筑工业出版社出版、发行(北京海淀三里河路9号)
各地新华书店、建筑书店经销
北京鸿文瀚海文化传媒有限公司制版
河北鹏润印刷有限公司印刷

*

开本：787 毫米×1092 毫米　1/16　印张：15¼　字数：374 千字
2021 年 3 月第一版　　2023 年 12 月第三次印刷
定价：**45.00** 元（赠教师课件）
ISBN 978-7-112-25758-4
（36694）

教材编写委员会名单

主　任：鲍桂南

副主任：张　颖　朱冬青

委　员：（需要按照姓氏笔画排序）

王　永　王　玲　王　派　王　巍　王宏伟

牛玉琴　艾淇涌　史　璐　白伟明　李秀芳

杨自强　张　立　张广辉　张庆贺　张妍妍

张艳球　陈群玉　林　涛　林宏伟　周　园

钟友良　段　炼　姜东博　曹　倩　龚　娟

彭启超　董　旭　喻学斌　程　琤　程建伟

主　编：程建伟　周　园

主　审：林宏伟　尚华胜

此刻当有为

　　建筑是城市文明的物质载体，以浑厚的巨大张力庇护人们的安适生活。万丈高楼平地起，建设者的匠心潜藏于每一片砖瓦之间，隐秘而伟大。与此同时，中国数十年来方兴未艾的基础设施建设浪潮无疑给建筑建材相关从业者前所未有的大展身手的机会。这是我等之幸。

　　此刻当有为，无论身处办公室空调房下格子间的蓝图描绘，还是烈日炙烤下项目一线的冲锋陷阵，镌刻城市记忆的荣光同样熠熠生辉。

　　长期以来，我们顺从工业社会发展的摸索期问题，学术型人才处在显亮的山峰，在灰尘沉入指甲的应用技术型、技能型人才的培养方面所投入的资源相比前者要少得多。随着工匠精神的呼唤愈来愈嘹亮，技能型人才的社会认可越发彰显。以徐州工业职业技术学院与东方雨虹为代表的职业技术院校/企业，希望帮助人才习得工作技能，也努力让优秀人才把握探索科学真理的武器，树立为人类文明发展做出贡献的决心与信心。这本《建筑防水设计与施工》从该视角出发，试图以务实的方法论，详实的案例叙述，通过分析建筑防水工程基本原理和应用案例，探讨防水工程的科学本源，进而展开一定程度的防水技术的通识教育。无论时代如何，我们如此热切希望防水技术专业兼具经济效益和社会尊重双重驱动力，防水技能型人才如雨后春笋层出不穷。

　　《人类群星闪耀时》有句话，"人生最大的幸运，莫过于在他的人生中途即在他年富力强时发现自己的人生使命。"星辰大海的征程中，彩虹的阶梯，风云千樯，夯实的混凝土浇灌而成的台阶，坚固可靠。以一技之长的扎实奋斗创造喜悦，富足而饱满。

李卫国
中国建筑防水协会会长

前 言

随着防水新材料、新技术、新工艺在工程中的不断应用，防水设计及施工方法也发生了新的变化，同时我国既有建筑渗漏率达 95.33%，这些新变化需要编写一本集防水设计与施工一体化的专业教材，满足高等职业院校土建类专业对建筑防水施工教学的基本要求。本教材编写过程充分体现了校企合作、产教融合，吸收建筑防水龙头企业大量工程实践案例，并结合高职高专教学改革的实践经验来编写。

全书共分七个教学项目，主要内容包括：建筑防水设计综述、屋面工程防水设计、室内工程防水设计、外墙工程防水设计、地下工程防水设计、建筑防水工程施工、防水工程质量保证与验收。本教材编写过程中突出以下几个特点：

1.本教材每个教学项目以教学目标、思维导图、教学内容、总结、习题训练等设置教学项目结构体系。把现行防水设计与施工相关规范、规程、工程实践案例等内容融入教材教学内容，贴近工程实际。

2.本教材以应用为目的，适当增强防水细部防渗漏加强措施内容，优化教材结构，强调适用性和应用性。

3.本教材编写力求严谨、规范，内容精练，突出重点教学内容，将拓展教学内容及习题答案通过二维码放到课程平台上。

4.本教材编写充分挖掘信息化手段的运用，开发立体化教材，大量工程案例及施工工艺视频集成课程建设平台上，学习者可以通过平台拓展学习空间。

5.将课程思政点融入教学知识和技能点当中。

本书由徐州工业职业技术学院、北京东方雨虹防水技术股份有限公司单位合作编写。编写分工如下：

序号	姓名	单位	分工
1	程建伟	徐州工业职业技术学院	项目 1、3、4，主编统稿，二维码内容
2	周园	北京东方雨虹防水技术股份有限公司	项目 4
3	喻学斌	北京东方雨虹防水技术股份有限公司	项目 2
4	林涛	北京东方雨虹防水技术股份有限公司	项目 5
5	杨自强	北京东方雨虹防水技术股份有限公司	项目 6
6	王派	北京东方雨虹防水技术股份有限公司	项目 7
7	艾淇涌	北京东方雨虹防水技术股份有限公司	附录

　　本书在编写过程中北京东方雨虹防水技术股份有限公司钟友良、张广辉等提供部分教材编写素材及视频，同时参考了国内外同类教材、论文、松大慕课建筑防水施工部分视频等相关的资料，在此，表示深深的谢意！并对为本书付出辛勤劳动的编辑同志们表示衷心的感谢！由于水平有限，教材中难免有不足之处，恳请读者批评指正。

目 录

项目1

Chapter 01

建筑防水设计综述

教学目标

1. 掌握建筑防水构造设计内容与要求。
2. 熟悉建筑防水工程的种类。
3. 了解建筑防水发展史。
4. 能够陈述建筑防水发展史；会建筑防水工程设计初步方案选择。

思政目标

通过本项目的学习，让学习者领会中华民族传统文化的博大精深，激发学习者爱国的情怀；通过建筑防水设计的重要性的学习，培养学习者精益求精的工匠精神。

思维导图

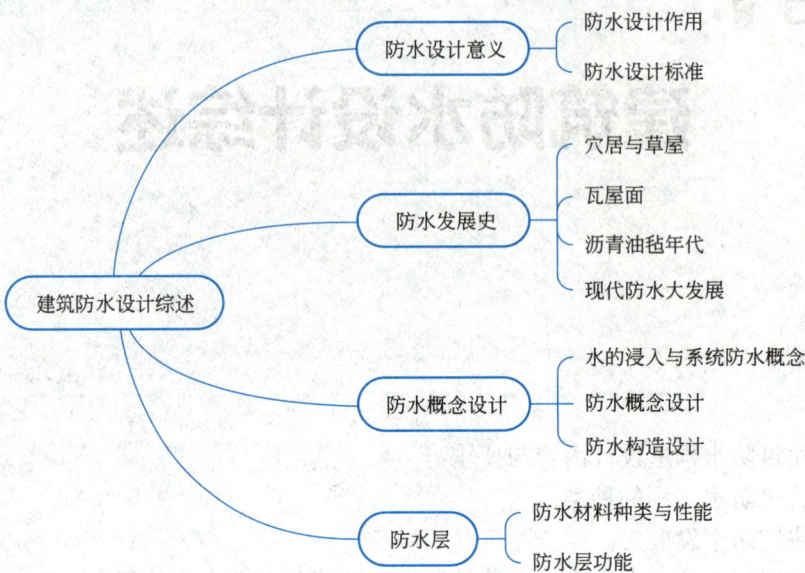

引文

　　建筑防水，是建筑安全概念中的一部分，被列入国家标准强制条文。建筑可能会因防水失败，造成设施财产的损失，甚至直接威胁到结构安全。因为水的长期侵入，会腐烂木结构，危害钢结构，锈蚀钢筋，使混凝土裂缝发展，损害结构主体，缩短安全使用寿命。

　　随着生活水平的不断提高，居住建筑的标准越来越高。高标准的装修，对渗漏水要求格外高。节能、环保、生态绿色建筑及智能建造技术，均有赖于一个安全可靠的平台才能健康发展，建筑防水就是这一平台的可靠保障之一。

1.1 防水设计的意义

1.1.1 防水设计的作用

　　在 40 年前，因为防水材料单一，除了油毛毡别无可选，不管住宅还是办公楼，只要有防水的部位，在图纸上注明"三毡四油"或"二毡三油"，便"万事大吉"。建筑防水不分等级，高级酒店和普通住房在防水材料和做法上没有差别，不思考几道防水设防，即便是地下室工程也是油毡三层，但在防水施工上比较认真。防水施工工人三四年的学徒工，任何防水部位施工，都能熟练地操作，而且一丝不苟，没有半点马虎，质检人员严格执法，若有差错，绝不放过。由于施工人员技术熟练、敬业，图纸上不必注明操作要点，如何配制玛琋脂、如何注意安全等均属多余。设计者不必进行复杂的选材，可选择通用节点详图，似乎可以没有防水设计。然而，随着建筑行业快速发展和我国建筑法律法规以及施工规范不断完善，防水设计已经不可缺少。

（1）防水材料品种繁多，性能各异

目前我国防水材料品种齐全，可谓云集世界之大成，品种数百，性能各异，用途有别，如果对许多防水材料的物理性能了解太少，就不能合理地选用，造成先天性缺陷。但要认识和使用这么多材料也是不容易的，选好防水材料，这是建筑防水设计的第一步。

（2）建筑不同部位情况不同，防水设计要求各异

现在的建筑平面，比 40 年前的建筑平面复杂得多，工程防水的类型也多，不同的工程有不同的防水设计。如上人屋面和不上人屋面、种植屋面和倒置屋面、蓄水屋面和隔热屋面，功能各异，设计有别。还有地下建筑防水、构筑物防水等。差别很大，需考虑更特别的因素，作出完全不同的防水设计。

（3）防水施工必须按设计施工图施工

防水工程应做几道设防？采用何种防水材料？排水坡度多大？设置什么保护层？细部构造节点又是怎样的，施工时应注意哪些问题等，防水设计必须交代明白。不合理的防水设计造成的渗漏率是很高的，据统计，有时占总渗漏率的 26％ 以上，甚至 30％，设计不合理，再好的材料，精心操作，也不能弥补，可见防水设计对确保工程无渗漏是多么重要。防水设计就是制定蓝图，再由施工人员逐步实施。

（4）防水工程投标，必须有防水设计

根据国家建筑法的规定，大型建筑工程或市政工程防水，必须进行招标。标书的主要内容是防水设计方案，投标者竞争的重点在防水设计的合理性，优者获胜。可见防水设计在投标这一关是何等重要。

（5）防水工程造价管理，依据设计图进行

建筑工程或构筑物防水初步设计和施工图设计，要进行工程造价概预算，竣工后进行工程决算。概预算都依据初步设计和施工图设计，决算依据竣工图。根据图纸可以算出防水面积，各道构造做法，使用什么材料，没有防水设计无法进行概预算和决算。

（6）工程监理按设计图进行

防水工程设计是监理工作的依据，否则施工方可以任意采用防水材料，操作也可以随意进行，监理人员认可或不认可，均无依据。所以没有防水设计就不能有效实施监理，也就无法保证防水质量。

（7）修缮依据

工程竣工交付使用，数年后可能发生渗漏，进行维修，或者其他原因进行改造，必须参阅原防水设计文件，制定维修方案或改造方案。有不少工程找不到原来设计图，维修十分困难，常常拆除部分防水层上部的覆盖层观察，再作维修设计。

1.1.2 设计标准的应用

应用标准作防水设计，首先要了解标准的含义。所谓标准，就是用来衡量多种事物的客观准则，具体一点说，统一认识，统一行动，在一定时间，一定范围内，人们共同遵守的准则。

国际上对标准的定义："标准是由有关各方根据客观技术成就与先进经验，共同合作起草，一致或基本同意的技术规范或其他公开文件"。

我国对标准的定义是："为在一定范围内，获得最佳秩序，该文件协商一致制定，并经一个公认机构批准。以科学、技术和实践经验的综合成果为基础，以促进最佳社会效益为目的"。

以上是广义的对标准的解释，规范是标准的主要表达形式之一。具体到建筑防水设计规范，有两种意义：一是防水构造层次、选材和施工操作要点的法定文件，即工程技术规范；另一种含义是指单一防水材料和配套材料的规格、物理性能和技术指标。规范都有时间的限定和区域范围的圈界。也就是说规范在某些年内有效，在某些地区内有效，不是永久不变的，更不是放之四海皆宜。规范还有一种含义：制定"榜样"，提供效仿，照样复制。宋代《营造法式》就是以法定式，依式复制。防水工程技术规范，就是制定程序规则，按照程序规则去设计、施工。

规范，对建筑师来说具有法律效力，是指导防水设计最主要的依据。

1.2 建筑防水发展史

建筑防水是以防水材料为基础的。防水材料每发展一步，防水技术就向前跨一步。防水材料和防水技术是建筑发展的动力。因为需要防水，才创造防水材料，防水促使多种建筑形式的产生。

"上古穴居而野处"（易经），"潮湿伤民"（墨子），故先民从地下升至地面建天地根元造。增巢树居，防雨困难，南方多雨，增巢常是淋湿，故从树上下来建造干栏屋或架空地面。水向低处流，屋面必为坡，坡愈大"吐水疾而溜远"。坡屋顶形式产生。土筑墙畏水，淋雨而坍塌，屋檐远挑，挡雨护墙，为挑大檐创造斗棋。木柱入土、潮浸腐朽，置石础、垫石磉。为防地而洪汜，冲毁墙体，夯土筑台，台上造屋，高台建筑产生。

高墙和重屋（楼）仅仅靠挑大檐护墙遮雨，难度太大，先民创造重檐和多层密檐，中国楼阁式塔诞生。

干旱地区少，大坡屋顶无甚必要。覆土囤顶和平屋顶产生。

防水创造了建筑形式，也创造了防水材料。防水是建筑功能的需要，防水材料是防水的"工具"。防水工具改变了，建筑形式随之变化。所以防水材料的发展变化，影响了建筑的发展变化。

1.3 建筑防水概念设计

1.3.1 水的侵入与系统防水

1. 水的浸入

一般认为防水主体产生渗漏的要素是水、缝隙和通过缝隙的水的迁移力。水主要指雨水、雪水、海水、地表渗水和地下水。

从微观上看，水分子总是在不同温度条件下作不规则的布朗运动，只要存在温度梯度就会发生水分扩散，扩散率取决于物体的透气性、厚度以及两侧的蒸汽压差。水蒸气总是从高蒸汽压或高湿度部分向低蒸汽压或低湿度部分扩散，这是水侵入的物理规律。

从宏观上看，水的分子直径为 0.3×10^{-6} mm，只要大于该尺寸孔径的毛细孔，水就会沿孔通过，水通过孔的方式有蒸发、扩散、凝结，毛细吸引；孔壁具有浸润性时，发生渗透现象是必然的。在水压（静、动）和重力作用下，渗水往往会加剧。

孔会渗水，孔的连续成缝，缝更易渗水。但渗水的本质是"孔"。

水通过孔的迁移力大小、速度、作用范围以及危害程度随缝隙的形态、宽度、深度、数量以及所处的自然环境和环境介质的作用而变化。环境因素包括阳光、紫外线、臭氧、温湿度、温差、风压、水质中侵蚀性物质、杂散电流、防水工程运行时的其他因素。如建筑外围护结构，风雨交加时，产生动水压，风压有正压和负压，会造成雨水回转和爬升现象，改变渗水途径。现代工程环境学研究还表明，足够的水分、水中侵蚀性物质和温度是确定环境特征时必须考虑的三个因素，同时还应考虑它们之间相互作用的影响。当温度升高时，水中侵蚀性物质的化学反应速度加快。温度对化合物的化学反应影响也很大，当温度上升 $10℃$，在一定条件下可使高分子材料的变质时间减半；有机化合物和混合材料在光、氧、热的作用下会老化，老化会导致材料开裂而渗水。

因此，水的侵入是一动态的、不断变化的复杂过程，阻止水的侵入，防止水的渗漏，也就是"防水"，在工程应用中，它指防水设防在合理使用年限内具有可靠的防水功能。

2. 系统防水

系统防水有两层含义：一是不能孤立地就防水论防水，要与结构本体、节能构造及适用、安全、美观、施工维修等有关要求或系统整合起来考虑防水设计；二是防水构造本身，除应考虑层间匹配、相容，还应研究层间的相互支持，力求一层多用。一层多用才能省，省而简，简而便，方便施工和维修。施工方便，就使防水工程质量保证率提高；方便维修，乃是提高全寿命周期的重要措施；而防止破坏性维修，应提高到可持续发展的高度来认识。

系统防水概念的提出，主要针对普遍存在的，按材料分类、按层类分述，自行组合的

1-1 建筑防水发展史

1-2 人类防水进化史

设计方法。该方法视野不宽、视角偏低、思路单一，可能影响防水设计整体的合理性。

1.3.2 建筑防水的概念设计

1. 防排结合

防是指采取致密的材料堵塞防水主体的孔和缝，阻止水的通过。我国大量采用的混凝土或砌体建筑，常采取防水主体自身密实和外设防水层相结合的方法。

排是指以最少时间和最短流程排除来水，这是防水设防最经济、最有效的方法之一。

防水和排水是一个问题的两个方面，考虑防水的同时应考虑排水，应先让水顺利、迅速地排走，不积水，自然可减轻防水层的压力。例如，屋面工程中，平屋面的坡度，天沟、檐沟的集水面积，水落口数量、管径大小的设计，要尽可能使水以较快的速度、简捷的途径顺畅排除。又如地下建筑，若具备自然排水条件时，应首先考虑排水的可能：设置滤水层、排水明沟或盲沟，将水排除，从而解除了地下水的压力，使防水的难度降低。室内也要设计合理的排水坡度和方向，使水尽快排除。总之，做好排水是提高防水能力的有力措施。

2. 多道设防与单道设防

多道设防，一方面是指采用不同材性的防水材料复合，发挥各自的特点共同防水。实践证明，采用多种材料复合使用，可利用一种材料优良性能来弥补另一种材料的缺点，提高整体防水性能，是一种经济、合理、可靠的做法。例如，地下建筑防水就常采用刚性防水和柔性防水复合，以柔性防水来适应变形，以刚性防水来抵抗变化。

另一方面也是指采用材料防水和构造防水结合。材料防水是指防水主体外设防水层或在防水主体的裂缝（接缝）处采用相应的防水材料弥缝；构造防水是指利用防水主体采用一些构造技术措施，形成如滴水、空腔等，切断和阻止水的进入，它是综合考虑了防水工程的功能、特性后所做的防水设计。片面夸大了防水材料的作用，重视材料防水，而对构造防水注意和研究不多，是期待解决的一个课题。

多道设防借助各道防水层粘合形成整体，使渗水微孔（如<0.1~0.5mm）绝对重合的概率极小，即借助其互补性屏蔽漏点，以形成整体密封防水系统。确保防水工程质量，防水工程要求可靠性好、保证率高，就必须多道设防。单就防水层而言，多道设防，主要应用于沥青类卷材，多层一体。不同类材料多道复合，应解决好相容问题，也要注意层间窜水问题。

单道设防是将隔汽层、保温隔热层、防水卷材层等连续干作业，将合成高分子卷材机械固定（专用钉）在基层（着力层）上；卷材的搭接部位采用焊接或热熔粘结，并将卷材盖住钉帽达到连续封闭的一种防水技术。一些发达国家的屋面工程采用这一系统技术已有数十年实践经验。工程质量和技术经济效果十分显著。在国内，最早引进这项成套技术的是瑞士渗耐（Sarnafil）公司，现名"西卡渗耐防水系统（上海）有限公司"，其业务之一是销售"抗紫外线聚酯纤维织物内增强筋聚氯乙烯防水物材"（PVC），并承接屋面系统机械固定成套技术的设计与施工，在北京、上海、广州等大中城市许多大跨度建筑轻钢屋面工程中得到推广应用。

三元乙丙（EPDM）和三元乙丙聚烯烃（TPO）也是用于单道设防的主要卷材。

3. 抗放结合，减少开裂

国内外的理论研究和分析资料表明，导致防水功能失效的主要症结是防水工程在外荷载（结构荷载）和变形荷载（材料干缩、温差等）的作用下引起的变形，当变形受到约束时，就会引起防水主体及防水层的开裂，因而，抗放结合，减少约束、适应变形尤为重要。

"抗"，即抵抗外荷载和变形的能力。主要用于增强防水层细部节点和接缝密封的整体不透水性、抗变形性和耐久性。用于预制构件时，整个防水层应有更大强度，如在氯丁胶改性沥青涂料施涂过程中，铺无纺布，做成二布五涂防水层；外墙防水中，在防水砂浆中加入抗裂纤维或与网格布复合等。

"放"是指缓减和减少约束，尽量留有伸缩余地，以释放大部分变形。例如，可采取结构主体设置变形缝和诱导缝，或在应力集中部位设置隔离层、缓冲层、滑动层，使防水层尽量不受基层变形的影响。在柔性卷材的施工中采取点粘法、条粘法、空铺法或机械固定法也属于"放"的措施。

对于结构复杂的防水工程，还可利用变形的时差效应，先"放"后"抗"。比如地下室后浇带，先完成大部分结构（自防水）设计及施工，待其变形完成一部分或大部分之后，再进行全封闭柔性防水施工，从而保证防水的可靠性。

4. 保证可靠，全面设防

防水设防的首要目的和任务是正常使用年限内保证不渗漏，这是防水工程最基本的功能要求，也是防水设防的根本。为达到此目的，防水设防首先要进行可靠性设计。

防水设防应全面、连续。不允许一些部位设防，一些部位不设防或设防薄弱，更不允许防水层不连续。如屋面工程中，大面做防水层，而女儿墙、压顶、泛水却不做防水；地下室底板不设附加防水层或做内防水，而侧墙则做外防水，这样的设计就不全面、不连续、不可靠了。此外，设防要均衡，局部易损坏的部位应增强。因局部薄弱导致整个防水失败，是很不合理的设计。

5. 因位置宜，单个设计

由于设防主体的性质及重要程度、结构特点、使用功能、耐用年限各不相同，尤其是环境条件（气候环境条件、使用环境条件和施工时的环境条件）不可能完全相同，所以防水设计也与建筑设计一样，应单个独立设计，不能照抄，采用的材料和构造不能千篇一律，即使是同一防水工程，设防的部位不同，设防的要求不同，细部构造、节点做法也要进行单个设计。单个设计也就是"量体裁衣"，简单模仿、无根据的照抄、无原则的简化或放任设计都不能保证防水工程质量。

6. 合理选材，材质匹配

新型防水材料的不断涌现，为防水质量与技术的提高，提供了更多的可能。但如何合理配置应采取科学态度，有些还应进行必要的试验、检测。目前有不少重点工程的屋面，存在构造层次重叠、复合防水材料搭配不合理的现象。这种对整体功能于事无补且大幅度增加造价的做法，应该引起注意。

选材有以下原则：

（1）根据不同的工程部位选材。例如屋面长期暴露，阳光、雪雨直接侵蚀；严冬酷暑，昼夜相间，屋面伸缩频繁。因此，应选用耐老化性能好且有一定延伸性的，耐热度高的材料，如 EPDM、TPO、PVC 或矿物粒料敷面之聚酯胎改性沥青卷材等。厕浴间一般面积不大，阴阳角多，且各种穿楼板管线多，宜选用防水涂料。涂层可形成整体的无缝涂膜，不受基面凹凸形状影响，如 JS 复合防水涂料、聚氨酯防水涂料等。

（2）根据防水主体功能要求选材。例如种植屋面，植土下的防水层还需要耐蚀、耐菌，能阻止植物根穿。又如垃圾填埋场，当天然条件不能满足防渗要求时，就必须采用人工防渗材料。由于垃圾的渗滤液成分复杂，且分期填埋，选用人工防渗材料时必须充分考虑材料的耐腐蚀性及抗碾压变形之强韧性，比如 HDPE 土工膜。

（3）根据工程的环境选材。降雨量、环境温度、地下水位及水质情况等均影响防水材料的选择。例如在水位较高的地下工程，防水层长期浸水，宜选用热熔施工的改性沥青防水卷材，或耐水性强的，可在潮湿基层施工的聚氨酯类防水涂料，而不要选用水乳型防水涂料。

（4）根据工程标准选材。对高等级或高标准的防水工程要选用高档次的材料（优等品或一等品），一般的则可选用档次低一些的合格品，国家现有规范所确定的防水工程的等级是选材的重要依据。

7. 有利施工，方便维修

防水工程设计要通过施工来实现，施工操作是保证质量的核心，除了要提高专业防水施工队伍素质及施工技术水平外，还要在设计时就考虑施工及维护因素。施工方便，就有利于保证施工质量，防水的可靠性和保证率就高；若考虑维护不周，将大大增加全寿命成本。

8. 注意节能、持续发展

保护环境、注意节能，可持续发展是我们共同的课题。防水工程也应更新观念，由防止渗漏的单一目标逐渐向多种功能目标的转化：即力求在实现防水的同时，对保温隔热、节能和美化环境等作出贡献。同时也应推行全程环保，从原材料采集、生产、使用、回收再生均要环保。

为满足环保的要求，防水设计已禁止使用焦油类防水材料；为增加城市绿化面积，降低热岛效应，种植屋面被愈来愈多的城市纳入发展计划；圆明园防渗工程，第一次将生态的概念引入了水体防水领域。防水设计必须与时俱进，用新理念、新思维、新视角、科学而多样化的手段，满足可持续发展的要求。

9. 全寿命投资

防水设计，既不能单纯强调提高标准，也不能单纯强调降低成本，而是强调两者的平衡，或通常所称的性价比，即全寿命投资，不仅包括一次性投资，更应考虑所有日常维护，大修、翻修时的成本；要考虑社会效益、经济效益和环境效益。

1.3.3 建筑防水构造设计

1. 构造设计的方法

针对国内当前防水工程中，设计深度严重不足，许多业内人士提出二次防水设计的概念：即设计单位进行防水初步设计，确定防水等级和技术原则及相关要求，然后由专业防水公司进行二次防水设计，确定防水材料与施工工艺，绘制节点构造大样。推行二次防水设计，不但可以使细化后的图纸更加科学、规范，还使得预算成本和实际成本比较接近，同时可避免由于考虑不周引起的构造层次之间的矛盾。这样，在满足多种使用功能的同时，使用户获得最大的技术经济效益，由设计院和施工企业联手进行防水设计，不仅维护了设计的权威性，同时也符合建筑师总负责制的国际惯例。

2. 影响构造设计的因素

影响的因素很多，归纳起来可分为以下几个方面：

（1）功能性和外界环境

防水主体的使用功能不同，防水设防都有各自的特殊性和针对性，因而防水构造的原理和构造方案就不同。例如道桥结构承受动载荷的特殊性，垃圾填埋场运行过程中的耐候、耐蚀、耐穿刺、适应大变形等，都是进行防水构造设计时首先要考虑的因素。

外界环境因素的影响包括外界作用力影响和自然环境的影响。

外力包括结构变形荷载、温度荷载、风力、地震作用，这些荷载对选择构造方案以及进行细部构造设计都是非常重要的依据。例如屋面上因温差（包括年温差与日温差）、材料收缩等形成的温度荷载，不仅会使防水材料拉裂，而且也会发生在屋面的女儿墙、整体浇筑的保温层、水泥砂浆找平层及铺贴地面砖的保护层上。因此，在屋面构造设计时，要根据上述不利因素进行构造设计，对有关部位采取必要的防范措施，如刚性防水层设置分格缝、防水层与基层之间设置隔离层等。

（2）防水材料

我国目前已有的防水产品可满足不同功能、不同技术要求和各类防水工程的需求。产品还逐步由低档向中高档过渡，从单个品种向系列化发展。

材料的发展也带来了构造方法的变更。进行防水构造设计的人员，应该熟悉防水材料的种类、材料的基本属性，根据防水工程的使用功能、经济造价、工程技术条件等因素，合理选择使用材料，提供符合适用、安全、经济、美观的构造方案。

应当注意的是好的构造设计并不意味着一定要使用贵重的防水材料，最合适才是最好。用合适的材料，通过合理的构造手段，取得最佳的防水效果。

（3）施工技术

正确的施工是保证防水工程质量的关键，而防水构造设计正是为正确施工提供可靠依据的。只有将细部构造交代清楚，施工操作才能准确无误。从另一角度讲，施工也是检验构造设计是否合理的主要标准之一。因此，设计人员必须深入现场，了解常见的和最新的施工工法，并结合现实条件进行设计，才能形成行之有效的构造方案。这对于保证工程质量、缩短工期、节省材料、降低造价，具有十分重要的意义。

（4）综合性价比

防水工程标准差距较大，不同性质、不同用途的防水工程有着不同的防水设计标准。采用的材料不同、构造方案不同、施工工艺不同，对造价的影响较大。因此要更多地考虑全寿命的投资，得出综合性价比。

3. 构造节点设计

构造节点也称节点构造或防水细部构造。它指防水层构造形状复杂部位、多种材料交接部位、防水材料变化部位、容易开裂变形部位、结构应力集中部位，这些都是防水层变形大，应力、变形集中，用材多样，形态复杂，施工条件恶劣最易出现质量问题和发生渗漏的部位。据历年调查统计，防水层出现渗漏，细部构造（节点）部位占全部渗漏70%以上，说明细部构造设防难，是构造设计的重点。

构造节点设计是保证防水层整体质量的关键。设计原则如下：

（1）局部增强

如前所述节点部位都是防水层应力变形集中，构造复杂，易受外力损害的部位，所以应局部增强，使它与大面积防水层同步老化，这也是最经济的设计方法。增强处理可采用多道设防，采用与大面积防水层同样材料，也可采用涂料或增强的无纺布、网格布、纤维材料。

（2）预留分格缝密封

在应力变形集中处，面积较大易开裂处，不同材料应变值不同易开裂处，材料后期收缩易拉裂处，均应预留分格缝，留出一定尺寸的凹槽，填嵌密封材料。

（3）易受外力损害的部位采取刚性保护

在防水层易受外力损害时，如种植屋面，行人道、行车道，设备、设施基础，屋面有集中的雨水冲刷处等，应增设刚性材料保护层。

1.4　防水层

防水层是采用有机原料或无机原料，制成致密的能够隔断水而不使渗透的构造层次。隔绝水渗透的方式有三种：

1.防水层致密、无空隙，通常的水压下水不能穿透。所以，有时把防水层叫做隔水层、绝水层、封闭层。

2.憎水方式，在防水的部位，涂敷憎水性涂料，如有机硅、各类油脂，碰上"退避三舍"。

3.以硅酸盐和活性物质制成粉状材料，涂敷在防水部位的混凝土表面，水的作用下，渗入毛细孔，与水泥化合生成新的物质，堵塞毛细孔，和混凝土共同形成主体防水层。

1.4.1　防水材料的种类与性能

在防水工程设计中正确选择防水材料，是保证防水工程质量的第一步。防水材料有以下几项关键的共有的物理性能指标，是工程中必须具备的。

1-3 防水材料种类

1. 防水材料的不透水性

除了金属板材（压型钢板）不透水，其余柔性防水卷材和防水涂料都是透水的，只是对透水的程度加以限制。材料透水与水压力大小和时间长短有关：水压力不小于0.3MPa，持续30min，如果水未透过防水材料即为合格；否则，此种材料没有防水的能力。

2. 防水材料的抗拉强度

屋面板挠曲和收缩变形，砂浆基层收缩裂缝，都会对满粘的防水材料有影响。故应有

一定的抗拉强度。

3. 防水材料的延伸率

应对砂浆基层裂缝除了采用较大的抗拉强度对抗，还可以采用以柔克刚的原理来缓解裂缝。防水层随裂缝而延伸，并不断裂。延伸不断是柔性防水层的优点，有变形的防水部位应选择柔性防水材料。材料延伸率大小根据材质确定，如果小于标准规定的延伸率，说明材质低劣。

4. 防水材料耐高低温度的能力

我国幅员辽阔，南北温差大。有些防水材料在气温 5℃ 以下不能施工；有的防水材料在 −20℃ 时冻裂；有的材料在 70℃ 时软化而无抗拉强度，或者流淌；也有因不耐高温从坡屋顶上滑下来；还有抗冻能力太差的涂料冻结在桶罐里无法使用等。

除了材料的工艺性，材料的其他内在性能也需要通过对温度变化的表现来确定，因此防水材料耐高低温能力就成了防水材料的重要检测指标。

1.4.2　防水层的功能

1. 防水

防水层的功能，顾名思义，首要的是防水。所以大部分防水材料只具备单一的防水功能，其中柔性防水材料应具有一定的抵抗基层变形的能力。

1-4 PMT
热塑性聚烯烃（TPO）
防水卷材

2. 抗紫外线

有些建筑屋顶的防水层不能加保护层，直接暴露大自然，长年暴晒，因耐紫外线性能差而老化。所以用于暴露的防水材料，必须耐紫外线强。

3. 耐霉烂

沥青基防水卷材的胎体多种，其中麻布胎、纸胎、废旧棉线胎的卷材，不耐水。数年后会霉烂。所以不能用于长期受水浸泡的工程部位。

4. 防止水化溶胀

水性防水涂料，分多次涂刷，每次涂刷很薄，必须干透，再涂下道涂料。若底层涂料未干又涂上一层，将前次涂料封闭起来，长期浸水，涂层溶胀或水化还原，最终失去防水功能。

5. 耐磨损

露天的体育场看台，其下是房间，看台要防水，防水层上作保护困难，看台上的观众践踏频繁，防水层必须耐磨损能力强。

6. 粘结力强

用于厕所、浴池的防水涂料，要求与墙或池壁粘结牢固，同时又要求在防水层上粘贴瓷砖，也要粘贴牢固。

7. 耐根穿刺

种植屋面必须用的防水材料。乔木和灌木的根系对防水层有穿刺伤害。所以用于种植屋面的防水材料，能够抵抗植物根系穿刺。

8. 隔热

不上人屋面防水层的保护可以用隔热膜的保护层。在工厂里制作卷材时，将金属箔膜

复合上。金属箔反射紫外线，从而降低屋面温度，达到隔热效果。

9. 保温

硬泡聚氨酯可以保温防水一体化。

10. 景观

当你站在太和殿的台阶上，北望太和殿，你会被雄伟壮观、金碧辉煌的琉璃瓦屋顶夺目，又会被那耸立在脊端檐角的鸱吻脊兽，壮怀激烈。板瓦和筒瓦构成条条瓦沟，瓦瓦互搭，鳞次栉比，构成四方连续的图案画，韵律美令你赏心悦目。

思考与练习 🔍

1-5 思考题与练习答案

1. 建筑防水概念设计从哪些方面考虑？
2. 防水层的功能有哪些？
3. 建筑防水设计的主要作用有哪些？
4. 防水材料按照形态可分为哪些？
5. 防水材料按照材质可分哪些？

项目2

Chapter 02

屋面工程防水设计

▶▶

教学目标

1.掌握屋面工程的基本要求、屋面的基本构造层次、屋面防水等级及设防要求、屋面排水系统的基本知识；掌握平屋面构造设计知识；掌握坡屋面构造设计知识。

2.熟悉倒置式屋面构造设计知识、熟悉种植屋面构造设计知识。

3.了解蓄水屋面构造设计知识、设计原则、程序和基本内容。

4.会平屋面、坡屋面防水设计；会种植屋面构造设计；能够进行倒置式屋面、蓄水屋面设计方案编制；能够进行金属板屋面、瓦屋面防水设计；具有分析处理一般屋面防水技术问题的能力。

思政目标

学习者通过对屋面设计原则、程序的学习，树立遵守国家规范，按照规范规程办事的意识；通过对各类屋面构造节点的学习，锤炼学习者注重工作细节、一丝不苟、严谨求实的工作作风。

思维导图

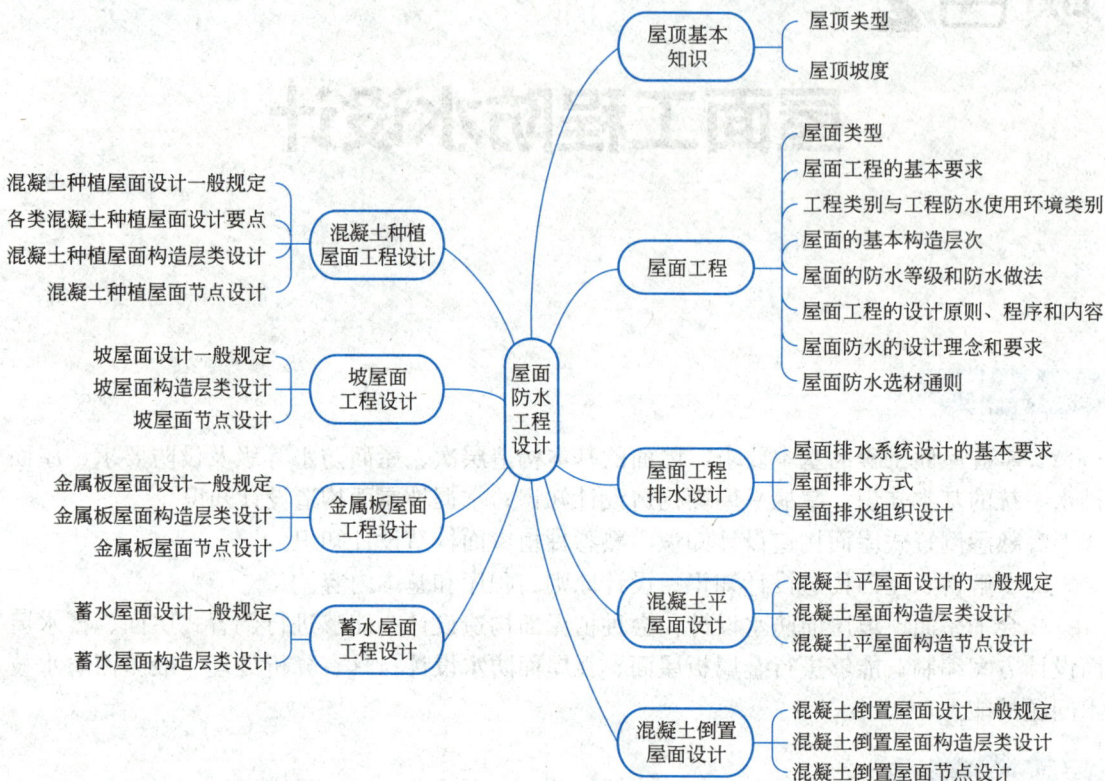

引文

　　屋顶，又称屋盖，是建筑物最上部的覆盖部分，由屋面和支撑结构等部件组成，可以抵御自然界风霜雨雪、太阳辐射、气候变化和其他外界等不利因素的侵袭，也可以界定建筑外部的轮廓形态，还可以传达建筑内部空间表达的含义，是建筑的重点部位。

2.1 屋顶和屋面的基本知识

2-1 屋顶种类及屋顶坡度

　　屋顶包括屋面以及在墙或其他支撑物以上用以支承屋面的一切必要材料和构造。屋顶按照其外形一般有平屋顶、坡屋顶、拱屋顶、薄壳屋顶和异形屋顶等多种形式。依照建材一般有瓦屋顶、草屋顶、石屋顶、木屋顶、钢筋混凝土屋顶、玻璃屋顶、金属屋顶等。

2.2　屋面工程

　　屋面工程是一个完整的系统，是建筑工程的一个分部工程，是指屋面结构层以上的屋面各构造层次的设计和施工内容。其包括了屋面的基层和保护层，保温与隔热、防水与密封、瓦面与板面以及屋面的细部构造等组成的房屋顶部的设计与施工。

　　根据现行国家标准《建筑工程施工质量验收统一标准》GB 50300 的规定，按建筑部位确定屋面工程为一个分部工程。当分部工程较大或较复杂时，又可按材料种类、施工特点、专业类别等划分为若干子分部工程。屋面工程各子分部工程和分项工程的划分应符合表 2-1 的要求。广义上的屋面工程还包括了屋面雨水排水系统、屋面使用面层等系统的设计和施工内容。

屋面工程各子分部工程和分项工程的划分　　　　　　　　　　表 2-1

分部工程	子分部工程	分项工程
屋面工程	基层与保护	找坡层，找平层，隔汽层，隔离层，保护层
	保温与隔热	板状材料保温层，纤维材料保温层，喷涂硬泡聚氨酯保温层，现浇泡沫混凝土保温层，种植隔热层，架空隔热层，蓄水隔热层
	防水与密封	卷材防水层，涂膜防水层，复合防水层，接缝密封防水层
	瓦面与板面	烧结瓦和混凝土瓦铺装，沥青瓦铺装，金属板铺装，玻璃采光顶铺装
	细部构造	檐口，檐沟和天沟，女儿墙和山墙，水落口，变形缝，伸出屋面管道，屋面出入口，反梁过水孔，设施基座，屋脊，屋顶窗

　　屋面工程的基本功能不仅为建筑的耐久性和安全性提供保证，而且成为防水、节能、环保、生态及智能建筑技术健康发展的平台。根据人们对屋面功能要求的提高及新型建筑材料的发展，对防水、节能、环保、生态等方面提出了更高的要求。由于屋面构造层次较多，除应考虑相关构造层的匹配和相容外，还应研究构造层间的相互支持，方便施工和维修。

2.2.1　屋面的类型

　　屋面是建筑的外围护结构，主要是起覆盖作用，借以抵抗雨雪，避免日晒等自然界大气变化的影响，同时亦起着保温、隔热和稳定墙身等作用。就我国屋面工程的现状看，屋面大体上可分为卷材防水屋面、涂膜防水屋面、保温屋面、隔热屋面、瓦屋面、金属板屋面、采光顶等种类。在各类屋面中，由于所用材料不同和构造各异，因而形成了各种屋面工程。

2-2　屋面工程分类

2.2.2　屋面工程的基本要求

　　屋面工程应符合下列基本要求：

1. 具有良好的排水功能和阻止水侵入建筑物内的作用

排水是利用水向下流的特性，不使水在防水层上积滞，尽快排除。防水是利用防水材料的致密性、憎水性构成一道封闭的防线，隔绝水的渗透。因此，屋面雨水能迅速排走，减轻了屋面防水层的负担，减少了屋面渗漏的机会；屋面防水又为排水提供了充裕的排除时间，屋面防水与排水是相辅相成的。

2. 冬季保温减少建筑物的热损失和防止结露

根据我国建筑热工设计分区的设计要求，严寒地区必须满足冬季保温，寒冷地区应满足冬季保温，夏热冬冷地区应适当兼顾冬季保温。屋面应采用轻质、高效、吸水率低、性能稳定的保温材料，提高构造层的热阻；同时，屋面传热系数必须满足当地的建筑节能设计标准的要求，以减少建筑物的热损失。屋面结露主要出现在檐口、女儿墙与屋顶的连接处，因此对热桥部位应采取保温措施。

3. 夏季隔热降低建筑物对太阳辐射热的吸收

按照我国建筑热工设计分区的设计要求，夏热冬冷地区必须满足夏季防热要求，夏热冬暖地区必须充分满足夏季放热要求。屋面应利用隔热、遮阳、通风、绿化等方法来降低夏季室内温度，也可采用适当的围护结构减少太阳的辐射传入室内。

4. 适应主体结构的受力变形和温差变形

屋面结构设计一般应考虑自重、雪荷载、风荷载、施工或使用荷载，结构层应保证屋面有足够的承载力和刚度；由于受到地基变形和温差变形的影响，建筑物应设置变形缝外，屋面构造层必须采取有效措施。有关资料表明，导致屋面防水功能失效的主要症结，是防水工程在结构荷载和变形荷载的作用下引起的变形，当变形受到约束时，就会引起防水主体的开裂。因此，屋面工程一要有抵抗外荷载和变形的能力；二要减少约束、适当变形，采取"抗""放"的结合尤为重要。

5. 承受风、雪荷载的作用不产生破坏

屋面系统应具有足够的力学性能和稳定性。既要在正常荷载引起的联合应力作用下保持稳定，又能抵抗由风力造成压力、吸力和振动。

6. 具有阻止火势蔓延的性能

屋面工程应采取必要的防火构造措施，所用材料的燃烧性能和耐火极限，应符合有关规定，以保证防火安全。

7. 满足建筑外形美观和使用的要求

建筑应具有物质功能性和艺术审美功能性的两重性，既要满足人们的物质需求，又要满足人们的审美要求。现代城市的建筑由于跨度大、功能多、形状复杂、技术要求高，传统的屋面技术已很难适应。随着人们对屋面功能要求的提高及新型建筑材料的发展，屋面工程设计突破了过去千篇一律的屋面形式。通过建筑造型所表达的艺术性，不应刻意表现繁琐、豪华的装饰，而应重试功能适用、结构安全、形式美观。

2.2.3　工程类别与工程防水使用环境类别

1. 工程类别

建筑工程依据工程使用功能要求和工程重要程度，分为甲类、乙类和丙类。具体划分应符合表 2-2 的规定。

工程类别			表 2-2
工程部位	工程类别		
	甲类	乙类	丙类
建筑工程	民用建筑、对渗漏敏感的工业和仓储建筑	除甲类和丙类以外的建筑	对渗漏不敏感的工业和仓储建筑

2. 工程防水使用环境类别

建筑屋面工程防水使用环境类别分为 Ⅰ、Ⅱ、Ⅲ 类，具体应按表 2-3 选用。

建筑屋面工程防水使用环境类别			表 2-3
工程部位	工程防水使用环境类别		
	Ⅰ	Ⅱ	Ⅲ
建筑屋面工程	年降水量 $P \geqslant 800mm$	年降水量 $200mm \leqslant P < 800mm$	年降水量 $P < 200mm$

说明：1. 当屋面工程所在地 50 年重现期的月平均最高气温和月平均最低气温差不大于 43℃，且年降水日数不大于 100d 时，防水使用环境类别应按此表选用；

2. 当屋面工程所在地 50 年重现期的月平均最高气温和月平均最低气温差大于 43℃，或当屋面及其他工程年降水日数大于 100d 时，防水使用环境类别应按Ⅰ类选用

2.2.4　屋面的基本构造层次

屋面的基本构造层次应符合表 2-4 的要求。设计时应根据建筑物的性质、使用功能、气候条件等因素进行科学合理组合。

屋面的基本构造层次		表 2-4
屋面类型	基本构造层次（自上而下）	说明
卷材、涂膜屋面	保护层、隔离层、防水层、找平层、保温层、找平层、找坡层、结构层	1. 防水层的选材和层次设置应由设计确认，防水施工单位进行二次深化设计； 2. 找平层与隔汽层设不设都由工程设计确定
	保护层、保温层、防水层、找平层、找坡层、结构层	
	种植隔热层、保护层、耐根穿刺防水层、防水层、找平层、保温层、找平层、找坡层、结构层	
	架空隔热层、防水层、找平层、保温层、找平层、找坡层、结构层	
	蓄水隔热层、隔离层、防水层、找平层、保温层、找平层、找坡层、结构层	
瓦屋面	块瓦、挂瓦条、顺水条、持钉层、防水层或防水垫层、保温层、结构层	
	块瓦、挂瓦条、防水隔热层、顺水条（内嵌保温板）、防水层或防水垫层、结构层	
	沥青瓦、持钉层、防水层或防水垫层、保温层、结构层	
金属板屋面	金属板、防水层或防水垫层、保温层、承托层、支承结构	
	面层金属板、防水层或防水垫层、保温层、底层金属板、支承结构	
	金属板、支承结构	
玻璃采光顶	玻璃面板、金属框架、支承结构	
	玻璃面板、点支承装置、支承结构	

注：1. 表 2-4 中结构层主要指钢筋混凝土基层；防水层包括卷材和涂膜防水层；保护层包括块体材料、水泥砂浆、细石混凝土保护层；

2. 有隔汽要求的屋面，应在保温层与结构层之间设隔离层。

2.2.5 屋面防水等级和防水做法

屋面防水设计最基本的依据是防水等级。防水等级应在初步设计阶段就确定,并在其总说明中列明;无初步设计阶段的小型建筑,则应在报批方案图中确定防水等级。原因是,防水等级的确定属强制性标准,初步设计深度的原则之一,就是确定控制性标准。另外,防水等级也是概算编制的基本依据之一,不可或缺。随着初步设计或报批方案的审批通过,防水等级及其连带的设防要求就自动产生法定约束力,成为施工图设计时具体选用防水构造类别、设防道数、防水层厚度的基本依据。

屋面工程设计工作年限不少于 20 年。屋面防水工程应根据工程类别、工程使用环境类别确定防水等级。不同防水等级的屋面均不得发生渗漏。屋面防水设防要求,应结合防水层材料的选用进行。

参考《屋面工程技术规范》GB 50345—2012 及该规范 2020 局部修订条文征求意见稿,屋面防水等级见表 2-5 所示,屋面防水等级、设防要求见表 2-6 所示。参照《建筑与市政工程防水通用规范》(征求意见稿修改稿)(2019 年 7 月 21 日)建筑屋面工程的防水做法见表 2-7。

屋面防水等级   表 2-5

工程类别	工程使用环境类别		
	年降水量 $P \geqslant 1600mm$	年降水量 $300mm \leqslant P < 1600mm$	年降水量 $P < 300mm$
甲类:民用建筑、对渗漏敏感的工业和仓储建筑	一级	一级	二级
乙类:除甲类和丙类以外的建筑	一级	二级	三级
丙类:对渗漏不敏感的工业和仓储建筑	二级	三级	三级

屋面防水等级、设防要求和防水做法   表 2-6

防水等级	建筑类别	设防要求	防水做法		
			卷材、涂膜屋面	瓦屋面	金属板屋面
特级	特别重要或对防水有特殊要求的建筑	专项防水设计	专项设计(可以设置三道或以上的防水层)		
Ⅰ级	重要建筑和高层建筑	两道防水设防	卷材防水层和卷材防水层、卷材防水层和涂膜防水层、复合防水层	瓦+防水层	压型金属板+防水垫层
Ⅱ级	一般建筑	一道防水设防	卷材防水层、涂膜防水层、复合防水层	瓦+防水垫层	压型金属板、金属面绝热夹芯板

注:1. 一道防水设防,是指具有单独防水能力的一道防水层次。
    2. 复合防水层是由彼此相容的卷材和涂料组合而成的防水层。使用过程中除要求两种材料材性相容外,同时要求两种材料不得相互腐蚀,施工过程中不得相互影响。
    3. 当两种防水材料不相容或相互腐蚀时,应设置隔离层,具体选择应依据上层防水材料对基层的要求来确定。
    4. 对于大型公共建筑、博物馆、医院、学校等重要建筑的屋面为Ⅰ级或特级,一般工业与民用建筑屋面为Ⅱ级,具体也可根据项目特点情况及业主要求,进行增强防水功能。
    5. 在Ⅰ级屋面防水做法中,防水层仅作单层卷材时,应符合有关单层防水卷材屋面技术的规定。
    6. 在Ⅰ级金属板屋面中,压型铝合金板基板厚度不应小于 0.9mm;压型钢板基板厚度不应小于 0.6mm;压型金属板应采用 360°咬合锁边连接方式。

不同类型屋面工程防水做法　　　　　　　　　　　　表 2-7

屋面类型	建筑屋面工程防水等级	防水做法
平屋面❶	一级	不应少于两道防水层,且柔性防水层总厚度应比防水等级为二级的防水做法增加不少于 1.0mm 的厚度,或不应少于三道防水层
	二级	不应少于两道防水层
	三级	不应少于一道防水层
单层卷材屋面	一级	防水卷材厚度不应小于 1.8mm
	二级	防水卷材厚度不应小于 1.5mm
	三级	防水卷材厚度不应小于 1.2mm
种植屋面/蓄水屋面	一级	不应少于两道防水层,且柔性防水层总厚度应比防水等级为二级的防水做法增加不少于 1.0mm 的厚度,或不应少于三道防水层。其中应有一道耐根穿刺防水层或增设一道阻根层
	二级	不应少于两道防水层;其中应有一道耐根穿刺防水层或增设一道阻根层
瓦屋面	一级	瓦另加一道防水层,且柔性防水层总厚度应比防水等级为二级的防水做法增加不少于 0.5mm
	二级	瓦另加一道防水层
	三级	瓦另加防水垫层或一道防水层
压型金属板屋面❷	一级	压型金属板另加一道防水卷材,防水卷材层厚度不应少于 1.5mm
	二级	压型金属板另加防水垫层或一道防水卷材
	三级	压型金属板

注：❶除单层卷材屋面、种植屋面、蓄水屋面、瓦屋面及压型金属板屋面。
　　❷采用全焊接金属屋面时,焊接金属板屋面可作为一级防水。

2.2.6　屋面工程的设计原则、程序和内容

1. 屋面工程的设计原则

屋面工程设计应遵照"保证功能、构造合理、防排结合、优选用材、美观耐用"的原则。其中屋面防水工程的设计至关重要,它是确保防水工程质量的前提,又是施工和质量检验的依据。设计一旦错误或考虑不周,造成质量问题,往往很难弥补,损失严重。因此,为了切实做好防水工程设计,屋面工程防水设计还应遵循"合理设防、防排结合、因地制宜、综合治理"的原则。

2. 屋面工程的设计程序

屋面工程的设计程序如图 2-1 所示。

3. 屋面工程的设计内容

屋面工程设计包括以下内容：屋面工程防水使用环境类别、防水等级和设防要求；屋面构造设计；屋面排水设计；找坡方式和选用的找坡材料；防水层选用的材料、厚度、规格及其主要性能；保温层选用的材料、厚度、燃烧性能及其主要性能；接缝密封防水选用

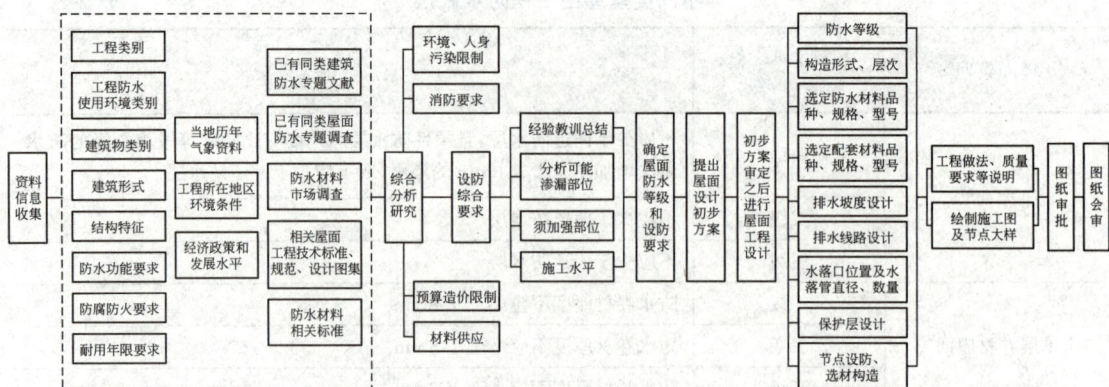

图 2-1　屋面工程设计程序图

的材料及其主要性能。

2.2.7　屋面防水设计理念、要求

1. 可靠性设计理念

屋面防水工程是建筑工程中要求比较严格的一个分项工程，要求质量达到百分之百的可靠才不致发生渗漏。要确保防水工程质量目标在设计工作年限内不出现渗漏，就要确定与要求质量相符的设计方案和设计图纸。

屋面防水工程设计，要尽可能充分地估计各种不利因素的综合发生，以达到在防水层耐用年限内不出现渗漏的质量目标。为了可靠，就必须充分考虑设计方案的适用性；气候、环境等影响的适用性；采用材料的耐久性和合理性；节点的连续、完善性；屋面其他层次对防水层影响的相容性；操作技术和工艺的可行性；成品保护和管理维护的有效性等。只有充分考虑这些影响防水工程质量的诸多因素，在此基础上做出的屋面防水工程设计，才是可靠性防水设计。

值得说明的是，屋面防水工程不出现渗漏的目标，不是短期行为，不只是要求在工程竣工试水时不渗漏或交工后一两年不渗漏，而是要求规定的耐用年限内不发生渗漏，尤其是在使用后期，地基、结构已产生较大变形，材料已接近耐用年限，相邻层次也不能出现渗漏。这就要求提高设计的可靠性和保证率。所以，屋面防水在短期内有防水能力，在耐用期限后期也不允许出现渗漏，这就是屋面防水目标质量的要求。因此，屋面防水设计工作耐用年限的质量保证，首先是设计的保证，其次才是施工和维护的保证。

2. 工程防水设计工作年限

工程防水设计工作年限，是指工程的防水体系不需要进行大修即可按预定目的使用的工作年限。工程防水设计工作年限依据工程的重要程度、破坏或性能降低导致的经济损失、维修的时间周期、现有的材料、构造性能等因素确定，是作为工程防水的基本要求。工程防水的设计、材料选择、实施等过程均应满足防水设计工作年限的要求。

屋面工程防水设计工作年限不少于 20 年。20 年为基本年限，业主可以根据需要，提高设计工作年限标准。提高工作年限的技术措施主要有，使用耐久性性能更好的防水材料、增加防水层道数、增加防水层厚度等方法。

3. 防水层合理使用年限

防水层合理使用年限指的是屋面防水层能满足正常使用要求的年限。屋面防水层耐用年限不仅与防水材料质量有关，而且与屋面的设计水平、构造做法、施工工艺、施工质量、工作条件、管理维护等因素有关。

由于对防水层的合理使用年限的确定，目前尚缺乏相关的实验数据，根据规范审查专家建议，在《屋面工程技术规范》GB 50345—2012 取消了对防水层合理使用年限的规定。防水层的合理使用年限与适宜的使用环境有很大的关系，如有保护层时，防水材料的老化年限数倍于外露使用；低延伸率的防水材料在变形较大的屋面上使用时容易被拉断裂，造成防水失效等。

因此，屋面工程设计时，应合理选材，并在构造层次设计上为防水层提供合理的使用环境。

4. 防水层的功能要求

屋面防水工程是防止雨水侵入建筑物内，保障室内环境使用功能。现今，对屋面还有综合利用的要求，如作活动场所、停车场、屋顶花园、蓄水隔热、种植屋面、太阳能屋面等，这些屋面对防水层的要求则更高。由于毛细孔、裂缝、孔洞、间隙都可能成为渗漏水的通道。因此，在建筑设计的使用年限内，防水层不能出现微小的贯通防水层的裂缝、孔洞和间隙。要满足这样的要求，防水层就必须能抵御阳光、大气、紫外线、臭氧等造成的老化，风霜雨雪的冲刷，耐酸碱盐能化学介质的侵蚀，承受各种变形对它重复疲劳拉压和外力穿刺的能力，保证防水层不受损坏而发生渗漏。

5. 防水设防

一道防水设防是在屋面构造中仅涉及一道具有独立防水能力的防水层进行防水设防，防水层可以是卷材，也可以是涂膜，但其最小厚度必须满足规范中有关条款的规定，小于规定厚度不能算作一道防水设防。不论单一或是复合使用的材料必须达到要求厚度才是一道设防。两种不同卷材或同一种卷材上下并用时称为叠层，如果叠层厚度仅为一道设防厚度，也只能算一道。因此一道设防可以用单一材料，也可以采用两种材料复合成为一道防水。

多道防水设防是为了提高屋面防水的可靠性，即应对诸多不利因素，若第一道防线破坏，则第二道、第三道防线还可以弥补，共同组成一个完整的防水体系，共同承担防水责任。多道防水设防的重点是充分发挥不同材料的特性，通过材性互补达到两道防水层的最佳组合效果。如卷材防水层与涂膜防水层组合，充分发挥涂膜整体性和卷材材质稳定的优势，互相弥补存在的缺点。屋面防水进行多道设防时，可采用同种卷材叠层或不同卷材复合；也可采用卷材、涂膜复合，刚性防水和卷材或涂膜复合等。对采用多种防水材料复合的屋面，应充分利用各种材料技术性能上的优势，做到优势互补，将耐老化、耐穿刺的防水材料放在最上面，以提高屋面工程的整体防水功能，同时相邻材料之间应具相容性。

无论是设置一道防水设防还是多道防水设防，节点部位均应采用合适的处理措施，以提高屋面防水的可靠性，并使节点部位的耐久性与大面防水层匹配。附加层材料应与大面使用的防水材料相容，所选材料品种不宜过多，以免采购困难。

6. 每道防水层、防水垫层的最小厚度

防水层的使用年限，主要取决于防水材料物理性能、防水层的厚度、环境因素和使用条件四个方面，而防水层厚度是影响防水层使用年限的主要因素之一。

每道防水层最小厚度应符合表 2-8、表 2-9 的规定。

每道防水层最小厚度（mm）（一） 表 2-8

每道防水层类别			防水等级	
			Ⅰ级	Ⅱ级
卷材防水层	合成高分子防水卷材		1.2	1.5
	高聚物改性沥青防水卷材	聚酯胎、玻纤胎、聚乙烯胎	3.0	4.0
		自粘聚酯胎	2.0	3.0
		自粘无胎	1.5	2.0
涂膜防水层	合成高分子防水涂膜		1.5	2.0
	聚合物水泥防水涂膜		1.5	2.0
	高聚物改性沥青防水涂膜		2.0	3.0
复合防水层	合成高分子防水卷材+合成高分子防水涂膜		1.2+1.5	1.0+1.0
	自粘聚合物改性沥青防水卷材（无胎）+合成高分子防水涂膜		1.5+1.5	1.2+1.0
	高聚物改性沥青防水卷材+高聚物改性沥青防水涂膜		3.0+2.0	3.0+1.2
	聚乙烯丙纶卷材+聚合物水泥防水胶结材料		(0.7+1.3)×2	0.7+1.3

每道防水层最小厚度（mm）（二） 表 2-9

每道防水层类别		防水等级		
		一级	二级	三级
卷材防水层	热熔聚合物改性沥青防水卷材	3.0	3.0	4.0
	自粘（湿铺）聚合物改性沥青防水卷材 — 聚酯胎	3.0	3.0	4.0
	自粘（湿铺）聚合物改性沥青防水卷材 — 高分子膜基	1.5	1.5	2.0
	高分子防水卷材	1.2	1.2	1.5
	双面复合防水卷材❶	0.5 芯层+1.5 涂料	0.5 芯层+1.5 涂料	0.5 芯层+1.5 涂料
涂膜防水层	反应型高分子类防水涂料	1.5	1.5	2.0
	聚合物乳液类防水涂料	1.5	1.5	2.0
	喷涂速凝防水涂料	1.5	1.5	2.0
	聚合物改性沥青类防水涂料	2.0	2.0	3.0
单层防水卷材屋面卷材	高分子防水卷材	1.8	1.5	1.2
	改性沥青防水卷材	5.0	4.0	4.0

注：❶当双面复合防水卷材采用无机粘结料复合防水时，一级防水（0.5 芯层+1.3 粘结料）×4；二级防水（0.5 芯层+1.3 粘结料）×3；三级防水（0.5 芯层+1.3 粘结料）×2。

防水垫层宜采用自粘聚合物沥青防水垫层、聚合物改性沥青防水垫层，其最小厚度和搭接宽度应符合表 2-10 的规定。

防水垫层的最小厚度和搭接宽度（mm）　　　　　表 2-10

防水垫层品种	最小厚度	搭接宽度
自粘聚合物改性沥青防水垫层	1.2	80
聚合物改性沥青防水垫层	2.0	100

需要说明的是，以下情况不得作为屋面的一道防水设防：

（1）除蓄水屋面以外的混凝土结构屋面板；

（2）Ⅰ型喷涂硬泡聚氨酯保温层；

（3）装饰瓦及不搭接瓦；

（4）隔汽层；

（5）细石混凝土层；

（6）厚度不符合规范规定的卷材或涂膜防水层。

7. 与防水层相邻层次的设计要求

与防水层有关的相邻层次是指结构层、找平层、找坡层、隔汽层、排汽构造设计、保温层、隔热层、隔离层、保护层等。

（1）结构层

结构层的刚度大小，对屋面防水层的影响极大。结构层刚度大，整体性好，变形小，对屋面防水层的影响就相对较小。

（2）找平层

找平层是为防水层设置符合防水材料工艺要求且坚实而平整的基层，找平层应具有一定的厚度和强度。如果整体现浇混凝土板做到随浇随用原浆找平和压光，表面平整度符合要求时，可以不再做找平层。采用水泥砂浆还是细石混凝土作找平层，主要根据基层的刚度。在装配式混凝土板或板状材料保温层上设水泥砂浆找平层时，找平层易发生开裂现象，故应采用细石混凝土找平层。基层刚度较差时，宜在混凝土内加钢筋网片。

找平层厚度和技术要求应符合表 2-11 的规定。

找平层厚度和技术要求　　　　　表 2-11

基层	找平层	厚度(mm)	技术要求
整体现浇混凝土板	无找平层	—	混凝土结构面随捣随抹压光
	水泥砂浆	15～20	M_{15}
	聚合物水泥砂浆	5～18	M_{15}
整体材料保温层	水泥砂浆	20～25	M_{15}
	聚合物水泥砂浆	15～20	M_{15}
	细石混凝土	30～35	C_{20}
	配筋细石混凝土	40～45	C_{20}
装配式混凝土板	水泥砂浆	20～25	M_{15}
	聚合物水泥砂浆	15～20	M_{15}
	细石混凝土	30～35	C_{20}
	配筋细石混凝土	40～45	C_{20}
板状材料保温层	配筋细石混凝土	40～45	C_{20}

由于找平层的自身干缩和温度变化，保温层上的找平层容易变形和开裂，直接影响卷材或涂膜的施工质量，因此保温层上的找平层应留设分格缝，使裂缝集中到分格缝中，减少找平层大面积开裂。分格缝的缝宽宜为 5～20mm（纵横缝的间距不宜大于 6m），当采用后切割时可小些，采用预留时可适当大些，缝内可以不嵌填密封材料。由于结构层上设置的找平层与结构同步变形，故找平层可以不设分格缝。

（3）找坡层

屋面找坡层的作用主要是为了快速排水和不积水，一般工业厂房和公共建筑只要对顶棚水平度要求不高或建筑功能允许，应首先选择结构找坡，既节省材料、降低成本，又减轻了屋面荷载，因此，混凝土结构屋面宜采用结构找坡，坡度不应小于 3%。

当采用材料找坡时，为了减轻屋面荷载和施工方便，可采用质量轻和吸水率低有一定强度的材料。找坡材料的吸水率宜小于 20%，过大的吸水率不利于保温及方式。同时找坡层应具有一定的承载力，保证在施工及使用荷载的作用下不产生过大变形。找坡层的坡度过大势必会增加荷载和造价，故材料找坡的坡度宜为 2%。

（4）隔汽层和排汽构造设计

设置隔汽层的目的，是为了隔绝室内湿汽通过结构层进入保温层。因为，如果湿汽滞留在保温层的空隙中，遇冷将结露为冷凝水，就会增大保温层的含水率，降低了保温效果；当气温升高时，保温层中的水分受热后变为水蒸气，将导致防水层起鼓。

常年湿度很大的房间，如温水游泳池、公共浴室、厨房操作间、开水房等的屋面应设置隔汽层。当严寒及寒冷地区屋面结构冷凝界面内侧实际具有的蒸汽渗透阻小于所需值，或其他地区室内湿气有可能透过屋面结构层进入保温层时，应设置隔汽层。隔汽层设计应符合下列规定：隔汽层应设置在结构上、保温层下；隔汽层应选用气密性、水密性好的材料；隔汽层应沿周边墙面向上连续铺设，高出保温层上表面不得小于 150mm。

屋面排汽构造设计是对封闭式保温层或保温层干燥有困难的屋面采取的技术措施。为了做到排汽道及排汽孔与大气连通，使水汽有排走的出路，同时力求构造简单合理，便于施工，并防止雨水进入保温层，排汽通道或排汽层的设置应符合下列规定：①当采取排汽层排汽时，排汽层可设计在保温上面或下面。排汽层宜选用高度不小于 8mm 的塑料排水板，支点向下形成连通的排汽层；塑料排水板应根据上部承压荷载确定型号规格；当上部荷载较大时，可在排水板凹槽内采用强度等级不小于 M10 的水泥砂浆增强填充。②当排汽层上面设置防水层时，塑料排水板上宜采用厚度不小于 40mm、强度不小于 C20 的细石混凝土作找平面。③当采用排汽通道排汽时，纵横间距宜为 6m。排汽通道可采用空腔或埋设可透汽的滤水管。排汽通道断面尺寸不宜小于 30mm×30mm。④排汽通道和排汽层应与排汽口相连，排汽口宜采用成品排汽装置或不易锈蚀的金属装置。排汽口与防水层衔接部位应采取密封措施。直立式排汽口宜按每 36m² 设置一个，排汽口的最低高度应高出屋面不小于 300mm，出汽口应采取防止雨水进入措施。水平式排汽口应设置在女儿墙外侧，排汽口应有防止倒灌水的措施。

（5）保温层和隔热层

屋面保温层应根据屋面所需传热系数或热阻采用轻质、高效的保温材料，以保证屋面保温性能和使用要求。保温层设计应符合下列规定：①保温层宜选用吸水率低、密度和导热系数小，并有一定强度的保温材料；②保温层厚度应根据所在地区现行建筑节能设计标准，经计算确定；③保温层的含水率，应相当于该材料在当地自然风干状态下的平衡含水率；④屋面为停车场等高荷载情况时，应根据计算确定保温材料的强度；⑤纤维材料做保温层时，应采取防止压缩的措施；⑥屋面坡度较大时，保温层应采取防滑措施；⑦封闭式保温层或保温层干燥有困难的卷材屋面，宜采取排汽构造措施。

屋面隔热是指在炎热地区防止夏季室外热量通过屋面传入室内的措施。在我国南方一些省份，夏季时间较长、气温较高，随着人们生活的不断改善，对住房的隔热要求也逐渐提高，采取了种植、架空、蓄水等屋面隔热措施。屋面隔热层设计应根据地域、气候、屋面形式、建筑环境、使用功能等条件，经技术经济比较确定。这是因为同样类型的建筑在不同地区采用隔热方式也有很大区别，不能随意套用标准图或其他做法。从发展趋势来看，由于绿色环保及美化环境的要求，采用种植隔热方式将优于架空隔热和蓄水隔热。

（6）隔离层和保护层

设置隔离层的目的，是为了减少结构层与防水层、柔性防水层与刚性保护层之间的粘结力，使各层之间的变形互不影响。隔离层的作用是找平、隔离。在柔性防水层上设置块体材料、水泥砂浆、细石混凝土等刚性保护层，由于保护层与防水层之间的粘结力和机械咬合力，当刚性保护层膨胀变形时，会对防水层造成损坏，故在保护层与防水层之间应铺设隔离层，同时可防止保护层施工时对防水层的损坏。对于不同的屋面保护层材料，所用的隔离层材料有所不同。

隔离层材料的适用范围和技术要求宜符合表 2-12 的规定。

隔离层材料的适用范围和技术要求　　　　　　　　　　　　　　表 2-12

隔离层材料	适用范围	技术要求
塑料膜	块体材料、水泥砂浆保护层	0.4mm 厚聚乙烯膜
		3mm 厚发泡聚乙烯膜
土工布	块体材料、水泥砂浆保护层	200g/m² 聚酯无纺布
卷材	块体材料、水泥砂浆保护层	石油沥青卷材一层
低强度等级砂浆	细石混凝土保护层	10mm 厚黏土砂浆，石灰膏：砂：黏土＝1：2.4：3.6
		10mm 厚石灰砂浆，石灰膏：砂＝1：4
		5mm 厚掺有纤维的石灰砂浆

保护层的作用是延长卷材或涂膜防水层的使用期限。上人屋面保护层可采用块体材料、细石混凝土等材料，不上人屋面保护层可采用浅色涂料、铝箔、矿物粒料、水泥砂浆等材料。

保护层材料的适用范围和技术要求应符合表 2-13 的规定。

8. 细部构造设计

细部构造设计是保证防水层整体质量的关键。

屋面的细部构造，如檐口、檐沟和天沟、女儿墙和山墙、水落口、变形缝、伸出屋面管道、屋面出入口、反梁过水孔、设施基座、屋脊、屋顶窗、阴阳角等部位，是屋面工程中最容易出现渗漏的薄弱环节。据调查表明，屋面渗漏中 70% 是由于细部构造的防水处理不当引起的，说明细部构造设防较难，是屋面工程设计的重点。

保护层材料的适用范围和技术要求　　　　　　　　　　　　　　表 2-13

保护层材料	适用范围	技术要求	具体要求
浅色涂料	不上人屋面	丙烯酸系反射涂料	涂料应与防水层粘结牢固，厚薄应均匀，不得漏涂
铝箔	不上人屋面	0.05mm 厚铝箔发射膜	铝箔、矿物粒料，通常是在改性沥青防水卷材生产过程中，直接覆盖在卷材表面作为保护层。覆盖铝箔时要求平整，无皱折，厚度应大于 0.05mm；矿物粒料粒度应均匀一致，并紧密粘附于卷材表面
矿物粒料	不上人屋面	不透明的矿物粒料	
水泥砂浆	不上人屋面	20mm 厚 1：2.5 水泥砂浆	表面应抹平压光，并应设表面分格缝，分格面积宜为 1m²
		M15 水泥砂浆	
块体材料	上人屋面	地砖	宜设分仓缝，其纵横间距不宜大于 10m，分格缝宽以为 20mm，并应用密封材料嵌填
		30mm 厚 C20 细石混凝土预制块	
细石混凝土	上人屋面	40mm 厚 C20 细石混凝土	表面应抹平压光，并应设表面分格缝，其纵横间距不应大于 4m，分格缝宽度宜为 10～20mm，缝内模条应取出，并应用密封材料或其他非刚性材料填缝
		50mm 厚 C20 细石混凝土内配 φ4@100 双向钢筋网片	

　　屋面的节点部位由于构造形状比较复杂，多种材料交接，应力、变形比较集中，受雨水冲刷频繁，所以应局部增强处理，使其大面积防水层同步老化。细部增强处理应做到多道设防、复合用材、连续密封、局部设置附加层增强，同时应满足使用功能、温差变形、施工环境条件和可操作性等要求。

　　附加层最小厚度应符合表 2-14 的规定。

附加层最小厚度（mm）　　　　　　　　　　　　　　　　　表 2-14

附加层材料	最小厚度
合成高分子防水卷材	1.2
高聚物改性沥青防水卷材（聚酯胎）	3.0
合成高分子防水涂料、聚合物水泥防水涂料	1.5
高聚物改性沥青防水涂料	2.0

　　注：涂膜附加层应夹铺胎体增强材料，胎体增强材料宜采用聚酯无纺布或化纤无纺布。

　　防水卷材接缝应采用搭接方式接缝，搭接宽度应符合表 2-15 的规定。

卷材搭接宽度　　　　　　　　　　　　　　　　　　　　　表 2-15

防水卷材类型	搭接方式	最小搭接宽度（mm）
聚合物改性沥青类防水卷材（含湿铺防水卷材）	热熔法、胶粘搭接	100
	自粘搭接	80
合成高分子类防水卷材	胶粘剂、粘结料搭接	100
	胶粘带、自粘胶搭接	60
	单缝焊搭接	60（有效焊接宽度不小于 25）
	双缝焊搭接	80（有效焊接宽度 10×2＋空腔宽）

细部构造中容易形成热桥的部位均应进行保温处理。节点部位保温材料的选择，应充分考虑保温层设置的可能性和施工的可行性。保证热桥部位的内表面温度不低于室内空气的露点温度。

檐口、檐沟外侧下端及女儿墙压顶内侧下端等部位均应设置滴水处理。滴水处理的目的是为了阻止雨水沿板底流向墙面而产生渗漏或污染墙面。如滴水槽的宽度和深度太小，雨水会由于虹吸现象越过滴水槽，使滴水处理失效，因此，滴水槽宽度和深度不宜小于 10mm。

2-3 屋面防水选材通则

2.2.8　屋面防水选材通则

2.3 屋面工程排水设计

屋面排水系统设计是建筑设计图纸的主要内容，由于近年来屋面形式多样化，常常限制了水落管的合理设置。所以，在建筑初步设计阶段，就应明确屋面排水系统包括排水分区、水落口的分布及排水坡度的设计。施工图设计应明确分水脊线、排水坡起线，排水途径应通畅便捷，水落口应负荷均匀，同时应明确找坡方式和选用的找坡材料。"防排结合"是屋面工程设计的一条基本原则。屋面雨水排水系统应迅速、及时地将屋面雨水排至室外地面或雨水控制利用设施和管道系统。

2.3.1　屋面排水系统设计的基本要求

建筑屋面雨水排水系统设计的基本要求如下：

（1）建筑屋面雨水排水系统应独立设置。屋面雨水和建筑生活排水各自设置独立的管道排除，即使降雨量很小的干旱地区，或者室外采用合流制管网，屋面雨水也不应和室内生活污废水管道相连。此外建筑屋面雨水也含阳台雨水，阳台设洗衣机时，其排水不得进入阳台雨水立管。有顶棚的阳台雨水地漏可接入洗衣机排水管道。

建筑屋面雨水排水系统应将屋面雨水排至室外非下沉地面或雨水管渠，当设有雨水利用系统的蓄存池（箱）时，可排到蓄存池（箱）内。

（2）建筑屋面雨水积水深度应控制在允许的负荷水深之内，50 年设计重现期降雨时屋面积水不得超过允许的负荷水深。

允许的负荷水深指建筑和结构专业允许的积水深度。建筑屋面的积水深度限制主要来自结构专业的荷载限制和建筑专业的屋面防水要求。为使积水深度不超过该限制值，可采取两种方法。

方法一：控制溢流口设置高度，且有足够的泄流能力。

方法二：雨水斗的排水流量（50 年重现期）所需要的斗前水深小于该允许值。雨水斗泄流量所对应的斗前水深根据标准试验确定。

（3）屋面排水系统的设计时，首先应根据屋顶形式及使用功能等因素，确定屋面的排水方式及排水坡度，明确采用有组织排水还是无组织排水，若采用有组织排水系统时，则在设计时要根据所在地区的气候条件、雨水流量、暴雨强度、降雨历时及排水分区，确定屋面排水的走向和线路，然后通过计算确定屋面檐沟、天沟等集水沟所需要的宽度和深度，根据屋面汇水面积和当地降雨历时，按照水落管的不同管径核定每根水管的屋面汇水面积以及所需水落管的数量，并根据檐沟、天沟的位置及屋面形状布置水落口及水落管。

（4）屋顶供水箱溢水、泄水、冷却塔排水、消防系统检测排水以及绿化屋面的渗滤排水等较洁净的废水可排入屋面雨水排水系统。

（5）高层建筑裙房屋面的雨水排水系统应自成系统单独排放；高层建筑阳台排水系统应单独设置，多层建筑阳台雨水宜单独设置，阳台雨水立管底部应间接排水。当生活阳台设有生活排水设备及地漏时，可不另设阳台雨水排水地漏。

（6）民用建筑雨水内排水应采用密闭系统，不得在建筑内或阳台上开口，且不得在室内设非密闭检查井。非密闭检查井是指管道在检查井中开口并敞开，比如常规的污废水检查井。

（7）建筑屋面雨水应有组织排放，可采用管道系统加溢流设施或管道系统无溢流设施排放。采取承雨斗排水或檐沟外排水方式的建筑宜采用管道系统无溢流设施方式排放。当设有溢流设施时，溢流排水不得危及建筑设施和人员安全。

（8）严寒地区应进行排水专项设计。我国严寒地区冬季有冰冻、积雪、融雪等问题，排水、消雪方式与屋面结构形式等有关，内排水的方式并非是唯一措施。有时内排水有可能造成水落管未冰冻，而屋面水落口部位严重积冰，造成该区域无法正常排水的现象。鉴于气候的特殊性，应根据当地气候情况及习惯的优选做法，对排水、消雪、融冰等措施进行专项设计。

2.3.2 屋面排水方式

1. 排水方式

2-4 屋面排水工程分类图

屋面排水方式可分为有组织排水和无组织排水。

（1）无组织排水

无组织排水是指屋面雨水直接通过檐口滴落至地面的一种排水方式，因为不用天沟、水落管等导流雨水，故又称自由落水。主要适用于少雨地区和低层建筑。

无组织排水具有构造简单、造价低廉的优点，但也存在易污染墙面等缺点，如：雨水直接从檐口流泻至地面，外墙脚常被飞溅的雨水浸蚀，降低了外墙的坚固耐久性，同时从檐口滴落的雨水还有可能影响人行道的交通等。

（2）有组织排水

有组织排水是指屋面雨水有组织地流经天沟、檐沟、水落口、水落管等，系统地将屋面上的雨水排出至地面或地下管沟的一种排水方式。

在有组织排水中又可分为内排水和外排水或内外排水相结合的方式，内排水是指屋面雨水通过天沟由设置于建筑物内部的水落管直接排到室外地面上，如一般的多层住宅、中

高层住宅等采用。这种排水方式具有不妨碍人行交通、不易溅湿墙面的优点，但构造较复杂，造价相对较高，在建筑工程中得到广泛应用。

2. 排水设计流态

建筑屋面有组织排水系统根据雨水管中雨水水流的设计流态不同，可分为半有压屋面雨水排水系统、压力流屋面雨水排水系统、重力流屋面雨水排水系统三种方式。

（1）半有压屋面雨水排水系统

半有压屋面雨水排水系统（又称半有压流屋面雨水排水系统），其系统的设计流态是无压流和有压流之间的过渡状态，水流中掺有空气，为气、水两相流。系统的流量负荷、管材的选用、管道的布置等方面在设计时都应考虑水流压力的作用。采用 87（79）型雨水斗或性能预支相当的雨水斗。

（2）压力流屋面雨水排水系统

压力流屋面雨水排水系统，指的是系统的设计流态为重力输水有压流的屋面雨水系统，并设置相应的专用雨水斗。当采用虹吸雨水斗时可称为虹吸式屋面雨水系统。对于暴雨强度较大地区的大型屋面，宜采用虹吸式屋面雨水排水系统。虹吸式屋面雨水排水系统的排水原理是利用屋面的高度和雨水所具有的势能，产生虹吸现象，通过雨水管道变径，在该管道处形成负压，从而使屋面雨水在管道内负压的抽吸作用下，以较高的流速迅速排至室外。

压力流屋面雨水排水系统在于强调在设计降雨强度下屋面雨水排水系统内的有压状况。压力流屋面雨水系统采用有压流雨水斗，其排水能力有很大的提高，在符合水力设计的条件下，接入悬吊管的雨水斗的个数不受限制，从而减少了雨水立管和埋地管的数量，悬吊管不需坡度，安装方便、美观，系统按压力流计算，可减少选用管道的直径。

（3）重力流屋面雨水排水系统

重力流屋面雨水排水系统，指的是系统的设计流态为重力输水无压流的屋面雨水排水系统。重力流屋面雨水排水系统的设计流态是无压流，即在水力计算时，可忽略压力因素。排水横管、排水立管、雨水斗中的雨水水流都存在着自由水面，在流量计算中，其水面上的空气压力可忽略不计。系统中的流量负荷，各种管材、管道布置等对水流压力的作用对应措施较少。

在进行重力流屋面雨水排水系统设计时，应根据屋面的坡向和建筑物内部墙、梁、柱的具体位置，合理布置雨水斗，在设计时需计算每个雨水斗的汇水面积，并应根据当地的 5min 降雨强度，确定雨水斗的直径。雨水斗的宣泄流量与雨水斗斗前水位有很大的关系，斗前水位越大，则其泄流量亦越大，因此，雨水斗的设计排水负荷应根据雨水排水系统采用的各种不同雨水斗的特性，并结合屋面排水条件等具体情况设计确定。

3. 排水方式的选择

确定屋顶的排水方式时，应根据气候条件、建筑物的高度、质量等级、使用性质、屋顶面积大小等因素加以综合考虑。一般可按下述原则进行选择。

（1）一般屋面汇水面积较小，且檐口距地面较近（檐高不大于 10m），屋面雨水的落差较小的中、小型的低层建筑可采用无组织排水。

（2）积灰较多的屋面应采用无组织排水。如铸工车间、炼钢车间等工业厂房在生产过程中可能散发大量粉尘积于屋面，下雨时被冲进天沟易造成管道堵塞，故这类屋面不宜采用有组织排水。

（3）有腐蚀性介质的工业建筑也不宜采用有组织排水。如铜冶炼车间、某些化工厂房等的生产过程中散发的大量腐蚀性介质，会使铸铁水落装置等遭受侵蚀，故这类厂房也不宜采用有组织排水。

（4）对于屋面汇水面积较大的多跨建筑或高层建筑，因檐口距地面较高，屋面雨水的落差大，当刮大风下大雨时，易使从檐口落下的雨水浸湿到墙面上，可采用有组织排水，设置为天沟排水，若天沟找坡较长时，宜采用中间内排水和两端外排水。

（5）临街建筑的雨水排向人行道时宜采用有组织排水。

（6）对于在有条件的情况下，提倡收集雨水再利用或直接对雨水进行利用。特别对于水资源缺乏的地区，充分利用雨水进行灌溉等，有利于节能减排，变废为宝，节约资源。

4. 有组织排水的方案

在工程实践中，由于具体条件的不同，有多种有组织排水方案，现可按外排水、内排水、内外排水三种不同的排水方案进行设计。

（1）外排水方案

外排水指水落管安装在建筑外墙之外的一种排水方案，优点是水落管不影响室内空间的使用和美观。它使用广泛，尤其适用于湿陷性黄土地区，因为可以避免水落管渗漏造成的沉陷。外排水方案可以归纳为以下几种：

1）挑檐沟外排水

屋面雨水汇集到悬挑在墙外的檐沟内，再由水落管排下，如图 2-2 所示。当建筑物出现高低屋面时，可先将高处屋面的雨水排至低处屋面，然后从低处屋面的挑檐沟引入地下。

采用挑檐沟外排水方案时，水流路线的水平距离不应超过 24m，以免造成屋面渗漏。

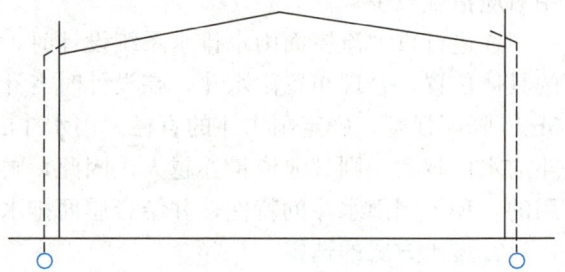

2）女儿墙外排水

由于建筑造型所需不希望出现挑檐时，通常将外墙升起封住屋面，高于屋面的这部分外墙称为女儿墙。此方案的特点是屋面雨水需穿过女儿墙流入室外的水落管，如图 2-3 所示。

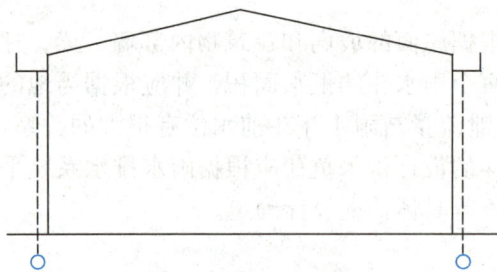

图 2-2　挑檐沟外排水　　　　　　　　　图 2-3　女儿墙外排水

3）女儿墙挑檐沟外排水

女儿墙挑檐沟外排水的特点是在屋檐部位既有女儿墙，又有挑檐沟。蓄水屋面常采用这种形式，利用女儿墙作为蓄水仓壁，利用挑檐沟汇集从蓄水池中溢出的多余雨水，如图 2-4 所示。

4）暗管外排水

明装水落管对建筑立面的美观有所影响，故在一些重要的公共建筑中，常采用暗装水落管的方式，将水落管隐藏在假柱或空心墙中。假柱可处理成建筑立面上的竖向线条，如图 2-5 所示。

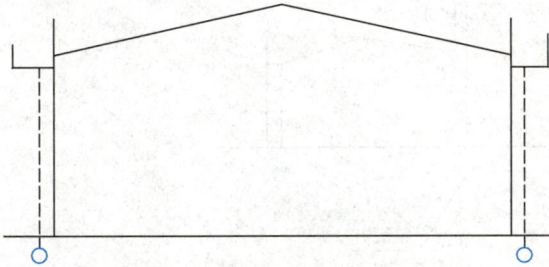

图 2-4　女儿墙外挑檐沟外排水

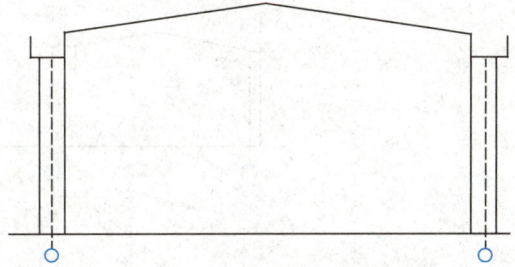

图 2-5　暗管外排水

（2）内排水方案

外排水构造简单，水落管不进入室内，有利于室内美观和减少渗漏，故南方地区应优先采用。但有些情况下采用外排水就不一定恰当，如：高层建筑不宜采用外排水，因为维修室外水落管既不方便也不安全；严寒地区的建筑不宜采用外排水，因为低温会使室外水落管中的雨水冻结；某些屋面宽度较大的建筑，无法完全依靠外排水排除屋面雨水，自然要采用内排水方案。

1）天沟、檐沟内排水

对于屋面面积较大的工业厂房等建筑，可采用天沟、檐沟内排水方式，如图 2-6 所示。

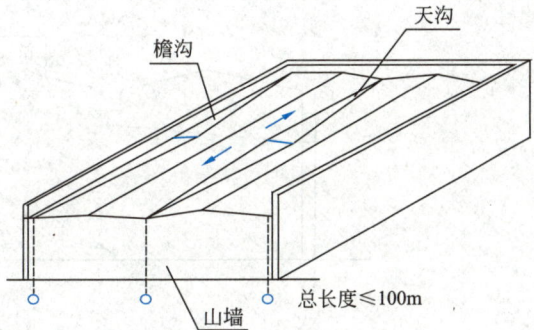

图 2-6　天沟、檐沟内排水

2）中间天沟内排水

当房屋宽度较大时，可在房屋中间设一纵向天沟形成内排水，这种方案特别适用于内廊式多层或高层建筑，如图 2-7 所示。雨水管可布置在走廊内，不影响走廊两旁的房间。

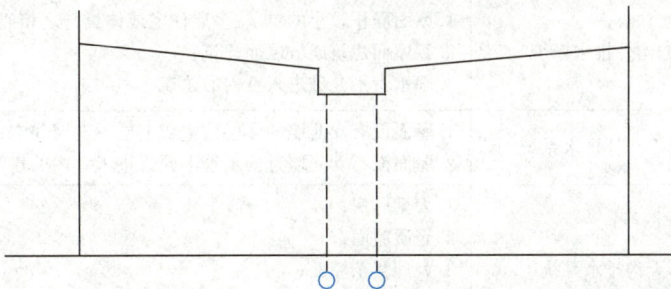

图 2-7　中间天沟内排水

3）高低跨内排水

高低跨双坡屋顶在两跨交界处也常常需要设置内天沟来汇集低跨屋面的雨水，高低跨可共用一根雨水管，如图 2-8 所示。

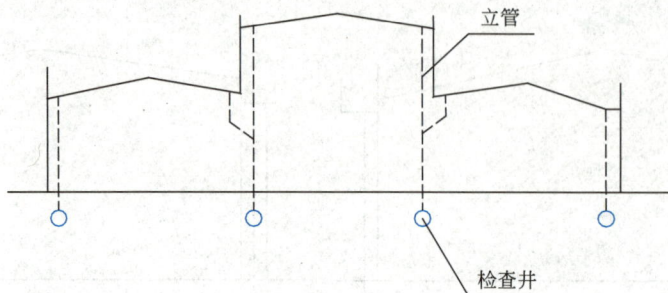

图 2-8　高低跨内排水

（3）内外复合排水

对于相对复杂的建筑屋面，可以根据屋面形状，设计内排水和外排水复合的排水方案，比如采用天沟内排水、挑檐沟外排水的系统，如图 2-9 所示。

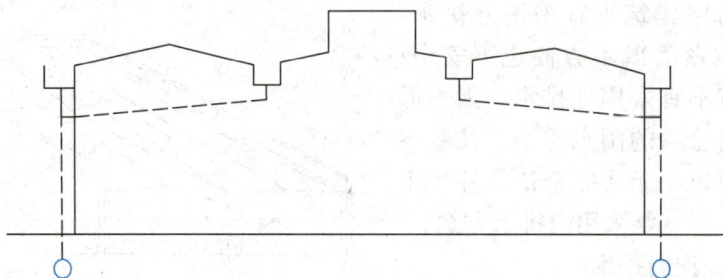

图 2-9　内外复合排水

5. 建筑屋面雨水系统类型及适用场所

建筑屋面雨水系统类型及适用场所可按表 2-16 的规定确定。

建筑屋面雨水系统类型及适用场所　　　　　　　　　　　　　表 2-16

分类方法	排水系统	适用场所
汇水方式	檐沟外排水系统	1.屋面面积较小的单层、多层住宅或体量与之相似的一般民用建筑； 2.瓦屋面建筑或坡屋面建筑； 3.雨水管不允许进入室内的建筑
	承雨斗外排水系统	1.屋面设有女儿墙的多层住宅或七层～九层住宅； 2.屋面设有女儿墙且雨水管不允许进入室内的建筑
	天沟排水系统	1.大型厂房； 2.轻质屋面； 3.大型复杂屋面； 4.绿化屋面； 5.雨篷
	阳台排水系统	敞开式阳台

续表

分类方法	排水系统	适用场所
设计流态	半有压排水系统	1.屋面楼板下允许设雨水管的各种建筑； 2.天沟排水； 3.无法设溢流的不规则屋面排水
	压力流排水系统	1.屋面楼板下允许设雨水管的大型复杂建筑； 2.天沟排水； 3.需要节省室内竖向空间或排水管道设置位置受限的工业和民用建筑
	重力流排水系统	1.阳台排水； 2.成品檐沟排水； 3.承雨斗排水； 4.排水高度小于 3m 的屋面排水

2.3.3　屋面排水组织设计

屋面排水组织设计就是把屋面划分成若干个排水区，将各区的雨水分别引向各水落管，使排水线路短捷，水落管负荷均匀，排水顺畅。为此，屋面需有适当的排水坡度，设置必要的天沟、水落管和水落口，并合理地确定这些排水装置的规格、数量和位置，最后将它们标绘在屋顶平面图上，这一系列的工作就是屋顶排水组织设计。

进行屋顶排水组织设计时，须注意下述事项：

1. 划分排水分区

划分排水分区的目的是便于均匀地布置水落管。排水分区的大小一般按一个水落口负担 $200m^2$ 屋面面积的雨水考虑，屋面面积按水平投影面积计算。

2. 确定排水坡面的数目

进深较小的房屋或临街建筑常采用单坡排水；进深较大时，为了不使水流的路线过长，宜采用双坡排水。坡屋顶则应结合造型要求选择单坡、双坡或四坡排水。

3. 确定天沟断面大小和天沟纵坡的坡度值

天沟即屋顶上的排水沟，位于外檐边的天沟又称檐沟。天沟的功能是汇集和迅速排出屋面雨水，故其断面大小应恰当，沟底沿长度方向应设纵向排水坡，简称天沟纵坡。天沟纵坡的坡度不应小于 1％。天沟可用镀锌钢板或钢筋混凝土板等制成。金属天沟的耐久性较差，因而无论在平屋顶还是坡屋顶中大多采用钢筋混凝土天沟。

天沟的净断面尺寸应根据降雨量和汇水面积的大小来确定。一般建筑的天沟净宽不应小于 200mm，天沟上口至分水线的距离不应小于 120mm，沟底的水落差不得超过 200mm，如图 2-10（a）所示。

4. 水落管的规格及间距

水落管材料分为铸铁、塑料、镀锌铁皮、石棉水泥和陶土等多种，根据建筑物的耐久等级加以选择。最常用的是塑料盒铸铁水落管，其管径有 50mm、75mm、100mm、125mm、150mm、200mm 等规格。通常民用建筑采用（75～100）mm 的水落管，面积小于 25m²

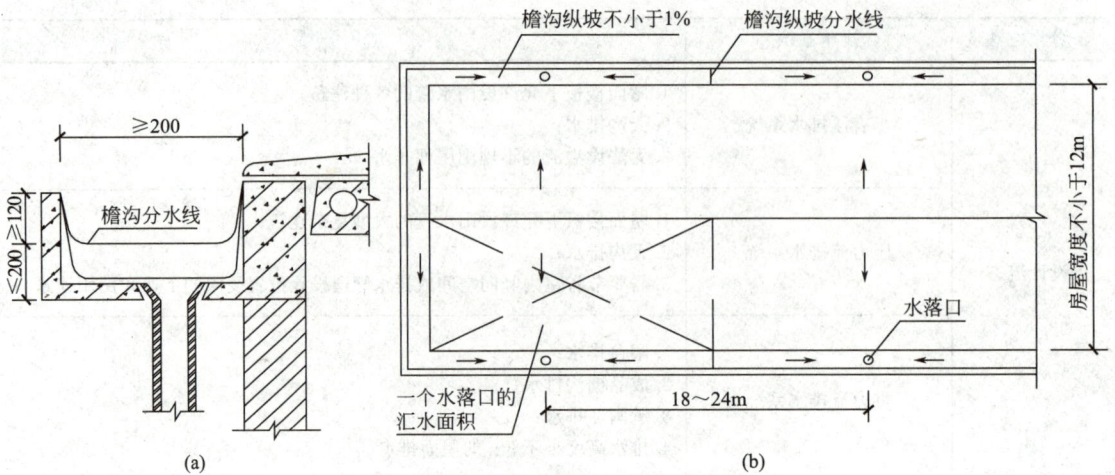

图 2-10　有组织排水设计（单位：mm）
（a）檐沟断面；（b）屋顶排水设计平面图

的露台和阳台可选用直径 50mm 的水落管。水落管的数量和水落口相等，水落管的最大间距应同时予以控制。水落管的间距过大，会导致天沟纵坡过长，沟内垫坡材料加厚，使天沟的容积减少，大雨时雨水易溢向屋面引起渗漏或从檐沟外侧涌出，因而一般情况下水落口间距不宜超过 24m。

　　考虑上述各事项后，即可较为顺利地绘制屋顶平面图。图 2-10（b）为屋顶排水设计平面图示例，该屋顶采用双坡排水、檐沟外排水方案，排水分区为交叉虚线所示范围，该范围也是每个水落口和水落管所负担的排水面积。天沟的纵坡坡度为 1‰，箭头指示沟内的水流方向，两个水落管的间距控制在（18~24）m 内，分水线位于天沟纵坡的最高处，距沟底的距离可根据坡度的大小算出，并可在檐沟剖面图中反映出来。

5. 水落口

　　屋面水落管的数量，一般与水落口对应。大多呈一对一布置，个别情况可一管数口。水落口数量可通过屋面汇水面积计算确定。水落口最大汇水面积的数据，是根据测试统计和计算所得，并参考有关资料对降雨量、汇水面积与管径的关系列出参考表 2-17。

多斗系统水落口最大汇水面积 表 2-17

水落口形式	水落斗值（mm）	降雨厚度（mm/h）											
		50	60	70	80	90	100	110	120	140	160	180	200
79 型	75	569	474	406	356	316	284	259	237	203	178	158	142
	100	929	774	663	581	516	464	422	387	332	290	258	232
	150	1865	1554	1331	1166	1036	932	847	777	666	583	518	466
65 型	100	929	774	774	581	516	464	422	387	332	290	258	232

　　由表 2-18 可见，降雨量大小对汇水面积影响极大。一般情况下，为减少水落管堵塞影响排水，水落管内径应大于 100mm；若屋面面积较小或雨量少的地区和汇水面积小的建筑，可取 75mm 的最小值，这时每根水落管的最大汇水面积宜小于 200m^2。

单个水落口，在雨量较大地区，其最大汇水面积宜小于 $150m^2$，主要是考虑到维护管理的质量普遍低下，水落口排水经常受阻。同样理由，独立的排水单元，面积较大时，比如超过 $75m^2$ 时，不宜只设一个水落口。

天沟、檐沟排水不得流经变形缝和防火墙。

水落管排水口距散水坡的高度不应大于 200mm。

高跨屋面为无组织排水时，其低跨屋面无刚性块材（或整体）保护时，受水冲刷的部位应加铺一层整幅卷材，上铺通长预制 $300\sim500mm$ 宽的 C20 混凝土板加强保护；高跨屋面有组织排水时，水落管下应加设水簸箕，如图 2-11 所示。

图 2-11　水簸箕示意图

与变形缝连通的屋面，宜加大水落管管径，增加水落口数量，并将变形缝处设计成排水坡高点。

一般建筑的水落管系统图由给水排水专业设计，包括水落口及水落管的选用。但排水平面设计，是由建筑专业完成的。负责大型的屋面排水设计，给水排水专业可能会有更多的介入，但排水平面及找坡仍应由建筑专业完成。坡屋面的坡度应根据选用的瓦确定，不同的瓦要求不同的坡度。

【屋面排水设计实例解析】

某建筑屋面受水面积 $2500m^2$，查得本地区最大降雨量取值为 100mm/h，选定水落管内径为 100mm，檐沟宽度 800mm；深度 300mm，求一根雨水管的汇水面积和水落管数量。

【解】降雨量 100mm/h，降雨强度则为 $0.1m^3/h$。

每根水落管排水量为：

$$Q = C \cdot A \cdot \sqrt{2gh} = 0.6 \times \pi \times 0.05^2\sqrt{2 \times 9.8 \times 0.3} = 0.0114m^3/s$$

每根水落管的屋面汇水面积为：

$$S_1 = \frac{Q}{a} \times 3600 = \frac{0.0114}{0.1} \times 3600 = 410m^2$$

水落管数量为：

$$n = \frac{S}{S_1} = \frac{2500}{410} \approx 6 \text{ 根}$$

2.4 混凝土平屋面设计

本节讨论的是以钢筋混凝土构筑承载结构体系，采用卷材、涂膜构筑防水围护的平屋面系统。倒置式平屋面、金属平屋面、种植平屋面、蓄水平屋面等其他平屋面系统内容见其他章节。

平屋面构造简单，但因其坡度较小，排水相对缓慢，屋面积水机会多，容易出现渗漏，故平屋面的防水处理需精心设计和精心施工。

钢筋混凝土平屋面一般选用防水性能好且单块面积较大的防水材料，并采取有效的接缝处理措施来增强屋面的抗渗能力，排水坡度一般为2％～5％，各类平屋面的适用范围见表2-18。

各类平屋面的适用范围　　　　　　　　　　表2-18

序号	平屋面类别	适用地区	屋面坡度	屋面结构层
1	卷材、涂膜防水屋面（正置式）	全国各地	2％～5％	钢筋混凝土
2	倒置式屋面	除严寒地区外	3％	钢筋混凝土
3	架空屋面	需要采取隔热措施地区	2％～5％	钢筋混凝土
4	种植屋面	需要采取隔热措施地区	1％～2％	钢筋混凝土
5	蓄水屋面	除寒冷地区、地震设防区和振动较大的建筑以外	0.5％	钢筋混凝土
6	停车屋面	全国各地屋顶停车场	2％～3％	钢筋混凝土

注：1. 倒置式屋面：将保温层设置在防水层上的屋面。

2. 架空屋面：在屋面防水层上采用薄型制品架设一定高度的空间，起到隔热作用的屋面。

3. 种植屋面：在屋面防水层上铺以种植介质，并种植植物，起到隔热作用的屋面。

4. 蓄水屋面：在屋面防水层上蓄积一定高度的水，起到隔热作用的屋面。

混凝土平屋面重点阐述卷材、涂膜防水屋面类型的工程设计。所谓卷材、涂膜防水屋面是指屋面最上一层（保护层除外）防水为卷材防水层、涂膜防水层、"涂膜＋卷材"的复合防水层的平屋面。

卷材、涂膜屋面的基本构造层次为：保护层、隔离层、防水层、找平层、保温层、隔汽层、找平层、找坡层、结构层（其中隔汽层、找平层是否设置由工程设计确定的）。

卷材、涂膜屋面根据用途可分为上人屋面和不上人屋面两种。上人屋面视用途不同，还可在防水层上再做饰面层，如整浇混凝土、水泥砂浆抹面或铺贴各类装饰板材。

2.4.1 混凝土平屋面设计一般规定

平屋面防水原则是以材料防水为主，排水为辅，防水层是全封闭的，允许雨水在屋面上缓流，短时间存留。如是蓄水屋面，还可以长时蓄存。

1. 满足使用功能要求

屋面工程设计，首先要保证没有水渗入，确保工程的使用功能，即要满足防水功能的要求。屋面的功能要求最终要由屋面工程各种构造层次组合成可靠的屋面工程系统，用可靠的系统保证屋面的防水功能长期有效，保障屋面之下的使用空间长期的不受水害之扰。

2. 环境（气候）条件的影响

气温是屋面工程设计时要考虑的首要问题。屋面直接接触大气，受阳光、紫外线、臭氧的老化，冻融、热胀冷缩、干湿交替、大风雨雪的冲刷和风化、酸雨的侵蚀等，这些外界因素的作用对防水层的破坏是很严重的。

3. 风荷载

屋面风荷载与地区基本风压、所处的地形环境、建筑高度、建筑体型等相关，而且同一个屋面上大面与檐口、角落、边缘分离区等也有一定的区别。暴露的卷材防水层遇大风容易产生接缝或收头翘边现象，严重的可能会将整片的卷材揭起，采用点粘、条粘、空铺的卷材防水层更要注意这个问题。因此，在屋面设计时，应进行抗风揭设计计算，必要时，还需要进行抗风揭试验。

4. 防水设防

无论是一道防水设防还是多道防水设防，节点部位均应采用合适的处理措施，以提高屋面防水的可靠性，并使节点部位的耐久性与大面防水层匹配。附加层材料应与大面使用的防水材料相容，所选材料不宜过多，以免采购困难。

5. 施工、翻修维护

不考虑施工与翻修维护是否可行的设计绝不是一个好设计。我国目前的防水施工多以手工操作为主，施工队伍的管理水平，一线工人的技术水平、责任心，施工工艺的繁简难易程度等都会影响施工质量。因素越多，影响越大，防水效果越难有保证。这就要求在防水设计时，尽可能充分估计这些不利因素，采用合适的材料，简单的工艺，以消除施工可能产生的缺陷。

据资料统计，我国用于屋面维修的费用常常大于新建工程，因为拆除、垃圾外运也需要一笔费用，尤其高层建筑垂直运输更是困难，加上施工环境条件，维修费用很高。而且维修时对用户、周边环境影响很大。因此，屋面工程设计应对屋面工程的施工和翻修有事先的规划，不能一味地为了减少建设成本造成屋面工程维修翻修次数大大增加，造成不可预计的经济损失和物资与能源损失。

6. 全程环保

环境保护是屋面工程设计必须要考虑的问题，全程环保是指在屋面防水设计时应对防水材料的环保性能、防水施工的污染、防水材料的可再生利用、防水层寿命期终结的固体废弃物处理等进行综合考虑。

2.4.2　混凝土平屋面构造层类设计

卷材、涂膜防水屋面是指屋面最上一层（保护层除外）防水为卷材防水层、涂膜防水层、卷材＋涂膜的复合防水层的平屋面。

1. 卷材、涂膜屋面的基本构造层次

在每类屋面中，由于所用材料不同和构造各异，因而形成了各种屋面工程。屋面工程主要应包括屋面基层、保温与隔热层、防水层和保护层。卷材、涂膜屋面的基本构造层次应符合表 2-19 的要求。设计时应根据建筑物的性质、使用功能、气候条件等因素进行科学合理组合。

卷材、涂膜屋面的基本构造层次

表 2-19

序号	基本构造层次(自上而下)	备注
1	保护层、隔离层、防水层、找平层、保温层、找平层、找坡层、结构层	1.防水层的选材和层次设置应由设计确认，防水施工单位进行二次深化设计； 2.隔汽层设不设由工程设计确定； 3.找平层设不设由工程设计确定
2	保护层、保温层、防水层、找平层、找坡层、结构层	
3	种植隔热层、保护层、耐根穿刺防水层、防水层、找平层、保温层、找平层、找坡层、结构层	
4	架空隔热层、防水层、找平层、保温层、找平层、找坡层、结构层	
5	蓄水隔热层、隔离层、防水层、找平层、保温层、找平层、找坡层、结构层	

注：1. 表中结构层主要是指钢筋混凝土基层；防水层包括卷材和涂膜防水层；保护层包括块体材料、水泥砂浆、细石混凝土保护层。

2. 有隔汽要求的屋面，应在保温层与结构层之间设隔离层。

3. 找平层设不设由工程设计确定。

2. 卷材、涂膜屋面防水等级和防水做法

《屋面工程技术规范》GB 50345—2012 中对卷材、涂膜屋面防水等级和防水做法，要求符合下列规定：

1）卷材、涂膜屋面防水等级及防水做法应符合表 2-20 的规定。

卷材、涂膜屋面防水等级和防水做法

表 2-20

防水等级	防水做法
一级	三道卷材，二道卷材＋涂料，卷材＋二道涂料
二级	卷材＋卷材，卷材＋涂料
三级	卷材或涂料

2）当一级防水采用两道防水做法时，其柔性防水层总厚度应比防水等级为二级防水总厚度有所增加，且增加量不小于 1.0mm。

3）一级和二级防水做法中，至少有一道防水层设置在混凝土结构表面，且该防水层宜采用具有防窜水性能的涂料防水层、满粘卷材防水层或复合防水层。

4）单层防水卷材屋面可采用高分子防水卷材或改性沥青防水卷材，且应符合《单层防水卷材屋面工程技术规程》JGJ/T 316 的规定。

2.4.3 混凝土平屋面构造节点设计

1. 天沟、檐沟

天沟、檐沟是排水最集中的部位。为确保其防水效果，天沟、檐沟应增设附加防水层。当主体防水层为卷材时，附加层宜选用防水涂膜，既能适应较复杂部位的施工，又减

少了密封处理的困难，形成优势互补的涂膜与卷材复合防水层；当主体防水层为涂膜时，沟内附加层宜选用同种涂膜，且应设胎体增强材料。

天沟和檐沟的防水附加层伸入屋面的宽度不应小于 250mm，防水层和附加层应由沟底翻上至外侧顶部，卷材收头应用金属压条钉压，并应用密封材料封严，涂膜收头应用防水涂料多遍涂刷。

檐沟外侧下端要做鹰嘴或滴水槽，檐沟外侧高于屋面结构板时，还要设置溢水口。

如果是沟深度较浅，且沟的平、剖面构造较为复杂，阴阳角多，则建议沟内全部采用涂膜加胎。此时因沟浅，应回避屋面主体卷材防水收头的困难，故不宜将卷材铺在沟内。如图 2-12 所示。

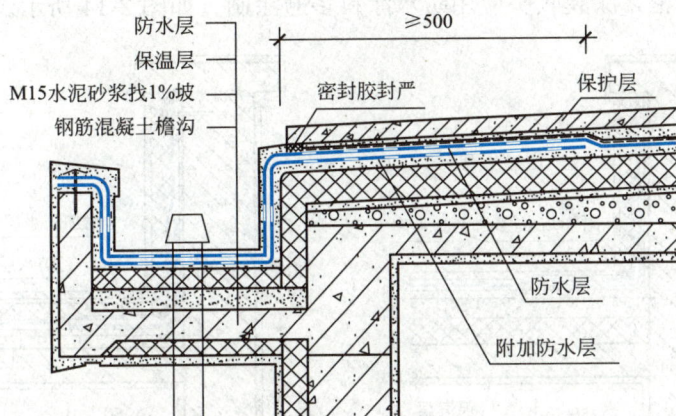

图 2-12　屋面檐沟

2. 挑檐

无组织排水屋面的檐口，在 800mm 范围内应采用满粘法，卷材收头应固定密封。

卷材在温度反复变化，太阳辐射及臭氧作用下，不可避免地要收缩、变硬，并首先发生在收头部位：拉开、剥离、卷翘，发生窜水或被大风掀起，因此应固定密封。

涂膜繁琐屋面檐口的涂膜收头，应用防水涂料多遍涂刷。檐口下端应做鹰嘴和滴水槽，如图 2-13 所示。

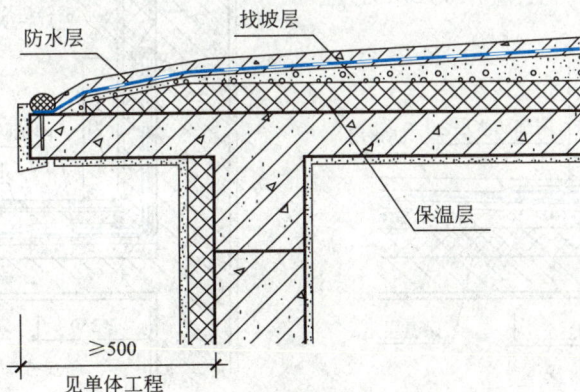

图 2-13　屋面檐口及收头

3. 女儿墙

女儿墙防水处理的重点是压顶、泛水、防水层收头的处理。

压顶的防水处理不当，雨水会从压顶进入女儿墙的裂缝，顺缝从防水层背后渗入室内。

女儿墙压顶可采用混凝土或金属制品。压顶向内排水坡度不小于 5%，压顶内侧下端做滴水处理；女儿墙泛水处的防水层下应增设 500mm 宽的附加层（平立面各 250mm）。

多年实践证实，防水涂料与水泥砂浆抹灰层具有良好的粘结性，所以在女儿墙部位，防水涂料一直涂刷至女儿墙或山墙的压顶下，压顶也应做防水处理，避免女儿墙及其压顶开裂而造成渗漏。

（1）低女儿墙。低女儿墙的卷材防水层收头宜直接铺压在压顶下，用压条钉压固定并用密封材料封闭严密，涂膜收头应用防水涂料多遍涂刷。如图 2-14 所示。

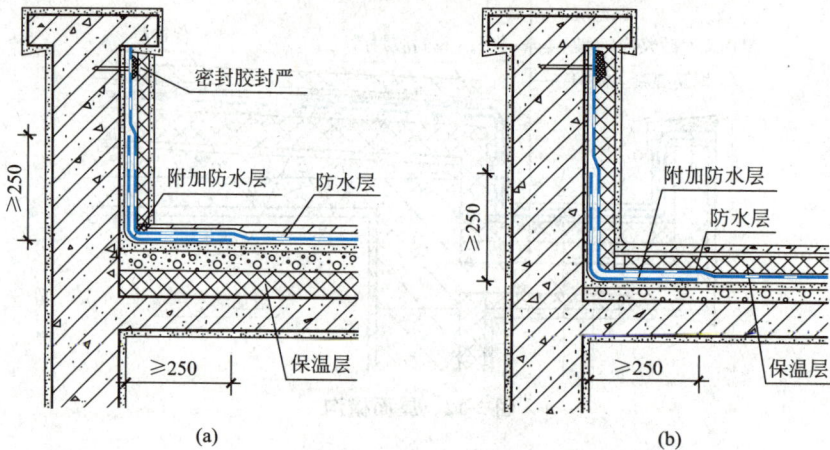

图 2-14　低女儿墙

（2）高女儿墙。高女儿墙的卷材防水层收头可在离屋面高度 250mm 处，采用金属压条钉压固定，钉距不宜大于 800mm，再用密封材料封严，以保证收头的可靠性；为防止雨水沿高女儿墙的泛水渗入，卷材收头上部应做金属盖板保护。如图 2-15 所示。

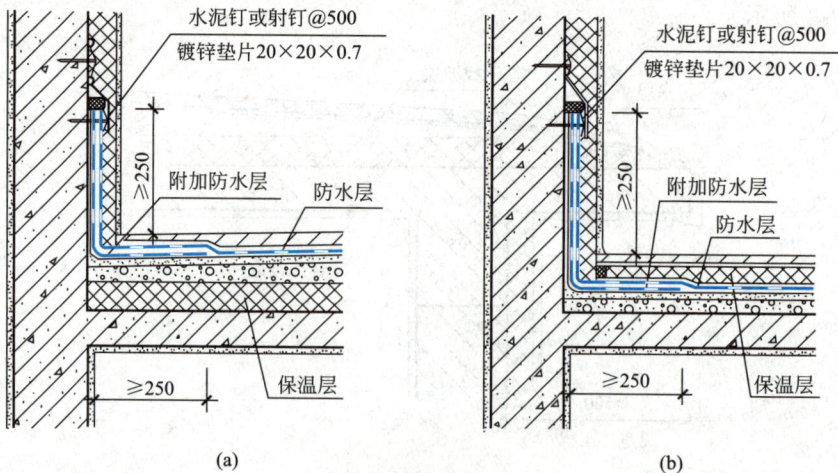

图 2-15　高女儿墙

4. 变形缝

变形缝内宜填充泡沫塑料，上部填放衬垫材料，并用卷材封盖，顶部宜加扣混凝土或金属盖板。变形缝两侧都为混凝土时，采用聚苯乙烯泡沫板兼作模板是顺理成章的事。实际上，泡沫板不是填充进去，而是预埋进去的。由于屋面板提倡现浇，缝两侧上翻的矮墙就没有必要采用砌体，而应当同时改为现浇的钢筋混凝土。

金属或混凝土盖板，虽然只起保护作用，但接缝的处理，建议按女儿墙压顶的办法，包括混凝土盖板上部的防水砂浆粉刷。

只有不宜设混凝土盖板时，才作金属盖板。因为金属盖板除了轻，并无特别优势。其锚固安装要求能抗风掀，但真正抗住大风的盖板，其构造应参照女儿墙金属压顶，用的是铝合金或不锈钢扣板，而不是镀锌铁皮。

高低跨屋面在高层与裙房建筑上大量出现，因沉降或抗震需要，常在此处设置变形缝。为使其强风暴雨时，仍能保证不倒灌，不渗漏，在立墙泛水处，应作密封处理。

考虑了保护层的设置，形成该处完整的构造节点。如图 2-16、图 2-17 所示。

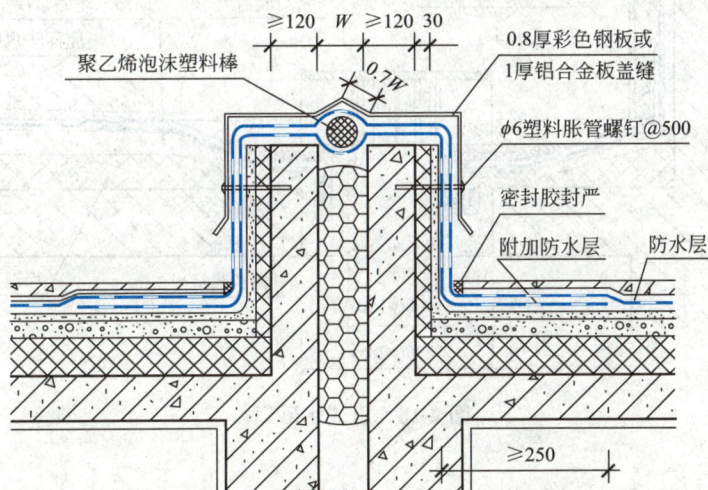

图 2-16　等高变形缝

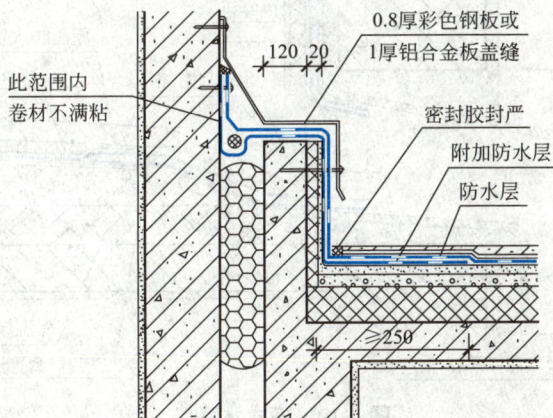

图 2-17　高低跨变形缝

5. 水落口

重力式排水为传统的排水方式，材料包括金属制品和塑料制品两种。水落口处的防水构造，采取多道设防、柔性密封、防排结合的原则处理。

水落口应牢固固定在承重结构上，否则水落口产生的松动会使水落口与混凝土交接处的防水设防破坏，产生渗漏现象。水落口杯的埋设标高，应充分考虑水落口设防时增加的附加防水层、柔性密封、保护层、找平层以及排水坡度的影响，宁低勿高。否则，水落口处施工完毕时，不能确保成为其排水区内最低点。

在水落口周围 500mm 的排水坡度应不小于 5％，坡度过小，施工困难且不易找准；采取防水涂料涂封，涂层厚度为 2mm，相当于屋面涂层的平均厚度，使它具有一定的防水能力，防水层和附加层伸入水落口杯内不应小于 50mm，避免水落口处的渗漏发生。如图 2-18、图 2-19 所示。

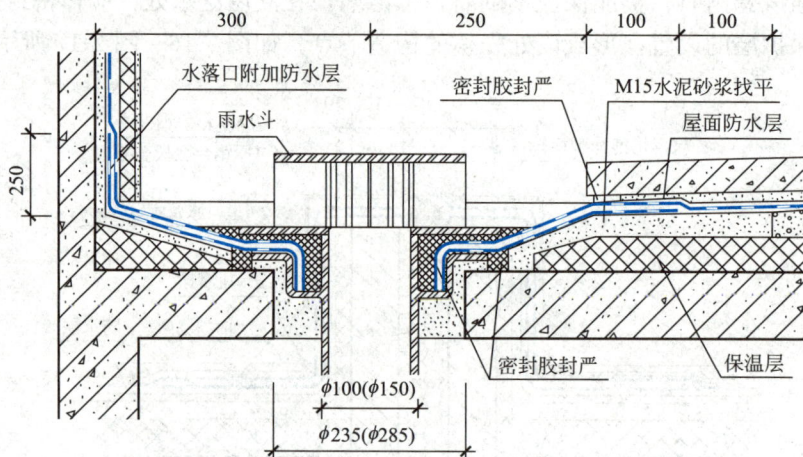

图 2-18　直式水落口

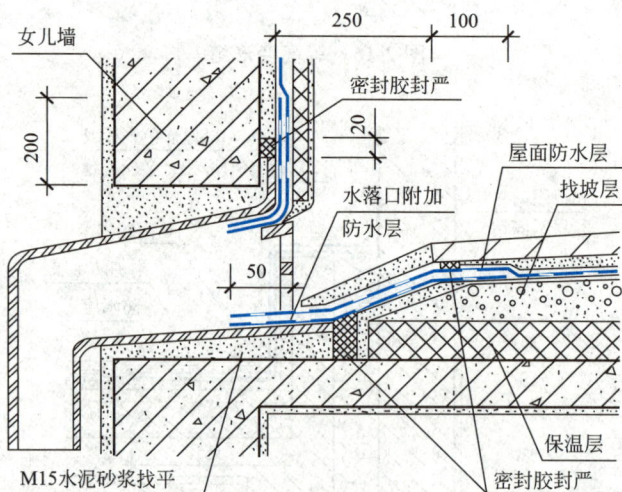

图 2-19　横式水落口

6. 伸出屋面设施

伸出屋面设施应做好防水处理，管道周围的找平层要抹出高度不小于30mm的排水坡，管道泛水处的防水层下应增设300mm宽的附加层（平、立面各150mm，附加层可采用制品型配件），泛水高度不小于150mm，卷材收头应用金属箍或铁丝紧固，密封材料封严，涂膜收头应用防水涂料多遍涂刷。如图2-20所示。

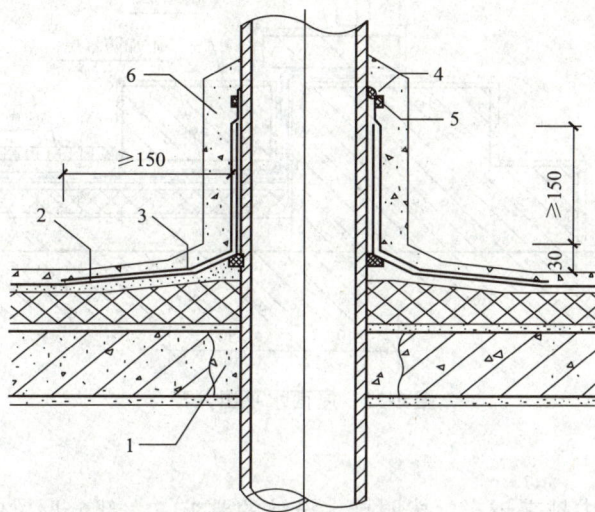

图2-20　伸出屋面管道

1—细石混凝土；2—防水层；3—附加层；4—密封材料；5—金属箍；6—保护层

7. 屋面出入口

（1）屋面垂直出入口

屋面垂直出入口应防止雨水从盖板下倒灌入室内，泛水处应增设附加层，附加层在平面和立面的宽度均不应小于250mm；防水层收头应在混凝土压顶圈下，使收头的防水设防可靠，不会产生翘边、开口等缺陷。如图2-21所示。

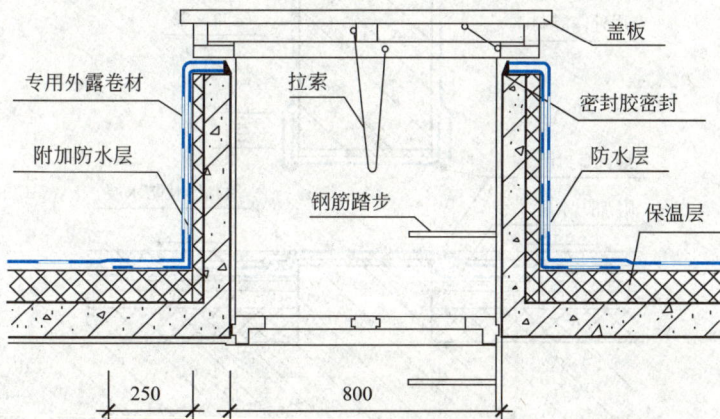

图2-21　屋面垂直出入口

（2）屋面水平出入口

屋面水平出入口的设防重点是泛水和收头，泛水处应增设附加层和护墙，附加层在平面上的宽度不应小于250mm；防水层应铺设至门洞踏步板下，收头应压在混凝土踏步下，收头处用密封材料封严，再用水泥砂浆保护。如图2-22所示。

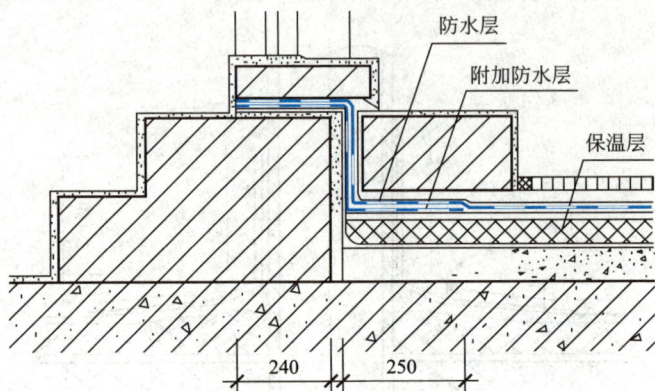

图2-22　屋面水平出入口

8. 反梁过水孔

反梁在现代建筑中越来越多，按照排水设计的要求，大部分反梁中需设置过水孔，使雨水能流向水落口及时排走。反梁过水孔的孔底标高应与两侧的檐沟底面标高一致，由于檐沟有坡度要求，因此每个过水孔的孔底标高都是不同的，施工时应预先根据结构标高、保温层厚度、找坡层厚度等计算出每个过水孔的孔底标高，再进行过水孔管的安设。

结构设计一般不允许在反梁上开设过大的孔洞，因此过水孔宜采用预埋管道的方式，为保证过水孔排水顺畅，其管径不得小于75mm。由于预埋管道与周边混凝土的线膨胀系数不同，温度变化时管道两端周围与混凝土接触处易产生裂缝，故管道口四周应预留凹槽用密封材料封严。如图2-23所示。

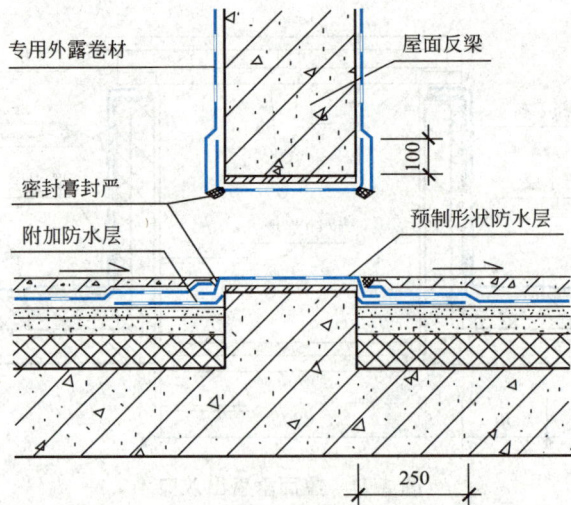

图2-23　反梁过水孔

9. 设施基座

由于大型建筑和高层建筑日益增多，在屋面上经常设置天线塔架、插窗机支架、太阳能热水器底座等，这些设施有的搁置在防水层上，有的与屋面结构相连。设施基座与结构层相连时，防水层应包裹设施基座的上部，并应在地脚螺栓周围作密封处理，防止地脚螺栓周围发生渗漏。

搁置在防水层上的设备，有一定的质量和振动，对防水层易造成破损，因此在防水层下应增设卷材附加层，必要时应在其上浇筑细石混凝土，其厚度不应小于 50mm。对于有些质量重、支腿面积小的设备，应该做细石混凝土垫块或衬垫，以免压坏防水层。如图 2-24 所示。

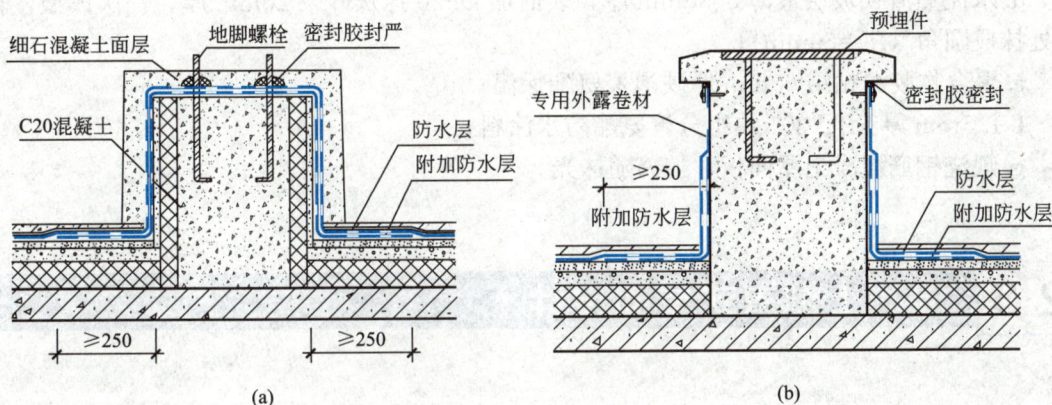

图 2-24 设施基座
（a）地脚螺栓；（b）预埋件

【钢筋混凝土平屋面设计实例解析】

某工程位于上海市浦东新区临港新城。本工程屋面工程防水等级为一级，防水做法为：1.5mm 厚 SPU-301 单组分聚氨酯防水涂料（紧贴屋面混凝土结构板）＋改性沥青防水卷材 APP Ⅰ PYPE PE3（于找坡找平层之上）。

屋面原设计构造做法如下：①40mm 厚 C20 细石混凝土保护层；②铺 0.8mm 厚土工布隔离层一道；③改性沥青防水卷材 APP Ⅰ PY PE PE 3，栏板卷材上口处加压条固定，管道卷材收口加管箍固定；④1.5mm 厚 SPU-301 单组分聚氨酯防水涂料；⑤聚合物胶泥粘结 60mm 厚硬泡聚氨酯保温；⑥水泥焦渣找坡层最薄处 30mm 厚，表面加 DP20 抹灰砂浆 20mm 厚，一次成型，转角处抹成圆角（$R＝50mm$）；⑦20 厚 1:3 水泥砂浆找平层；⑧现浇钢筋混凝土屋面板。

请对屋面防水工程构造做法进行优化，并说明理由。

【解析】① 混凝土结构屋面板，当整体现浇混凝土板做到随浇随用原浆找平和压光，表面平整度符合要求时，可以不再做找平层。

② 因 SPU-301 单组分聚氨酯防水涂料与改性沥青防水卷材 APP Ⅰ PY PE PE 3 两种材料材性不相容，不能复合使用，而要使用这两种防水材料，则需要进行隔离设置。

③ 在实际工程中，当防水层发生局部破损时，具有防窜水功能的防水层比会窜水的防水层渗漏水发生几率大大下降。当屋面有二道或三道防水层时，在屋面结构混凝土表面

涂刷防水涂料，其防水效果有明显的提高，是屋面防水的最后一道防线。同时也避免了保温层上面设置防水层容易发生窜水现象的缺陷。

④ 与设计确定保温节能情况之后，可进行调整优化设计构造，以使最大限度提高防水可靠度。

⑤ 根据以上可以调整屋面的设计构造如下：

a. 40mm 厚 C20 细石混凝土保护层；

b. 铺 0.8mm 厚土工布隔离层一道；

c. 改性沥青防水卷材 APP I PY PE PE 3，栏板卷材上口处加压条固定，管道卷材收口加管箍固定；

d. 水泥焦渣找坡层最薄处 30mm 厚，表面加 DP20 抹灰砂浆 20mm 厚，一次成型，转角处抹成圆角（$R=50$mm）；

e. 聚合物胶泥粘结 60mm 厚硬泡聚氨酯保温；

f. 1.5mm 厚 SPU-301 单组分聚氨酯防水涂料；

g. 现浇钢筋混凝土屋面板，随捣随抹光。

2.5 混凝土倒置式屋面设计

将保温层设置在防水层之上的屋面称为倒置式屋面。之所以称一个"倒"字，是相对于正置式屋面而言，正置式即传统保温屋面，它总是将保温层设在防水层之下。

由于传统绝热材料吸水率高，只能设置在防水层之下。吸水率低的新型保温隔热材料的出现，使其铺设于柔性防水层之上成为可能。

倒置式屋面的优点是：

延缓防水层老化。倒置式屋面防水层由于受保温层的覆盖，避免了太阳光紫外线的直接照射，降低了表面温度，防止磨损和暴雨的冲刷，延缓了老化。

加速屋面内部水和水蒸气的蒸发。保温层屋面可做成排水坡度，雨水可自然排走，因此侵入屋面内部体系的水和水蒸气可通过多孔保温材料蒸发掉，不至于在冬季时产生冻结现象。

倒置式屋面在夏热冬暖地区和夏热冬冷地区普遍采用，不适用于严寒、寒冷地区。

2.5.1 混凝土倒置式屋面设计一般规定

混凝土倒置式屋面应根据具体工程的特点、地区自然及气候条件等要求，以及屋面形式、建筑功能、环境、气候条件、屋面构造和经济条件不同，进行防水、保温等构造的具体设计，重要部位应有节点详图。

1. 倒置式屋面设计应包括下列内容：

（1）工程类别、屋面工程防水使用环境类别；

（2）屋面防水等级、设防要求和保温要求；

（3）屋面构造；

（4）屋面节能；

（5）防水层材料的选用；

（6）保温层材料的选用；

（7）屋面保护层及排水系统；

（8）细部构造。

2.倒置式屋面工程的防水等级应为Ⅰ级，并选用耐腐蚀、耐霉烂、适应基层变形能力的防水材料。

3.倒置式屋面应保持屋面排水畅通。倒置式屋面坡度不宜小于 3%。当倒置式屋面坡度大于 3% 时，应在结构层采取防止防水层、保温层及保护层下滑的措施。坡度大于 10% 时，应沿垂直于坡度的方向设置防滑条、防滑条应与结构层可靠连接。

4.保护层的设计应根据倒置式屋面的使用功能、自然条件、屋面坡度合理确定。

5.倒置式屋面可不设置透气孔或排气槽。

6.天沟、檐沟的纵向坡度不应小于 1%，沟底水落差不应超过 200mm，檐沟排水不得流经变形缝和防火墙。

7.倒置式屋面防水层完成后，平屋面应进行 24h 蓄水检验，坡屋面应进行 2h 淋水检验，并应在检验合格后再进行保温层施工。

8.屋顶与外墙交界处、屋顶开口部位四周的保温层，应采用宽度不小于 500mm 的 A 级保温材料设置水平防火隔离带。

2.5.2　混凝土倒置式屋面构造层类设计

倒置式屋面的基本构造是由结构层、找坡层、找平层、防水层、保温层及保护层等组成的，如图 2-25 所示。

1.结构层
倒置式屋面的结构层宜采用现浇钢筋混凝土。

2.找坡层
屋面宜结构找坡，当屋面单向坡长大于 9m 时，应采用结构找坡；当屋面采用材料找坡时，坡度宜为 3%，最薄处找坡层厚度不得小于 30mm。找坡宜采用轻质材料或保温材料。

3.找平层
防水层下应设找平层；结构找坡的屋面可采用原浆表面找平、压光；找平层可采用水泥砂浆或细石混凝土，厚度宜为 15～40mm；找平层应设分格缝，缝宽宜为 10～20mm，纵横缝的间距不宜大于6m；纵横缝应用密封材料嵌填；在突出屋面结构的交接处以及基层的转角处均应做成圆弧形，圆弧半

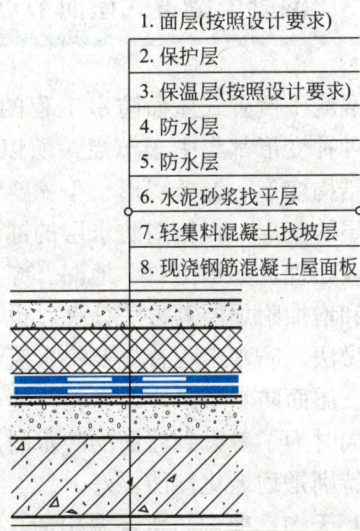

1.面层(按照设计要求)
2.保护层
3.保温层(按照设计要求)
4.防水层
5.防水层
6.水泥砂浆找平层
7.轻集料混凝土找坡层
8.现浇钢筋混凝土屋面板

图 2-25　倒置式屋面基本构造示意图

径不宜小于 130mm。

4. 防水层

防水材料应选用耐腐蚀、耐霉烂、适应基层变形能力的防水材料。

5. 保温层

保温层的设计厚度应按计算厚度增加 25％取值，且最小厚度不得小于 25mm。保温层内不得积水，进入保温层内的水应排出。对于夏热冬冷地区有节能要求的建筑，应按保温层进水厚保温材料的热工性能进行节能设计。

6. 保护层

（1）保护层可选用卵石、混凝土板块、地砖、瓦材、水泥砂浆、细石混凝土、金属板材、人造草皮、种植植物等材料；

（2）保护层的质量应保证当地 30 年一遇最大风力时保温板不被刮起和保温层在积水状态下不浮起；

（3）当采用板块材料、卵石作保护层时，在保温层与保护层之间应设置隔离层；

（4）当采用卵石保护层时，其粒径宜为 40～80mm；

（5）当采用板块材料作上人屋面保护层时，板块材料应采用水泥砂浆坐浆平铺，板缝应采用砂浆勾缝处理，当屋面为非功能性上人屋面时，板块材料可干铺，厚度不应小于 30mm；

（6）当采用水泥砂浆保护层时，应设表面分格缝，分格面积宜为 1m²；

（7）当采用板块材料、细石混凝土作保护层时，应设分格缝，板块材料分格面积不宜大于 100m²，细石混凝土分格面积不宜大于 36m²，分格缝宽度不宜小于 20mm；分格缝应用密封材料嵌填。

（8）细石混凝土保护层与山墙、凸出屋面墙体、女儿墙之间应预留宽度为 30mm 的缝隙。

2.5.3 混凝土倒置式屋面节点设计

混凝土倒置式屋面防水工程的节点细部构造是防水工程的重要部分，在施工的过程中，种种变形都集中于节点，所以在进行屋面防水节点设计时，要全面考虑材料自身老化、结构变形、温差变形、干缩变形、振动等诸多因素，节点设防上应增设附加层，以适应基层的变形。在构造防水层的铺设上以空铺法为宜，在选材上可用高弹性、高延伸材料做相应处理，如水落口、地漏、穿过防水层管道部位及其周围要采取密封材料嵌缝、涂料密封和增加附加层等方法处理，也可采用柔性密封、防排结合，材料防水与结构防水相结合的做法。防水工程首先要将水流迅速排走，不使水滞留或积水，然后采取柔性材料严密封闭。屋面防水节点应以卷材、涂料、密封、刚性防水材料等互补的多道设防进行技术设计，同时为了考虑到屋面的防水耐用年限，节点上使用的材料的性能指标均应高于其他部位，特别是耐老化性能要好。

1. 天沟、檐沟防水保温构造

天沟、檐沟是排水最集中的部位，也是容易产生热桥的结构部位。为确保防水质量，需增铺附加层部位宜设置涂膜和卷材复合的防水层。为避免产生热桥，保温材料应覆盖整个天沟檐沟的上下两侧，并采用适当方式固定，以免坠落（图 2-26）。

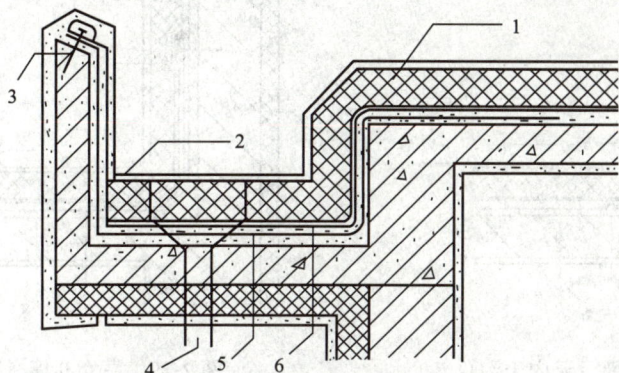

图 2-26　天沟、檐沟的防水保温构造
1—保温层；2—密封材料；3—压条钉压；4—水落口；5—防水附加层；6—防水层

2. 女儿墙、山墙防水保温构造

女儿墙内侧的保温材料应固定牢固，宜采用机械固定法，也可采用外墙外保温相同的固定方法，固定点应采用密封材料密封。保温材料表面应抹聚合物水泥砂浆等保护层。

女儿墙和山墙泛水处的防水卷材应满粘，墙体和屋面转角处的卷材宜空铺，空铺宽度不应小于 200mm；墙体根部与保温层间应设置温度缝，缝宽宜为 15～20mm，并应用密封材料封严。

（1）低女儿墙、山墙

低女儿墙和山墙，保温层应铺至压顶下，防水材料可直接铺至压顶下，泛水收头应采用水泥钉配垫片钉压固定和密封膏封严；涂膜应直接涂刷至压顶下，泛水收头应用防水涂料多遍涂刷，压顶应做防水处理（图 2-27）。

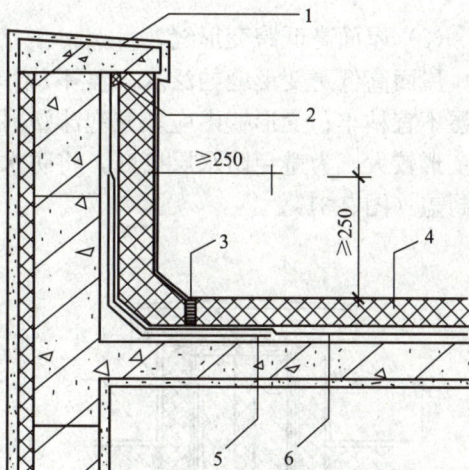

图 2-27　低女儿墙、山墙防水保温构造
1—压顶；2、3—密封材料；4—保温层；
5—防水附加层；6—防水层

（2）高女儿墙、山墙

高女儿墙和山墙，内侧的保温层应铺至女儿墙和山墙的顶部，防水材料应连续铺至泛水高度，泛水收头应采用水泥钉配垫片钉压固定和密封膏封严，墙体顶部应做防水处理（图 2-28、图 2-29）。

3. 屋面变形缝防水保温构造

（1）屋面等跨变形缝

屋面变形缝的泛水高度不应小于 250mm；防水层和防水附加层应连续铺贴或涂刷覆盖变形缝两侧挡墙的顶部；变形缝顶部应加扣混凝土或金属盖板，金属盖板应铺钉牢固，接缝应顺流水方向，并应做防锈处理；为避免变形缝处产生热桥效应，变形缝挡墙两侧和上部均应铺设保温材料，挡墙中间用衬垫材料和聚乙烯泡沫塑料棒填嵌（图 2-30）。

图 2-28　高女儿墙（无内天沟）、
山墙防水保温构造

1—金属盖板；2、3—密封材料；4—保温层；
5—防水附加层；6—防水层；7—外墙保温

图 2-29　高女儿墙（有内天沟）、
山墙防水保温构造

1—金属盖板；2、3—密封材料；4—保温层；5—找坡层；
6—防水附加层；7—防水层；8—外墙保温

（2）屋面高低跨变形缝

屋面高低跨变形缝的泛水高度不应小于 250mm；变形缝挡墙顶部水平段防水层和附加层不宜粘牢；变形缝内应填充泡沫塑料，并应与墙体粘牢；建筑物高低跨两侧差异沉降和变形较大，为避免防水层撕断，将防水层在低跨屋面挡墙上部断开，上部采用金属板泛水封盖（图 2-31）。

图 2-30　屋面变形缝处防水保温构造

1—衬垫材料；2—保温材料；3—密封材料；4—泡沫塑料；5—盖板；6—防水附加层；7—防水层

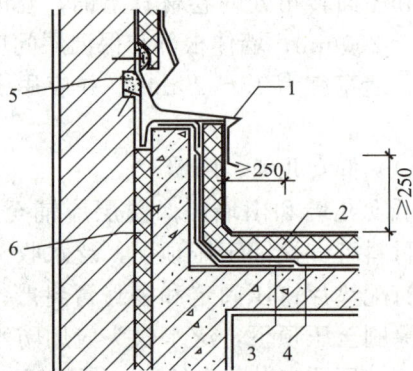

图 2-31　屋面高低跨变形缝处防水保温构造

1—金属盖板；2—保温层；3—防水附加层；4—防水层；5—密封材料；6—泡沫塑料

4. 屋面水落口处防水保温构造

保温材料在距水落口 500mm 的范围内应采用切割等方式逐渐减薄，铺设至水落口处，防止产生热桥效应。水落口周边和基层接触处，混凝土易出现裂缝，故在水落口和基层接触的周围应留宽 20mm、深 20mm 的凹槽，并嵌填柔性密封材料，避免渗漏发生。女儿墙上侧水落口应设置一道坡度，坡度应不小于 5%，以防止倒泛水（图 2-32、图 2-33）。

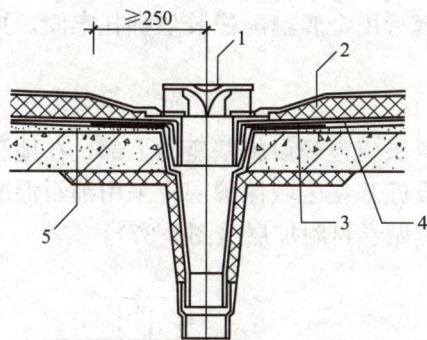

图 2-32　直排水落口处防水保温构造
1—水落口；2—保温层；3—防水附加层；
4—防水层；5—找坡层

图 2-33　侧水落口处防水保温构造
1—保温层；2—找坡层；3—防水附加层；
4—防水层；5—水落口

5. 屋面出入口处防水保温构造

（1）屋面水平式出入口

水平式出入口多为开门的水平出入，屋面出入口泛水距屋面高度不应小于 250mm，同时出入口防水层收头应压在混凝土踏步下，保温材料也应连续铺至混凝土踏步下，混凝土踏步铺设时应设置向外流水坡度，并做滴水，以防止下雨时，出现爬水现象，向室内流水（图 2-34）。

（2）屋面垂直式出入口

屋面垂直出入口防水层和保温材料收头应压在混凝土压顶下的凹槽内，防止人员出入时踩坏防水和保温材料。应对卷材收头边处采用配套密封胶密封（图 2-35）。

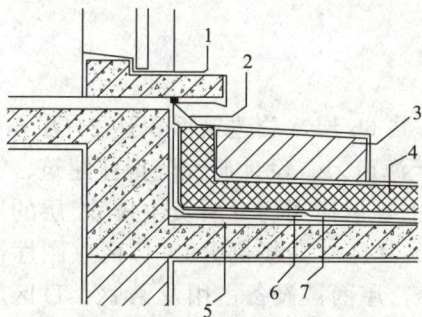

图 2-34　屋面水平出入口处防水保温构造
1—密封材料；2—保护层；3—踏步；4—保温层；
5—找坡层；6—防水附加层；7—防水层

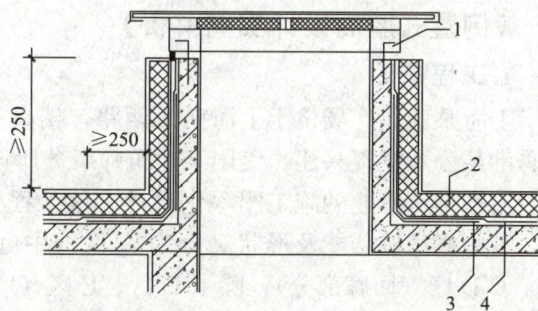

图 2-35　屋面垂直出入口处防水保温构造
1—上人孔盖及压顶圈梁；2—保温层；
3—防水附加层；4—防水层

6. 伸出屋面管道防水保温构造

伸出屋面穿过防水层管道多种多样，包括伸出屋面排汽管道、换气管道等。伸出屋面管道泛水距屋面高度不应小于 250mm，同时应采用套管防水处理，即浇筑混凝土时先预埋套管，并焊有一道或多道止水片，当管道通过套管后，两端采用密封材料填嵌。

为防止混凝土干缩与套管周边脱开裂缝而导致渗漏，设计时须在套管四周与混凝土找平层间留有凹槽，一般为 20mm×20mm，填嵌密封材料，并将管根部垫高，做成 1/10 排水坡，以利排水，然后做防水层。防水层与管道套管用金属箍配橡胶垫绑扎牢固，再以密封膏密封，保温材料铺至套管周围（图 2-36）。

7. 屋面设施基座防水保温构造

屋面设施基座与结构层相连时，防水层和保温层应包裹设施基座的上部，在地脚螺栓周围做密封处理。在屋面保护层上放置设施时，设施基座区域保护层应采用细石混凝土覆盖，其厚度不应小于 50mm，设施下部的防水层应做卷材附加层（图 2-37）。

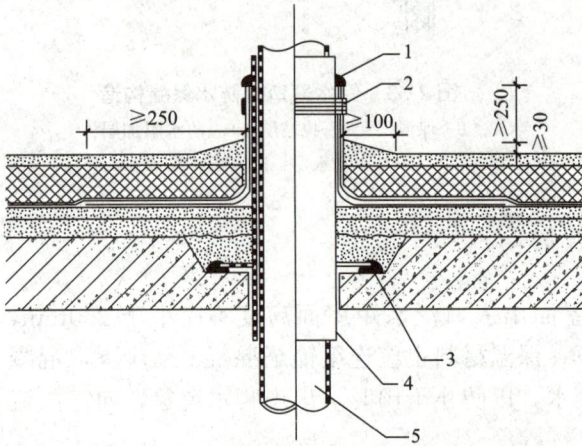

图 2-36　伸出屋面管道防水保温构造
1、3—密封材料；2—金属箍；4—套管；
5—伸出屋面管道

图 2-37　屋面设施基座的防水保温构造
1—预埋螺栓；2—保温层；3—防水附加层；
4—防水层；5—密封材料

【一般倒置式屋面设计实例解析】

1. 工程概况

上海某商业广场位于上海南京西路，楼高 288m，共 66 层，总建筑面积达 24 万 m²，由香港某公司投资兴建，美国某建筑师事务所设计，上海市××设计研究院担任建筑、结构及给水排水专业的施工图深化设计。该工程的屋面主要包括裙房 6 层及主楼 61 层的屋面，其中裙房按功能及形状又分为 A 区（中庭部分）、B 区（商场部分）、C 区（圆厅部分）及 D 区（回廊部分），除了 D 区、E 区（塔楼部分）屋面被设备占用及 A 区、D 区屋面有两块面积较大的玻璃采光顶棚外，其余部分均为敞开式屋面观光平台，包括大面积的种植屋面，通过利用绿化、坐凳、灯光等的布置，将整个裙房屋面设计成一个环境优美的公共户外活动场地，成为整个建筑的一个重要组成部分。如图 2-38 所示。

鉴于以上原因，该工程项目的屋面在设计中采用了倒置式保温屋面的构造。

2. 倒置式屋面的构造设计

该工程倒置式保温屋面按不同的使用部位采用了无支架倒置式屋面、有支架可调式倒置屋面及倒置式种植屋面的形式。

（1）无支架倒置式屋面。无支架倒置式屋面用于普通的上人屋面，包括设备区域的屋面（D 区及 E 区），该类型的屋面向地漏找坡，完成在饰面层排水，饰面材料可选用地砖及预制的混凝土板，并可进行固定铺设或不固定铺设（图 2-39）。

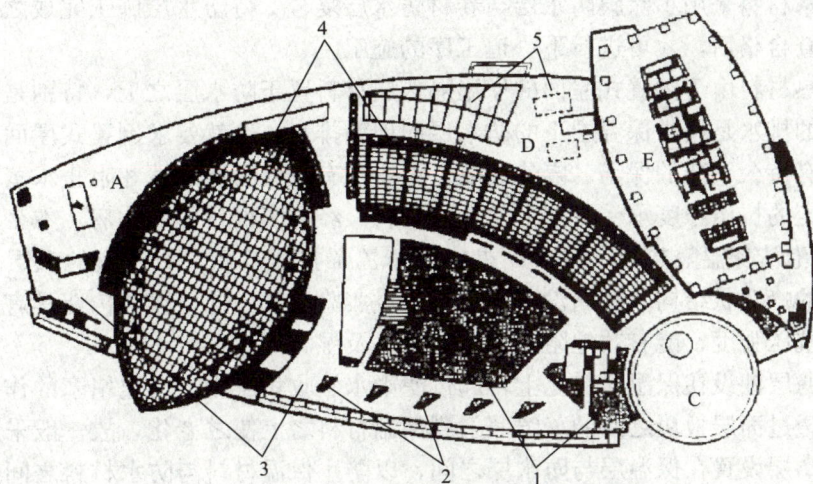

图 2-38 屋面平面示意

1—种植面积；2—花岗岩坐凳；3—支架式花岗岩屋面；4—玻璃采光顶棚；5—预制混凝土屋面

（2）有支架可调式倒置屋面。在大面积敞开式屋面及观光平台，如 A、B、C 区，采用了有支架可调式倒置式屋面，该类型屋面通过保温层下面的防水层向地漏排水（需采用特殊构造的地漏），而饰面层则由可调式支架架空铺设，并调节成完成平整状态。本工程饰面材料选用了 50mm 厚、600mm×600mm 的花岗岩石板架空铺设。如图 2-40 所示。

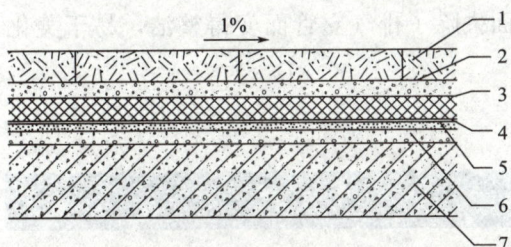

图 2-39 无支架倒置式屋面

1—40mm 厚花岗岩铺地；2—水泥砂浆结合层；
3—40mm 厚挤塑聚苯乙烯隔热保温板；
4—油毡隔离层；5—防水层；6—细石
混凝土找坡层（最小 30°，向排水口找坡 1%）；
7—混凝土结构屋面板

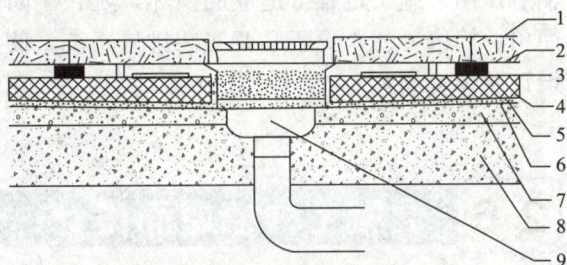

图 2-40 有支架可调式倒置式屋面

1—50mm 厚花岗岩铺地；2—可调式支架；3—过滤层；
4—40mm 厚挤塑聚苯乙烯隔热保温板；5—油毡隔离层；
6—防水层；7—细石混凝土找坡层（最小 30°，
向排水口找坡 1%）；8—混凝土结构屋面板；
9—屋面排水地漏

3. 倒置式屋面的材料

倒置式屋面从上到下可分为面层材料、过滤层、保温层、隔离层、防水层、找平层、结构屋面板等，由于倒置式屋面的保温层在防水层之上，因此选用合适的保温隔热材料及防水材料是保证倒置式屋面质量的关键。

防水材料由于防水卷材的剪口、接缝比较多，对一些特殊部位的节点处理很难粘结牢固和封闭严密，这将对工程造成渗漏水的隐患，为了提高屋面的整体防水性能，该广场项目在屋面防水材料采用了涂膜防水层与卷材防水层复合。待防水层施工完成之后，并通过蓄水试验检查合格后，才可进行下一道工序的施工。

保温隔热材料由于倒置式屋面的保温隔热层材料置于防水层之上，特别是有支架可调试倒置屋面的排水是通过保温层下的防水层向地漏排水，这就要求倒置式屋面的保温隔热材料不仅要有持久不变的保温、隔热性能，更要求有极强的憎水性和阻止水蒸气渗透的能力，并有一定的抗压强度承受支架上的饰面材料。经过多种材料的比肩，本工程屋面选用了 XPS 挤塑泡沫保温隔热板，该产品是由聚苯乙烯挤压成型，有致密的表层及闭孔结构内层，均匀的蜂窝状结构，壁间没有空隙，通过实验测试，这种材料构造具有较好的保温隔热性能和抗压强度，能有效地阻止雨水的浸入及湿气的渗透。

屋面过滤层铺设在保温材料之上，起过滤雨水、收集灰尘、防止堵塞的作用，并可防止阳光直接透过面层板块之间的缝隙照射到保温材料之上使之老化，故一般采用无纺纤维布铺设。隔离层设置在保温层与防水层之间，以防止保温材料与防水材料之间因材料性能的不相容导致二者之间产生裂解或化学反应，本工程的屋面采用了油毡作为隔离材料，不但起到了隔离的作用，而且还提高了屋面整体的防水性能。

4. 结论

工程实践表明：该工程采用的倒置式保温屋面构造，具有一定的先进性，与传统的屋面构造形成相比，倒置式屋面更有许多明显突出的优点，一般国内设计的保温屋面都是在保温层上做找平层、防水层及保护层，而倒置式屋面则是将防水层置于保温层下面，这样不仅使防水层获得了充分的保护，避免了防水材料表面由于外界温度的剧烈变化、紫外线辐射作用、施工过程等造成的损坏，延长了防水材料的使用年限，而且比传统的屋面施工简单、检修方便，更不必要安装排气系统，使屋面去除了排气立管而变得整洁，易于美化设计及环境布置。

2.6 混凝土种植屋面设计

种植屋面是在屋面防水层上铺以种植介质，并种植植物，起到隔热及保护环境作用的屋面。种植屋面又叫做屋顶绿化、屋顶花园或空中花园、屋顶种植，是指区别于地面绿化，在高出地面以上，周边不与自然土层相连接的各类建筑物、构筑物的顶部以及天台、露台上的绿化。种植屋面是建筑第五立面的绿化，属于立体绿化的一部分（立体绿化包括屋顶绿化和垂直绿化），是在建筑物、构筑物的顶层进行的绿化种植。

种植屋面通常根据种植屋面的组成元素和植物的不同，分为花园式种植屋面、简单式种植屋面和地下室顶板绿化。其主要技术指标见表 2-21。

种植屋面类型的主要技术指标 表 2-21

种植屋面类型	荷载（kN/m²）	使用功能	包含内容	绿化形式
花园式	3.0～8.0	可上人屋面	种植乔灌木和地被植物,应设置园路、坐凳等休憩设施	复杂

续表

种植屋面类型	荷载(kN/m²)	使用功能	包含内容	绿化形式
简单式	1.0～2.0	不上人屋面	仅种植地被植物、低矮灌木,不设置休憩设施	简单
地下室顶板绿化	≥10	地下室顶板	其绿化组成和花园式绿化相似,是以乔木、灌木、花卉和草坪地被等组成的复式种植结构,并配以座椅、休闲园路、园林小品及水池等形成永久性的园林绿化	复杂

种植屋面不仅能有效地保护防水层和屋面结构层,而且对建筑物有很好的保温隔热效果,对城市环境起到绿化和美好作用。

种植屋面适用范围广泛,北方由于季节影响需要对植物进行重点选择,且考虑其冬季效果,总体而言,对于种植屋面而言,在夏热冬冷地区、夏热冬暖地区都有较好的适用性。

2.6.1　混凝土种植屋面设计一般规定

1. 设计原则

种植屋面工程设计应遵循"防、排、蓄、植"并重和"安全、环保、节能、经济,因地制宜"的原则。

(1) 确保防水、排(蓄)水、因地制宜和经济性的原则。

(2) 坚持适用、精美、安全创新。

(3) 通过科学艺术手法,合理进行植物配置和园林小品布局。

(4) 合理建筑水池和安装排水系统。

(5) 种植土应选择轻质的土壤。

(6) 植物种类选择姿态优美,植株低矮,生长缓慢,须根发达,抗风能力强的花灌木,小乔木,球根花卉和多年生花卉。

2. 设计基本规定

(1) 种植屋面不宜设计为倒置式屋面。

(2) 种植屋面工程结构设计时应计算种植荷载。既有建筑屋面改造为种植屋面前,应对原结构进行鉴定。

(3) 种植屋面应按构造层次、种植要求选择材料。材料应配置合理、安全可靠。

(4) 种植屋面的结构层宜采用现浇钢筋混凝土。

(5) 种植屋面防水层应满足Ⅰ级防水等级设防要求,且必须至少设置一道具有耐根穿刺性能的防水材料。种植屋面防水层应采用不少于两道防水设防,上道应为耐根穿刺防水材料;两道防水层应相邻铺设且防水层的材料应相容。

(6) 种植屋面植被层设计应根据建筑高度、屋面荷载、屋面大小、坡度、风荷载、光照、功能要求和养护管理等因素确定。

(7) 当屋面坡度大于20%时,绝热层、防水层、排(蓄)水层、种植土层等均应采取防滑措施。

（8）种植屋面应根据不同地区的风力因素和植物高度，采取植物抗风固定措施。

3. 设计内容

种植屋面设计应包括下列内容：

（1）计算屋面结构荷载；

（2）确定屋面构造层次；

（3）绝热层设计，确定绝热材料的品种规格和性能；

（4）防水层设计，确定耐根穿刺防水材料和普通防水材料的品种规格和性能；

（5）保护层；

（6）种植设计，确定种植土类型、种植形式和种植种类；

（7）灌溉及排水系统；

（8）电气照明系统；

（9）园林小品；

（10）细部构造。

2.6.2　各类型混凝土种植屋面设计要点

混凝土种植屋面以屋面结构来分，主要包括平屋面种植（含阳台、雨篷）、坡屋面种植、地下建筑顶板种植、既有建筑屋面种植和容器式栽植种植几种类型。

1. 平屋面种植

种植平屋面的基本构造层次包括：基层、绝热层、找坡（找平）层、普通防水层、耐根穿刺防水层、保护层、排（蓄）水层、过滤层、种植土层和植被层等。根据各地区气候特点、屋面形式、种植种类等情况，可增减屋面构造层次（图2-41）。例如干旱少雨地区可不设排水层。

种植平屋面的排水坡度不宜小于2%；天沟、檐沟的排水坡度不宜小于1%。

屋面采用种植池种植高大植物时（图2-42），种植池设计应符合下列规定：

（1）池内应设置耐根穿刺防水层、排（蓄）水层和过滤层；

（2）池壁应设置排水口，并应设计有组织排水；

（3）应根据种植植物高度设置固定植物用的预埋件。

2. 坡屋面种植

屋面坡度大于50%时，不宜做种植屋面；屋面坡度大于等于20%的种植坡屋面设计应设置防滑构造。

种植坡屋面的基本构造层次应包括：基层、绝热层、普通防水层、耐根穿刺防水层、保护层、排（蓄）水层、过滤层、种植土层和植被层等。根据各地区气候特点、屋面形式和植物种类等情况，可增减屋面构造层次。

坡屋面满覆盖种植宜采用草坪地被植物；种植坡屋面不宜采用土工布等软质保护层，屋面坡度大于20%时，保护层应采用细石钢筋混凝土。

坡屋面种植在沿山墙和檐沟部位应设置安全防护栏杆。

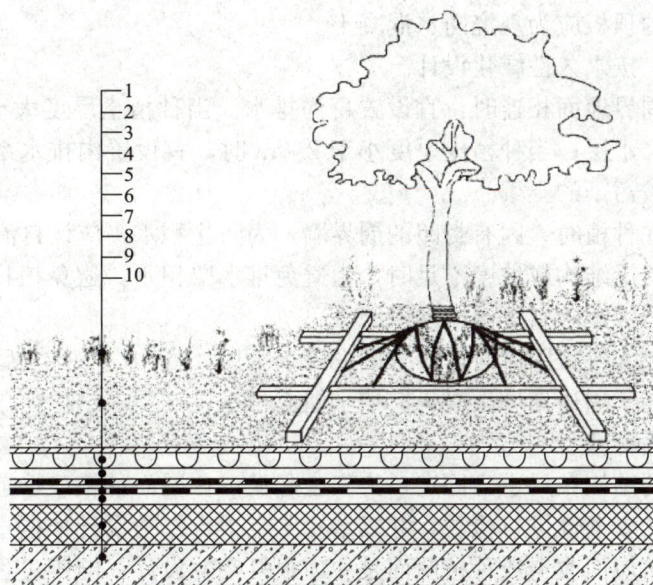

图 2-41　种植平屋面基本构造层次

1—植被层；2—种植土层；3—过滤层；4—排（蓄）水层；5—保护层；6—耐根穿刺防水层；

7—普通防水层；8—找坡（找平）层；9—绝热层；10—基层

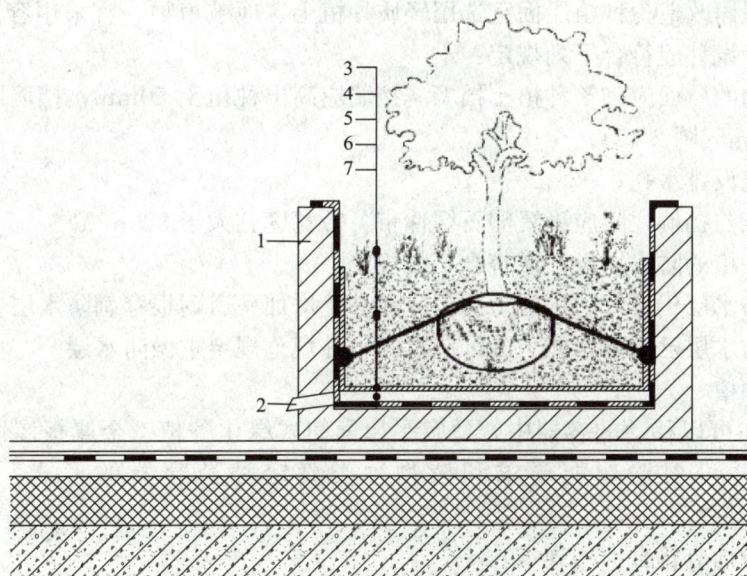

图 2-42　种植池

1—种植池；2—排水管（孔）；3—植被层；4—种植土层；

5—过滤层；6—排（蓄）水层；7—耐根穿刺防水层

3. 地下建筑顶板种植

地下建筑顶板的耐根穿刺防水层、保护层、排（蓄）水层和过滤层的设计应符合规范设计要求。

（1）地下建筑的顶板应为现浇防水混凝土。

（2）顶板种植应按永久性绿化设计。

（3）种植土与周界地面相连时，宜设置盲沟排水。当种植土厚度大于 2.0m 时，可不设过滤层和排（蓄）水层；当种植土厚度小于 2.0m 时，宜设置内排水系统。种植土不得使用建筑垃圾土和被污染的土壤。

（4）采用下沉式种植时，因有封闭的周界墙，为防止积水，应设自流排水系统。

（5）顶板采用反梁结构或坡度不足时，为避免排水层积水，避免植物沤根，应设置渗排水管或采用陶粒、级配碎石等渗排水措施。

（6）顶板面积较大放坡困难时，应分区设置水落口、盲沟、渗排水管等内排水及雨水收集系统。种植土高于周边地坪土时，应按平屋面种植设计要求执行。

4. 既有建筑屋面种植

既有建筑屋面的结构布局也已固定，为安全起见，在屋面种植改造前，必须检测鉴定结构承载力等指标的安全性进行检测，并以结构鉴定报告作为设计依据，确定种植形式和构造层次。既有建筑屋面改造成种植屋面是一项很复杂的设计、施工过程，原有防水层是否保留、如何设置构造层次和耐根穿刺防水层、周边如何设挡墙和其他安全设施，以及作满覆土种植还是容器种植等都是应周密考虑的问题。

既有建筑屋面的耐根穿刺防水层、保护层、排（蓄）水层和过滤层的设计应符合规范设计要求。

既有建筑屋面改造为种植屋面宜选用轻质种植土、地被植物，宜采用容器种植，当采用覆土种植时，设计应符合下列规定：

（1）有檐沟的屋面应砌筑种植土挡墙。挡墙应高出种植土 50mm，挡墙距离檐沟边沿不宜小于 300mm（图 2-43）。

（2）挡墙应设排水孔。

（3）种植土与挡墙之间应设置卵石缓冲带，带宽度宜大于 300mm。

采用覆土种植的防水层设计应符合下列规定：

（1）原有防水层仍具有防水能力的，应在其上增加一道耐根穿刺防水层。

（2）原有防水层已无防水能力的，应拆除，并规范规定重做防水层。

5. 容器式种植

植物种植在可以移动的容器中，适宜平屋面简式绿化种植、金属板屋面种植以及阳台和露台等，并可根据功能要求和植物种类确定种植容器的形式、规格和荷重（图 2-44）。

容器种植设计应符合下列规定：

（1）种植容器应轻便，易搬移，连接点稳固便于组装、维护。

（2）种植容器宜设计有组织排水。

（3）宜采用滴灌系统。

（4）种植容器放置在防水层上时，应设置保护层。

（5）容器种植的土层厚度应满足植物生存的营养需求，不宜小于 100mm。

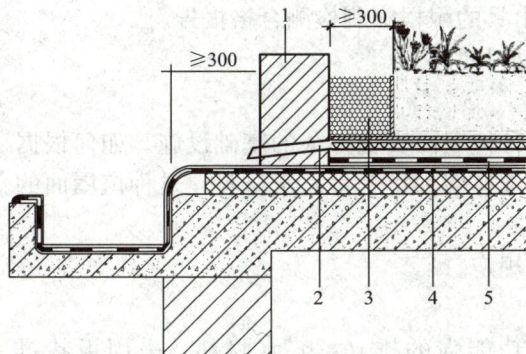

图 2-43　种植土挡墙构造

1—檐口种植挡墙；2—排水管（孔）；3—卵石缓冲带；

4—普通防水层；5—耐根穿刺防水层

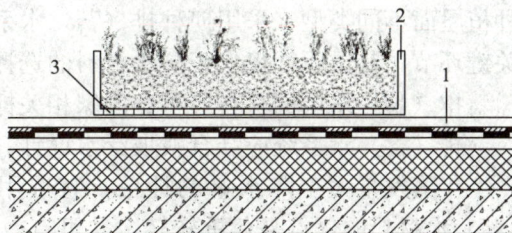

图 2-44　容器式种植

1—保护层；2—种植容器；3—排水孔

2.6.3　混凝土种植屋面构造层类设计

1. 防水层设计

防水层是种植屋面构造层中重要部分，对于新建屋面（预留种植屋面的建筑屋面）采用两层防水构造，包括普通防水层和耐根穿刺防水层。

（1）普通防水层

普通防水层一道防水设防的最小厚度应符合表 2-22 的规定。

普通防水层一道防水设防的最小厚度　　　　表 2-22

序号	材料名称	最小厚度（mm）
1	改性沥青防水卷材	4.0
2	高分子防水卷材	1.5
3	自粘聚合物改性沥青防水卷材	3.0
4	高分子防水涂料	2.0
5	喷涂聚脲防水涂料	2.0

种植屋面用防水卷材长边和短边的最小搭接宽度均不应小于 100mm。普通防水层的卷材与基层宜满粘施工，坡度大于 3‰时，不得空铺施工。防水卷材搭接缝口应采用与基材相容的密封材料封严。

（2）耐根穿刺防水层

耐根穿刺防水层的设置对于种植屋面不可或缺，一方面是防止植物根系穿透防水层而造成防水功能失效；另一方面是防止植物根系穿透结构层而造成建筑结构受损。如果忽略耐根穿刺防水层的设置，将造成因小失大的严重后果。

耐根系穿刺防水材料选择原则：

1）耐根穿刺防水材料的选用应符合国家相关标准的规定。

2）应具有国内法定检测机构出具的物理性能检测合格报告。

3）应具有国内耐根穿刺防水卷材检测机构出具的耐根穿刺检测合格报告。

4）排（蓄）水材料不得作为耐根穿刺防水材料使用。

2. 排（蓄）水层设计

种植屋面排（蓄）水系统至关重要，是保证种植屋面安全持久的基础设施。如何根据种植屋面不同类型，采用何种排（蓄）水系统，选择何种排（蓄）水材料，是种植屋面的关键环节，其重要性仅次于防水材料的选择。

排（蓄）水层的材料应符合国家相关标准的规定。

排（蓄）水系统应结合找坡泛水设计。

年蒸发量大于降水量的地区，宜选用蓄水功能强的排（蓄）水材料。采用板状排（蓄）水材料的优点是荷重较轻，并可有效蓄积雨水，过滤土壤微粒，减少市政管井淤泥隐患，同时其良好的绝热功能可减少植物根部冻害，更加适合架空屋面或廊桥绿化。

排（蓄）水层应结合排水沟分区设置。

3. 保护层设计

耐根穿刺防水层上应设置保护层。保护层应符合表 2-23 的规定。

耐根穿刺防水层上保护层技术要求 表 2-23

序号	类型	保护层	技术要求
1	简单式种植屋面和容器种植	水泥砂浆	体积比 1:3、厚度 15~20mm
2	花园式种植屋面	细石混凝土	厚度 ≥40mm
3	地下建筑顶板种植	细石混凝土	厚度 ≥70mm
4	—	土工布或聚酯无纺布	单位面积质量 ≥300g/m²
5	—	聚乙烯丙纶复合防水卷材	芯材厚度 ≥0.4mm
6	—	高密度聚乙烯土工膜	厚度 ≥0.4mm

说明：采用水泥砂浆和细石混凝土作保护层时，保护层下面应铺设隔离层

4. 过滤层设计

过滤材料宜选用聚酯无纺布，单位面积质量不小于 200g/m²。

过滤层材料的搭接宽度不应小于 1500mm。

过滤层应沿种植挡墙向上铺设，与种植土高度一致。

5. 种植土层设计

种植土层设计主要是对种植土材料的选择，以及种植土层深度的控制。种植土应按材料要求铺设，并应分层踏实，平整度和坡度应符合竖向设计要求。

种植土材料的选择应用涉及饱和水容重、排水、透气性、土壤肥力等关键性指标。种植土选择应区别于地面绿化，要求选择土壤肥力相对瘠薄，透气、排水性能良好，饱和水容重较轻的材料，以减轻建筑荷载，同时减缓花灌木快速生长所造成的荷重增加的压力。

2.6.4 混凝土种植屋面节点设计

1. 女儿墙、檐口

种植屋面的女儿墙、周边泛水部位和屋面檐口部位（图 2-45），应设置缓冲带，其宽

度不应小于 300mm。缓冲带可结合卵石带、园路或排水沟等设置。坡屋面种植檐口构造应符合下列规定：

(1) 檐口顶部应设种植土挡墙；

(2) 挡墙应埋设排水管（孔）；

(3) 挡墙应铺设防水层，并与檐沟防水层练成一体。

2. 防水层的泛水高度

屋面防水层的泛水高度高出种植土不应小于 250mm。地下建筑顶板防水层的泛水高度高出种植土不应小于 500mm。

3. 出屋面的管道

竖向穿过屋面的管道，应在结构层内预埋套管，套管高出种植土不应小于 250mm。

4. 变形缝

变形缝上不应种植，变形缝墙应高于种植土，可铺设盖板作为园路（图 2-46）。

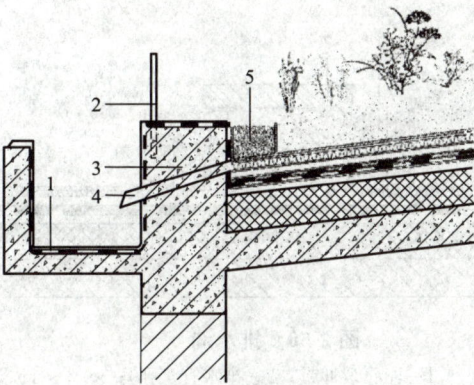

图 2-45　檐口构造

1—防水层；2—防护栏杆；3—挡墙；

4—排水管；5—卵石缓冲带

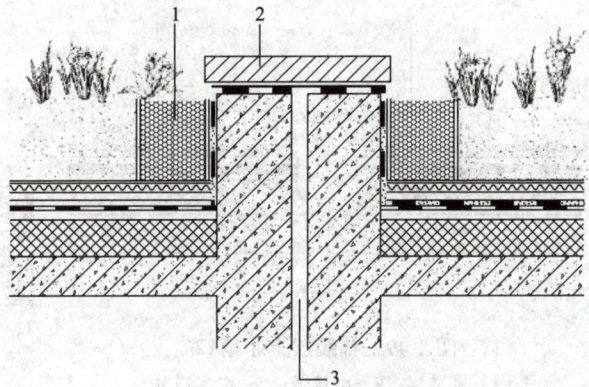

图 2-46　变形缝铺设盖板

1—卵石缓冲带；2—盖板；3—变形缝

5. 水落口

种植屋面宜采用外排水方式，水落口宜结合缓冲带设置（图 2-47）。

水落口位于绿地内时，水落口上方应设置雨水观察井，并应在周边设置不小于 300mm 的卵石缓冲带（图 2-48）。

水落口位于铺装层上时，基层应满铺排水板，上设雨箅子（图 2-49）。

6. 排水沟

屋面排水沟上可铺设盖板作为园路，侧墙应设置排水孔（图 2-50）。

7. 其他节点设计

硬质铺装应向水落口处找坡，当种植挡墙高于铺装时，挡墙应设置排水孔，尽可能引导铺装面向种植区内排水（图 2-51）。

根据植物种类、种植土厚度，可采用地形起伏处理，满足不同植物对种植土厚度的要求（图 2-52）。

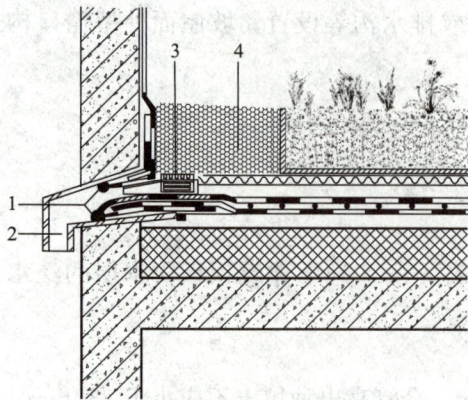

图 2-47　外排水

1—密封胶；2—水落口；3—雨算子；4—卵石缓冲带

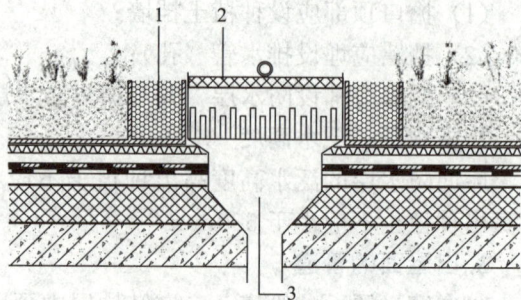

图 2-48　绿地内水落口

1—卵石缓冲带；2—井盖；3—雨水观察

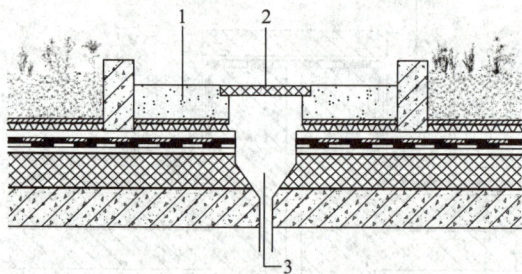

图 2-49　铺装层上水落口

1—铺装层；2—雨算子；3—水落口井

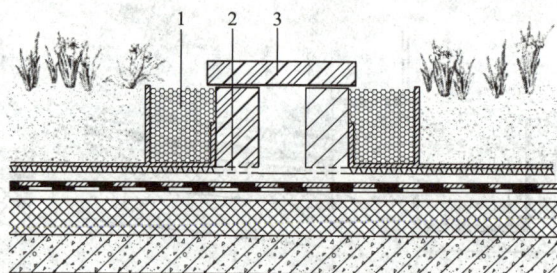

图 2-50　排水沟

1—卵石缓冲带；2—排水管（孔）；
3—盖板

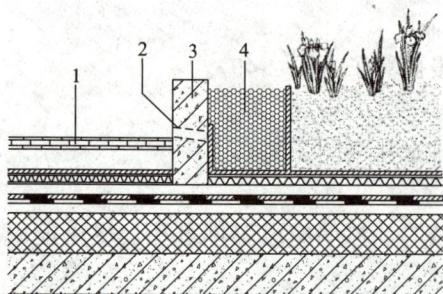

图 2-51　硬质铺装排水

1—硬质铺装；2—排水孔；3—种植挡墙；
4—卵石缓冲带

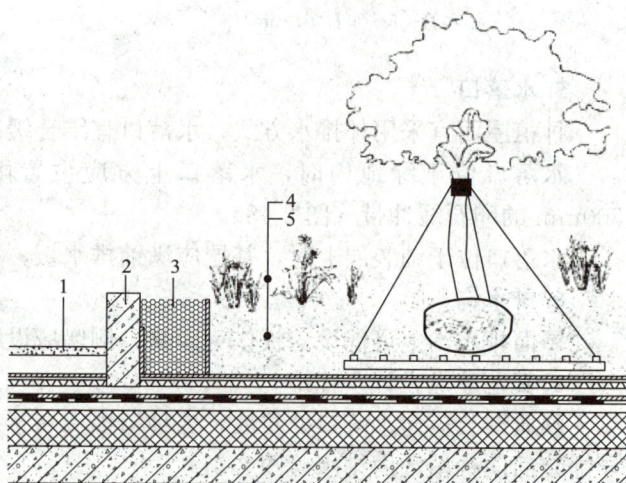

图 2-52　植被层微地形处理

1—渗水铺装；2—种植挡墙；3—卵石缓冲带；
4—植被层；5—种植土

【种植屋面设计实例解析】

1. 工程概况

上海某文化中心项目，总面积 90 多万 m²，总建筑面积 100 万 m²，种植屋面面积为 12 万 m²。种植屋面仅种植地被植物、低矮灌木、不设置休憩设施。

2. 屋面方案设计

根据工程情况，该种植屋面按简单式种植屋面类型进行设计，该屋面成弧形，跨度较大，同时小灌木等植物根系的穿透破坏力很强，因此对防水技术和工程质量提出了严格要求。依据国家规范，经研究确定，种植屋面设计构造层次依次为：

①钢筋混凝土结构屋面板（随捣随抹光）；②40mm 厚 XPS 挤塑聚苯乙烯泡沫板保温层；③找坡（平）层；④2mm 厚"PBC-328"非固化橡胶沥青防水涂料；⑤4mm 厚普通 SBS 改性沥青防水卷材（SBS Ⅰ PY PE PE 4）；⑥4mm 厚"ARC-701"耐根穿刺防水卷材；⑦无纺布隔离保护层；⑧排（蓄）水层，选用定型的 HDPE 排水保护板；⑨聚酯无纺布（200g/m²）过滤层；⑩350～500mm 厚种植土层（设 3%～5%坡度流向排水沟）；⑪植被层。如图 2-53 所示。

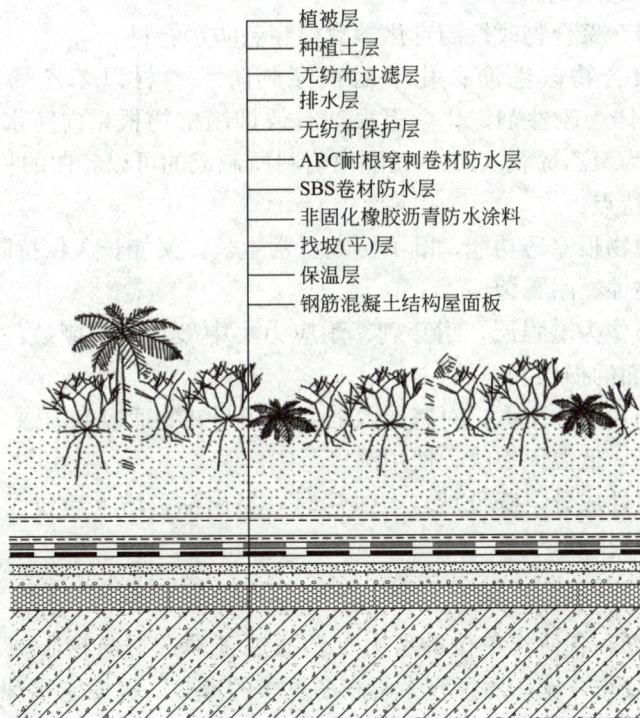

图 2-53　种植屋面构造层次

3. 选材说明

国内外种植屋面实践中的一条重要经验和启示就是：防水的关键是设计构造，重点在选择材料。种植屋面的防水一般均需考虑二道或二道以上设防，防水层之间需注意相容性，同时应选用一道耐根穿刺的防水卷材，这是保证种植屋面最终质量的关键所在。

本工程采用了"PBC-328"非固化橡胶沥青防水涂料复合了 4mm 厚普通 SBS 改性沥

青防水卷材（SBS Ⅰ PY PE PE 4），然后在 SBS 改性沥青防水卷材上，采用了相容的"ARC-701"聚合物改性沥青化学耐根穿刺防水卷材作为耐根穿刺防水卷材，可以有效防止植物根系穿过防水层，且不影响植物根系的生长。

（1）"PBC-328"非固化橡胶沥青防水涂料

非固化橡胶沥青防水涂料是一种以橡胶、沥青为主要组分，加入助剂混合制成的在使用年限内保持粘性膏状体的防水涂料。该产品既不是挥发性也不是反应型涂料，而是一种不需要成膜、蠕变型的防水涂料。

该产品主要有以下特点：

1）原材料不含有机溶剂成分，更环保。

2）优异的黏附性能，具有抗窜水性，适应基层变形。

3）固含量大于 98％，无需干燥，施工后即可立即进行卷材铺贴。

4）产品具有自愈功能。

5）与混凝土、木材、钢板等基面实现 100％满粘结。

6）与沥青基防水卷材形成复合防水层。

7）机械施工、人工刮涂，施工方式多样。

（2）"ARC-701"聚合物改性沥青化学耐根穿刺防水卷材

"ARC-701"聚合物改性沥青化学耐根穿刺防水卷材以苯乙烯—丁二烯—苯乙烯（SBS）热塑性弹性体为改性剂，化学阻根剂有效抑制植物根系向防水层生长，聚酯胎基布为加强层，表面为聚乙烯膜（PE）做隔离材料所制成的可以卷曲的片状防水材料。

产品具有以下特点：

1）良好的耐植物根穿透功能，既不影响正常生长，又能长久保持防水功能。

2）优异的耐腐蚀、耐霉菌性。

3）聚酯胎基布作为增强层，耐穿刺、耐应力集中破坏、耐撕裂，提高材料强度，有效抵御来自上下表面的损伤和破坏。

4）抗拉强度高，延伸率大，对基层收缩变形和开裂的适应能力强。

5）高温不流淌，低温无裂纹，使用温度范围广。

6）添加有效改性成分，降低熔点，烘烤时，易出油；增大单位受热面积，有效降低加热温度，减少气体排放。

【结论】

该工程种植屋面在各协作单位的努力下，通过正确选材与精心施工，确保了工程质量，达到了预期的要求。施工后经过大雨和冬夏季的考验，屋面未出现渗漏水现象，受到了相关单位的好评。

2.7 坡屋面设计

坡屋面是人类最早出现的屋面形式，坡屋面最早的形式是"天地根元造"，采用茅草作为屋面，草叶层层搭接。坡屋面与平屋面之分，是以坡度大小而言的。平屋面不是绝对的平，也是有坡的，《坡屋面工程技术规范》GB 50693—2011 对坡屋面的定义是："坡度大于等于 3％的屋面"。小于 3％者为平屋面。

坡屋面以防水材料分为：沥青瓦坡屋面、块瓦坡屋面和波形瓦坡屋面等。坡屋面的坡度大小悬殊，常用屋面坡度 10％～15％。设置这么大的坡度，主要原因是以瓦防水，瓦是构造防水，不封闭，瓦瓦搭接不粘合，所以坡屋面以排水为主，材料防水为辅，雨水在屋面不能长时间积集，要求短时间顺利排出屋面，坡度就成为坡屋面的重要条件。

2.7.1　坡屋面设计一般规定

1. 设计原则

坡屋面工程设计应遵循"技术可靠、因地制宜、经济适用"的原则。

（1）安全设计原则

安全是坡屋面设计首要考虑的原则。

屋面坡度大于 100％以及大风和抗震设防烈度为 7 度以上的地区，屋脊和檐口是受风压最大的部位，应采取加强瓦材固定等防止瓦材下滑的措施。

块瓦和波形瓦固定应采取下列加强措施：檐口部位应有防风揭和防落瓦的安全措施；每片瓦应采用螺钉和金属搭扣固定。

沥青瓦一般用满粘和增加固定钉的措施。

严寒和寒冷地区的坡屋面檐口部位应采取防冰雪融坠的安全措施。如在临近檐口的屋面上增设挡雪栅栏或加宽檐沟等措施。

（2）技术设计原则

随着人们对屋面功能要求的提高及新型建筑材料的发展，对于屋面在防水排水、保温隔热、节能环保、生态环境等方面提出了更高的要求。同时，由于建筑技术的发展，屋面作为一个系统工程，对于坡屋面防水设计，不仅考虑防水、排水系统设计，还考虑保温隔热设计和节能措施、通风系统设计、抗震、防火、防雷及其他有关内容的设计。

坡屋面工程设计应根据建筑物的性质、重要程度、地域环境、使用功能要求以及依据屋面防水层设计使用年限，分为 I 级防水和 II 级防水。根据建筑物高度、风力、环境等因素，确定坡屋面类型、坡度和防水垫层。

坡屋面从结构上讲，一般包括结构层、防水垫层、保温隔热层和屋面瓦四个部分组成，由于技术的发展和推进，这个四个结构层次在有的体系中体系并不明显，比如保温隔热层和结构复合，保温隔热层同时作为防水垫层、保温隔热层和瓦复合等。

2. 设计规定

根据建筑物高度、风力、环境等因素，瓦材厚薄和长短制约坡度大小的确定，根据不同瓦材制定适合的最小屋面坡度，具体见表 2-24。如果涉及坡度小于表 2-24 的规定，排水不畅，雨水易发生倒灌而造成渗漏。坡屋面采用沥青瓦、块瓦、波形瓦和一级设防的压型金属板时，应设置防水垫层。

屋面类型、坡度和防水垫层 表 2-24

坡度与垫层	屋面类型			
	沥青瓦坡屋面		块瓦坡屋面	波形瓦坡屋面
	平瓦	叠瓦		
适用坡度(%)	≥20		≥30	≥20
防水等级	Ⅱ		Ⅰ、Ⅱ	Ⅱ
防水垫层	应选		应选	应选

《屋面工程技术规范》GB 50345—2012 中对瓦屋面防水等级和防水做法，要求应符合表 2-25 的规定。

瓦屋面防水等级和防水做法 表 2-25

防水等级	防水做法		厚度及技术要求
	屋面瓦、防水卷材、有机防水涂料、防水垫层		
一级	不应少于三道	瓦+卷材+涂料	防水卷材和防水涂料符合二级设防每道防水层的厚度规定
		瓦+涂料+卷材	
二级	不应少于二道	瓦+防水卷材	防水卷材和防水涂料符合三级设防每道防水层的厚度规定
		瓦+防水涂料	
		瓦+卷材+防水垫层	卷材和涂料符合二级设防每道防水层的厚度规定；防水垫层厚度符合表三级防水的厚度的规定
		瓦+涂料+防水垫层	
三级	不应少于二道	瓦+防水卷材	
		瓦+防水涂料	
		瓦+防水垫层	

严寒地区的房屋檐口部位容易产生冰坝积水，冰坝是在屋面檐口形成的阻水冰体，它阻止融化的雪水顺利沿屋面坡度方向流走。滞留的屋面积水倒流，造成屋面渗漏，墙面、顶棚、保温层或其他部位潮湿。防冰坝部位增设满粘防水垫层可避免冰坝积水返流。

3. 设计内容

坡屋面工程设计应包括以下内容：

（1）确定屋面防水等级；

（2）确定屋面坡度；

（3）选择屋面工程材料；

（4）防水、排水系统设计；

（5）保温、隔热设计和节能措施；

（6）通风系统设计。

2.7.2 坡屋面构造层类设计

坡屋面系统按照结构形式分为混凝土结构坡屋面（无檩体系）、木结构与轻钢结构坡屋面（有檩体系）。坡屋面系统按照基层形式分为现浇混凝土结构、木结构、轻钢结构、混凝土条板结构等。

1. 混凝土结构坡屋面（无檩体系）

（1）结构层

现浇钢筋混凝土屋面板，也可称作无檩体系屋面。

（2）保温构造

坡屋面保温构造形式主要有采用绝热材料的保温屋面、采用通风和反射构造的通风隔热屋面。

（3）防水垫层

瓦屋面中要设置防水垫层，坡屋面细部节点部位的防水垫层应增设附加层，宽度不宜小于 500mm。防水垫层在瓦屋面构造中的位置主要由以下几种形式：

1）防水垫层铺设在瓦材和屋面板之间；屋面应为内保温隔热构造。

2）防水垫层铺设在持钉层和保温隔热层之间，应在防水垫层上铺设配筋细石混凝土持钉层。

3）防水垫层铺设在保温隔热层和屋面板之间；瓦材应固定在配筋细石混凝土持钉层上。

4）防水垫层或隔热防水垫层铺设在挂瓦条和顺水条之间，防水垫层宜呈下垂凹形。

5）波形沥青通风防水垫层，应铺设在挂瓦条和保温隔热层之间。

（4）屋面瓦

1）沥青瓦屋面

沥青瓦分为平面沥青瓦（平瓦）和叠合沥青瓦（叠瓦）。平面沥青瓦适用于防水等级为二级的坡屋面；叠合沥青瓦适用于防水等级为一级和二级的坡屋面。

沥青瓦屋面基本构造层次包括结构层、保温隔热层、防水垫层、沥青瓦（图 2-54）。

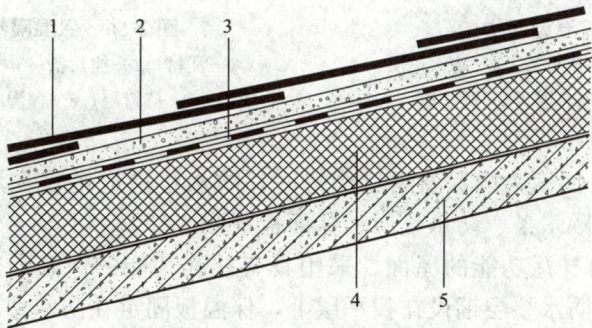

图 2-54　沥青瓦屋面基本构造
1—瓦材；2—持钉层；3—防水垫层；4—保温隔热层；5—屋面板

沥青瓦应固定在持钉层上，持钉层的厚度要符合下列要求：

① 持钉层为木板时，厚度不应小于 20mm。

② 持钉层为胶合板或定向刨花板时，厚度不应小于 11mm。

③ 持钉层为结构用胶合板时，厚度不应小于 9.5mm。

④ 持钉层为细石混凝土时，厚度不应小于 35mm。

细石混凝土找平层、持钉层或保护层中的钢筋网应与屋脊、檐口预埋的钢筋连接。

2）块瓦屋面

块瓦包括烧结瓦、混凝土瓦等，适用于防水等级为一级和二级的坡屋面。块瓦的铺装应采取干法挂瓦，传统的湿法卧瓦施工效率低、容易污染屋面、荷载较大、外观不易平齐，不宜湿法卧瓦施工。块瓦屋面基本构造依次为块瓦、挂瓦条、防水垫层或隔热防水垫层、保温隔热层、顺水条、屋面板。

干法挂瓦采用经过防腐处理的木质挂瓦条用钢钉或者射钉按合理的间距固定于屋面基层，一步到位地达到瓦片的平整与搭接长度的要求，并用钢钉将瓦片与挂瓦条固定牢靠。

① 一般保温屋面。保温隔热层上铺设细石混凝土保护层做持钉层时，防水垫层铺设在持钉层上，构造层依次为块瓦、挂瓦条、顺水条、防水垫层、持钉层、保温隔热层、屋面板（图2-55）。

② 保温隔热屋面。保温隔热层镶嵌在顺水条之间时，保温隔热层上铺设防水垫层，构造层依次为块瓦、挂瓦条、防水垫层或隔热防水垫层、保温隔热层、顺水条、屋面板（图2-56）。

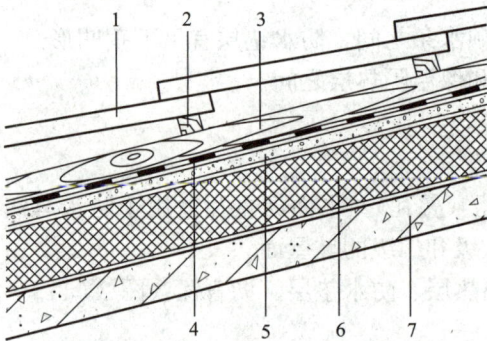

图2-55 一般保温屋面构造
1—瓦材；2—挂瓦条；3—顺水条；4—防水垫层；
5—持钉层；6—保温隔热层；7—屋面板

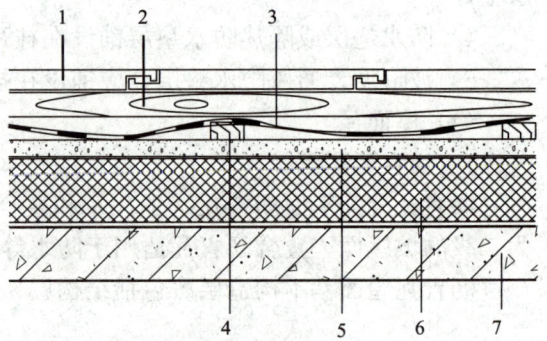

图2-56 保温隔热屋面基本构造
1—瓦材；2—挂瓦条；3—防水垫层；4—顺水条；
5—持钉层；6—保温隔热层；7—屋面板

③ 内保温屋面。屋面为内保温隔热构造时，防水垫层应铺设在屋面板上，构造层依次为块瓦、挂瓦条、顺水条、防水垫层、屋面板（图2-57）。

④ 绝热材料具有挂瓦功能的屋面。采用具有挂瓦功能的保温隔热层时，在屋面板上做水泥砂浆找平层，防水垫层铺设在找平层上，保温板固定在防水垫层上，构造层依次为块瓦、保温隔热层、防水垫层、持钉层、屋面板（图2-58）。

3）波形瓦屋面

波形瓦包括沥青波形瓦、树脂波形瓦等，适用于防水等级为Ⅱ级的坡屋面，波形瓦屋面坡度不小于20%。波形瓦屋面承重层为混凝土屋面板和木屋面板时，如果有保温要求，可以设置外保温隔热层；不设屋面板的屋面，可设置内保温隔热层。

波形瓦由于瓦型规格尺寸大，安装简单等特点，在有檩体系中的应用比较广泛，可不设望板，而是直接将波形瓦固定在檩条上。

波形瓦可固定在檩条和屋面板上。

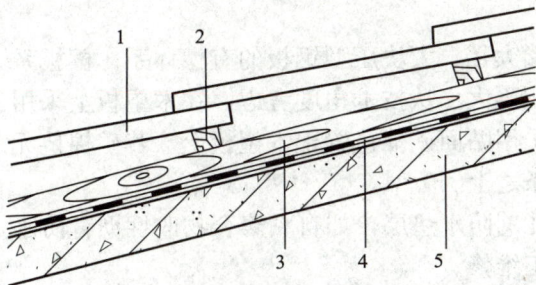

图 2-57　内保温屋面构造（保温未示）

1—块瓦；2—挂瓦条；3—顺水条；4—防水垫层；5—屋面板

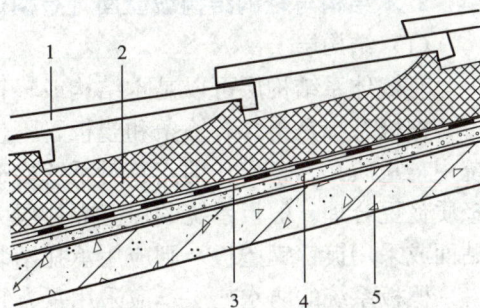

图 2-58　绝热材料带挂瓦功能屋面构造

1—块瓦；2—带挂瓦条的保温板；3—防水垫层；
4—找平层；5—屋面板

沥青波形瓦和树脂波形瓦的搭接宽（长）度和固定点数量应符合表 2-26 的规定。

波形瓦搭接宽（长）和固定点数量　　　　　　　　　表 2-26

屋面坡度(%)	20～30			＞30		
类　型	上下搭接长度（mm）	水平搭接宽度	固定点数（个/m²）	上下搭接长度（mm）	水平搭接宽度	固定点数（个/m²）
沥青波形瓦	150	至少一个波形且不小于100mm	9	100	至少一个波形且不小于100mm	9～12
树脂波形瓦			10			≥12

①　一般保温屋面。屋面板上铺设保温隔热层，保温隔热层上做细石混凝土持钉层时，防水垫层铺设在持钉层上，波形瓦固定在持钉层上，构造层依次为波形瓦、防水垫层、持钉层、保温隔热层、屋面板（图 2-59）。

②　内保温。采用有屋面板的内保温隔热时，屋面板铺设在木檩条上，防水垫层铺设在屋面板上，木檩条固定在钢屋架上，角钢固定件长 100～150mm，波形瓦固定在屋面板上，构造层依次为波形瓦、防水垫层、屋面板、木檩条、屋架（图 2-60）。

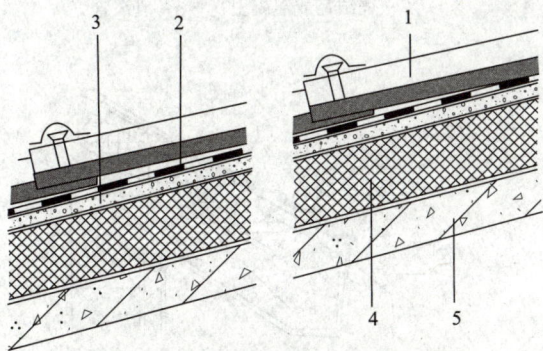

图 2-59　波形瓦屋面一般保温屋面

1—波形瓦；2—防水垫层；3—持钉层；
4—保温隔热层；5—屋面板

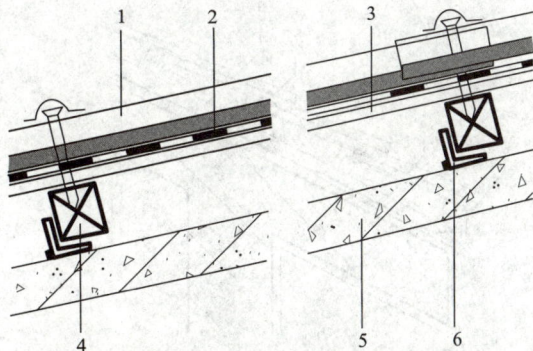

图 2-60　波形瓦屋面内保温构造

1—波形瓦；2—防水垫层；3—屋面板；
4—檩条；5—屋架；6—角钢固定件

2. 木结构与轻钢结构坡屋面（有檩体系）

（1）结构层

有檩体系结构层可以是木结构或轻钢结构。

檩板系统是指含有檩条和望板，不包括波形大瓦、大块压型钢板的有檩体系。檩板系统中，重质瓦、轻质瓦的安装对系统构造的影响不大。从技术角度考虑，在木望板上采用轻质瓦更合理。檩板系统的保温隔热层大部分采用贴面矿棉毡置于木望板上。若矿棉毡无贴面或采用镀锌钢望板，则应用承托网装与檩条之上。

檩板系统的防水垫层，应采用具有自愈功能的防水垫层，如自粘聚合物改性沥青防水垫层。檩板系统各层构造均干法作业，便于施工维修。

（2）保温隔热层、防水垫层、瓦等的构造参见本节"混凝土结构坡屋面（无檩体系）"。

2.7.3　坡屋面节点设计

1. 檐口

烧结瓦、混凝土瓦屋面的瓦头挑出封檐的长度宜为 50～70mm（图 2-61～图 2-63）。

沥青瓦屋面的瓦头挑出檐口的长度宜为 10～20mm；金属滴水板应固定在基层上，伸入沥青瓦下宽度不应小于 80mm，向下延伸长度不应小于 60mm（图 2-64）。

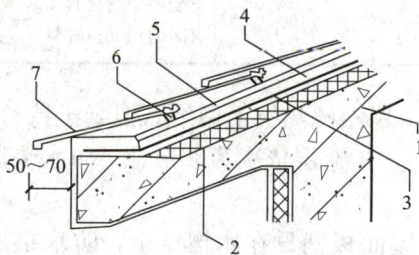

图 2-61　烧结瓦、混凝土瓦屋面檐口（一）
1—结构层；2—保温层；3—防水层或防水垫层；4—持钉层；
5—顺水条；6—挂瓦条；7—烧结瓦或混凝土瓦

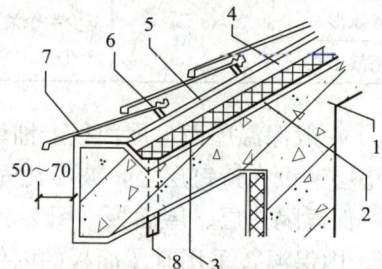

图 2-62　烧结瓦、混凝土瓦屋面檐口（二）
1—结构层；2—防水层或防水垫层；3—保温层；
4—持钉层；5—顺水条；6—挂瓦条；
7—烧结瓦或混凝土瓦；8—泄水管

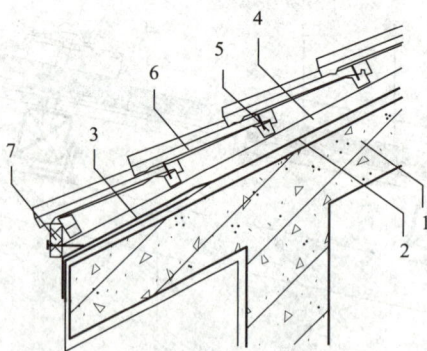

图 2-63　烧结瓦、混凝土瓦屋面檐口（三）
1—结构层；2—防水层或防水垫层；3—附加防水层；
4—顺水条；5—挂瓦条；6—烧结瓦或
混凝土瓦；7—通风隔栅

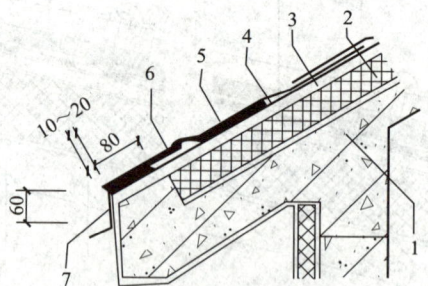

图 2-64　沥青瓦屋面檐口
1—结构层；2—保温层；3—持钉层；
4—防水层或防水垫层；5—沥青瓦；
6—起始层沥青瓦；7—金属滴水板

2. 檐沟

烧结瓦、混凝土瓦屋面檐沟和天沟的防水构造，应符合下列规定：

（1）檐沟和天沟防水层下应增设附加层，附加层伸入屋面的宽度不应小于 500mm；

（2）檐沟和天沟防水层伸入瓦内的宽度不应小于 150mm，并应与屋面防水层或防水垫层顺流水方向搭接；

（3）檐沟防水层和附加层应由沟底翻上至外侧顶部，卷材收头应用金属压条钉压，并应用密封材料封严；涂膜收头应用防水涂料多遍涂刷；

（4）烧结瓦、混凝土瓦伸入檐沟、天沟内的长度，宜为 50～70mm（图 2-65）。

沥青瓦屋面檐沟和天沟的防水构造，应符合下列规定（图 2-66）：

图 2-65　烧结瓦、混凝土瓦屋面檐沟

1—烧结瓦或混凝土瓦；2—防水层或防水垫层；3—附加层；
4—水泥钉；5—金属压条；6—密封材料；7—通风隔栅

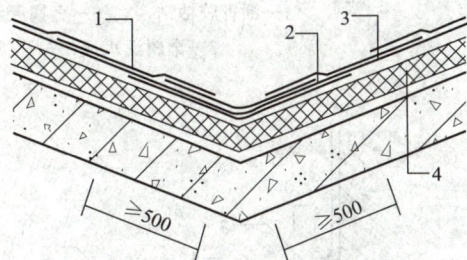

图 2-66　沥青瓦屋面天沟

1—沥青瓦；2—附加层；3—防水层或防水垫层；
4—保温层

（1）檐沟防水层下应增设附加层，附加层伸入屋面的宽度不应小于 500mm；

（2）檐沟防水层伸入瓦内的宽度不应小于 150mm，并应与屋面防水层或防水垫层顺流水方向搭接；

（3）檐沟防水层和附加层应由沟底翻上至外侧顶部，卷材收头应用金属压条钉压，并应用密封材料封严；涂膜收头应用防水涂料多遍涂刷；

（4）沥青瓦伸入檐沟内的长度宜为 10～20mm；

（5）天沟采用搭接式或编织式铺设时，沥青瓦应增设不小于 1000mm 宽的附加层；

（6）天沟采用敞开式铺设时，在防水层或防水垫层上应铺设厚度不小于 0.45mm 的防锈金属板材，沥青瓦与金属板材应顺流水方向搭接，搭接缝应用沥青基胶结材料粘结，搭接宽度不应小于 100mm（图 2-67）。

3. 山墙

山墙的防水构造应符合下列规定：

（1）山墙压顶可采用金属制品或混凝土制品。压顶向内排水，坡度不应小于 5%，压顶内侧下端应做滴水处理；

（2）山墙泛水处的防水层下应增设附加层，附加层在平面和立面的宽度均不应小于 250mm；

（3）烧结瓦、混凝土瓦屋面山墙泛水应采用聚合物水泥砂浆抹成或柔性泛水带封严，侧面瓦伸入泛水的宽度不应小于 50mm（图 2-68、图 2-69）；

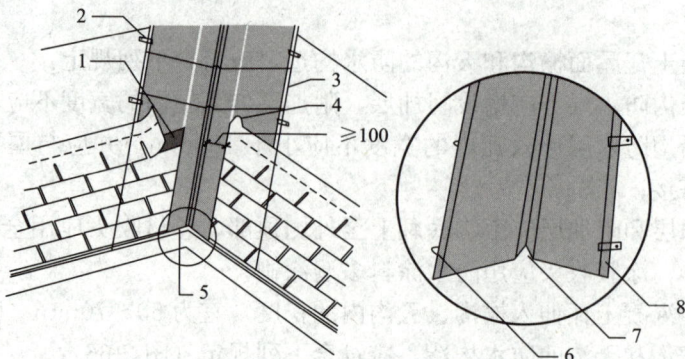

图 2-67 敞开式天沟

1—沥青胶粘结；2、6—金属天沟固定件；3—金属泛水板搭接；4—剪45°切角；

5—金属泛水板；7—V形褶边引导水流；8—可滑动卷边固定件

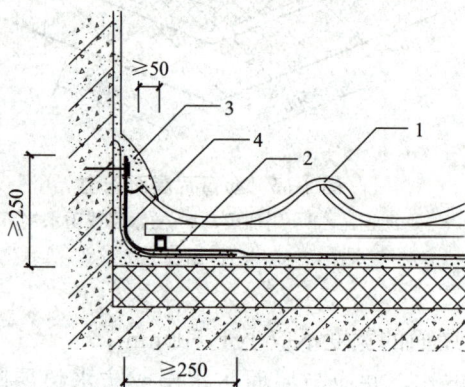

图 2-68 烧结瓦、混凝土瓦屋面山墙（一）

1—烧结瓦或混凝土瓦；2—防水层或防水垫层；

3—聚合物水泥砂浆；4—附加层

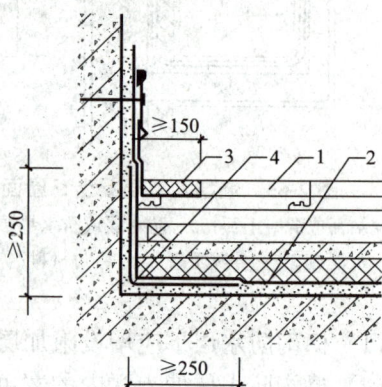

图 2-69 烧结瓦、混凝土瓦屋面山墙（二）

1—烧结瓦或混凝土瓦；2—防水层或防水垫层；

3—柔性泛水带；4—附加层

（4）沥青瓦屋面山墙泛水应采用沥青基胶粘材料满粘一层沥青瓦片，防水层和沥青瓦收头应用金属压条钉压固定，并应用密封材料封严（图 2-70）。

4. 出屋面设施

烧结瓦、混凝土瓦屋面出屋面设施的防水构造（图 2-71），应符合下列规定：

（1）出屋面设施泛水处的防水层或防水垫层下应增设附加层，附加层在平面和立面的宽度不应小于 250mm；

（2）屋面出屋面设施泛水应采用聚合物水泥砂浆抹成，并宜采用柔性泛水带附加增强；

（3）出屋面设施与屋面的交接处，应在迎水面中部抹出分水线，并应高出两侧各 30mm。

5. 屋脊

烧结瓦、混凝土瓦屋面的屋脊处应增设宽度不小于 250mm 的卷材附加层。脊瓦下端

图 2-70 沥青瓦屋面山墙
1—沥青瓦；2—防水层或防水垫层；3—附加层；
4—金属盖板；5—密封材料；6—水泥钉；
7—金属压条

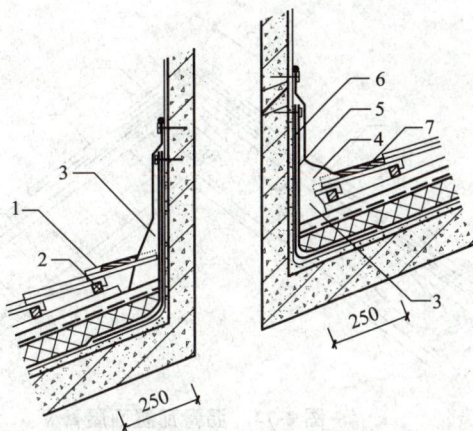

图 2-71 烧结瓦、混凝土瓦屋面烟囱
1—烧结瓦或混凝土瓦；2—挂瓦条；3—聚合物
水泥砂浆；4—分水线；5—防水层或
防水垫层；6—附加层；7—柔性泛水

距坡面瓦的高度不宜大于 80mm，脊瓦在两坡面瓦上的搭盖宽度，每边不应小于 40mm；脊瓦与坡瓦面之间的缝隙应采用聚合物水泥砂浆填实抹平，或通风屋脊用柔性泛水带封严（图 2-72、图 2-73）。

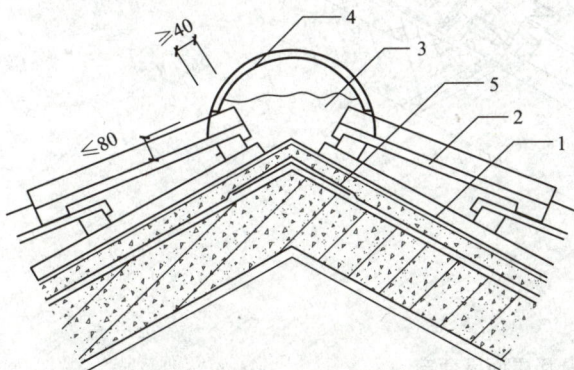

图 2-72 烧结瓦、混凝土瓦屋面屋脊（一）
1—防水层或防水垫层；2—烧结瓦或混凝土瓦；
3—聚合物水泥砂浆；4—脊瓦；5—附加层

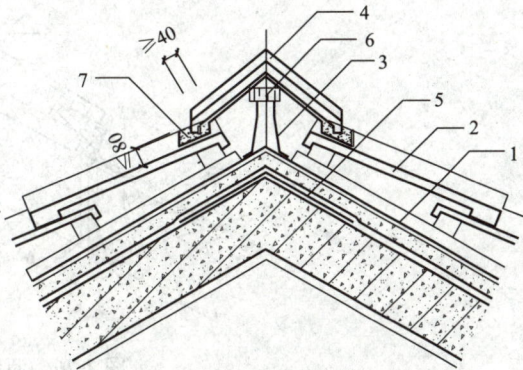

图 2-73 烧结瓦、混凝土瓦屋面屋脊（二）
1—防水层或防水垫层；2—烧结瓦或混凝土瓦；
3—托瓦支架；4—脊瓦；5—附加层；
6—通长方木；7—屋脊通风泛水带

沥青瓦屋面的屋脊处应增设宽度不小于 250mm 的卷材附加层。脊瓦在两坡面瓦上的搭盖宽度，每边不应小于 150mm（图 2-74）。

6. 屋顶窗

烧结瓦、混凝土瓦与屋顶窗交接处，应采用金属排水板、窗框固定铁脚、窗口附加防水卷材、支瓦条等连接（图 2-75）。

图 2-74 沥青瓦屋面屋脊
1—防水层或防水垫层；2—脊瓦；3—沥青瓦；
4—结构层；5—附加层

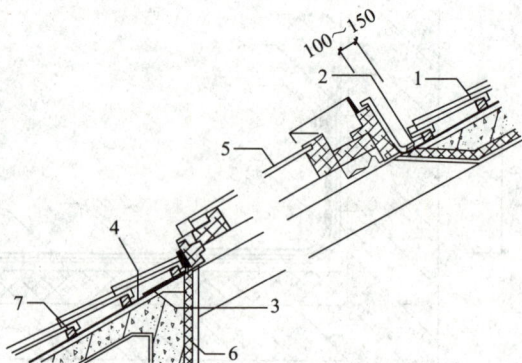

图 2-75 烧结瓦、混凝土瓦屋面屋顶窗
1—烧结瓦或混凝土瓦；2—金属排水板；3—窗口附加
防水卷材；4—防水层或防水垫层；5—屋顶窗；
6—保温层；7—支瓦条

沥青瓦屋面与屋顶窗交接处应采用金属排水板、窗框固定铁脚、窗口附加防水卷材等与结构层连接（图 2-76）。

图 2-76 沥青瓦屋面屋顶窗
1—沥青瓦；2—金属排水板；3—窗口附加防水卷材；4—防水层或防水垫层；
5—屋顶窗；6—保温层；7—支瓦条

【坡屋面设计实例解析】

1. 工程概况

苏州某别墅小区一期工程，剪力墙结构，总建筑面积为 220000m²，工程于 2007 年 10 月开工，2008 年 1 月竣工验收。20000m² 屋面使用坡瓦屋面。

2. 屋面系统组成

本屋面系统为民用建筑的坡屋面，包括防水系统、保温系统、通风系统、紧固系统、采光系统。本工程屋面基本为干法施工，受气候影响小，大大提高了工作效率。

本工程屋面使防水层不直接接触大气，避免阳光、紫外线、臭氧导致防水层的老化；减少了高温、低温对防水层的作用及温差变化使防水层产生的拉伸变形。通过各种搭扣将屋面瓦紧密连接，增加了屋面的整体性及稳固性。

本工程屋面系统构造形式如图 2-77 所示。

3. 通风斜脊节点

斜屋面瓦铺设完毕后，将卷材粘贴在斜面瓦及通长木条上，再用脊瓦搭扣、75 螺钉将脊瓦固定在通长木条上，保证脊瓦整体性、通风性及防水性，如图 2-78 所示。

屋面瓦铺贴完成后，在出屋面管及烟气道等阴角位置，粘贴卷材，增强薄弱部位的防水性能。

混凝土瓦
木挂瓦条
挤塑板保温层
防水层
找平层
结构层

图 2-77　屋面系统构造

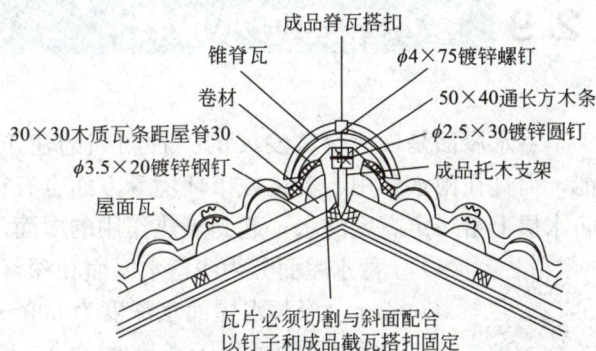

成品脊瓦搭扣
锥脊瓦
卷材
$\phi 4 \times 75$ 镀锌螺钉
50×40 通长方木条
30×30 木质瓦条距屋脊30
$\phi 2.5 \times 30$ 镀锌圆钉
$\phi 3.5 \times 20$ 镀锌钢钉
成品托木支架
屋面瓦
瓦片必须切割与斜面配合
以钉子和成品截瓦搭扣固定

图 2-78　通风斜脊做法示意

2.8　金属板屋面设计

近几年，大量公共建筑的涌现使得金属板屋面迅猛发展，大量新材料应用及细部构造和施工工艺的创新，对金属板屋面设计提出了更高的要求。尤其是在沿海地区及腐蚀性环境中，金属屋面系统的耐腐蚀性能需要特别关注。

金属板屋面通常是指采用压型金属板或金属夹芯板通过固定支架、紧固件与支承系统连接，通过支承系统将屋面荷载传递至主体结构，且屋面板与水平方向夹角小于 75° 的建筑围护结构。压型金属板通常采用光面镀锌钢板、彩色涂层钢板、不锈钢板、铝合金板等金属薄板经辊压冷弯成型；金属夹芯板是采用绝热芯材通过粘结或发泡于两层压型金属板之间的复合板材，其芯材有岩棉、玻璃丝绵、聚氨酯、聚苯板等。金属屋面附加的金属装饰层有时会采用钛锌板、铜板等材料。支承结构主要有焊接型钢、冷弯薄壁型钢等。金属屋面中的压型金属板或金属夹芯板作为屋面持力层承担并传递屋面面层恒荷载和活荷载，活荷载中的风荷载对金属屋面的影响最为关键，在严寒和寒冷地区金属屋面对屋面面层恒荷载中的雪荷载更为敏感。

金属板屋面从构造上分为以下类型：单层压型板屋面、双层压型板复合保温屋面、多层压型板复合保温屋面、压型钢板复合保温防水卷材屋面、保温夹芯板屋面等。

金属板屋面按防水层构造种类分为：压型金属板作为防水材料和单层防水卷材作为防水材料。

2-5 金属板屋面设计内容

压型金属板作为防水材料是压型金属板在屋面构造层最上面，通过压型板之间的可靠搭接，形成一个刚性防水的整体屋面。单层防水卷材作为防水材料是单层防水卷材在屋面构造的最上面，起到防水的作用。卷材屋面为柔性防水层，其搭接方式为热风焊接或粘接。搭接部位的连接强度不得低于母材性能。

2.9 蓄水屋面防水设计

蓄水屋面是现代建筑发展的一种新兴的建筑结构形式，它不仅有良好的保温隔热性能，而且在雨水利用、美化城市环境等方面也有很好的效用。所谓蓄水屋面，就是在屋面防水层上蓄一定高度的水，起到隔热作用的屋面。

2-6 蓄水屋面设计内容

蓄水屋面分为浅蓄水屋面和深蓄水屋面。浅蓄水屋面水深度一般为 150～200mm，深蓄水屋面水深度为 600～700mm。

蓄水屋面适用于炎热地区的一般民用建筑，不宜在寒冷地区，地震设防地区和震动较大的建筑物上采用。

思考与练习

2-7 思考与练习答案

1. 选择题

（1）屋顶按照其外形一般有（　　）多种形式。

A. 平屋顶　　　　　　　　　　　B. 坡屋顶

C. 拱屋顶　　　　　　　　　　　D. 薄壳屋顶

E. 异形屋顶

（2）影响屋顶排水坡度的因素有（　　）。

A. 屋面防水材料与排水坡度的关系

B. 降雨量大小与排水坡度的关系

C. 平屋顶的防水材料多为各种卷材、涂膜或复合防水层，故其排水坡度通常较小

D. 降雨量大的地区，屋面渗漏的可能性较大，屋顶排水坡度应适当加大

（3）为了切实做好防水工程设计，屋面工程防水设计还应遵循的（　　）原则。

A. 合理设防　　　B. 防排结合　　　C. 因地制宜　　　D. 综合治理

（4）蓄水屋面分为浅蓄水屋面和深蓄水屋面。浅蓄水屋面水深度一般为（　　），深蓄水屋面水深度为 600～700mm。

A. 150～200mm　　　　　B. 300～350mm

C. 400～500mm　　　　　D. 600～700mm

（5）蓄水屋面的蓄水池的池底排水坡度不宜大于（　　）。

A. 0.5%　　　　　　B. 1%　　　　　　C. 2%　　　　　　D. 3%

2. 填空题

（1）坡度常用的表示方法有_____、_____、_____。

（2）屋顶排水坡度的形成有_____和_____两种做法。

（3）屋面防水设计最基本的依据是_____。

（4）屋面工程设计工作年限不少于_____年。屋面防水工程应根据工程类别、工程使用环境类别确定防水等级。

（5）屋面工程设计应遵照"_____、_____、_____、_____、_____"的原则。

（6）屋面防水选材主要有以下标准：根据不同的工程部位选材；根据主体功能要求选材；_____；根据工程标准选材。

（7）完整的屋面防水工程应包括主体防水层和_____，并相辅相成。

（8）屋面接缝按密封材料的使用方式，分为_____和非位移接缝。

（9）工程防水构造的相邻材料应_____。

（10）建筑屋面有组织排水系统根据雨水管中雨水水流的设计流态不同，可分为_____、_____、_____三种方式。

3. 判断题

（1）屋面工程是一个完整的系统，是建筑工程的一个分部工程，是指屋面结构层以上的屋面各构造层次的设计和施工内容。

（2）一道防水设防是在屋面构造中仅涉及一道具有独立防水能力的防水层进行防水设防，防水层可以是卷材，也可以是涂膜，但其最小厚度必须满足规范中有关条款的规定，小于规定厚度不能算作一道防水设防。

（3）多道防水设防是为了提高屋面防水的可靠性，即应对诸多不利因素，若第一道防线破坏，则第二道、第三道防线还可以弥补，共同组成一个完整的防水体系，共同承担防水责任。

（4）防水层的使用年限，主要取决于防水材料物理性能、防水层的厚度、环境因素和使用条件四个方面，而环境因素是影响防水层使用年限的主要因素之一。

（5）保护层的作用是延长卷材或涂膜防水层的使用期限。

（6）排水分区的大小一般按一个水落口负担 $300m^2$ 屋面面积的雨水考虑，屋面面积按水平投影面积计算。

（7）一般情况下水落口间距不宜超过 24m。

（8）水落管排水口距散水坡的高度不应大于 200mm。

4. 简答题

（1）屋面工程应符合哪些基本要求？

（2）屋面工程一般如何分类？

（3）屋面排水的要求有哪些？

（4）倒置式屋面与正置式屋面有哪些区别，两种屋面的构造层次如何设计？

（5）复合防水层设计应符合哪些规定？

（6）保护层材料技术要求应符合哪些规定？

（7）如何合理选择种植屋面的防水材料？

（8）单层防水卷材屋面中的防水卷材如何进行合理选择？

（9）坡屋面的防水设计有哪些注意事项？

（10）平屋面的防水选材有哪些通用准则？

5. 绘图题

某种植平屋面基本构造设计：钢筋混凝土屋面板结构层—抛丸界面剂—SBS 改性沥青防水卷材（SBS Ⅱ PY PE PE 4）—SBS 改性沥青防水卷材（SBS Ⅱ PY PE PE 3）—隔离层—C20 细石混凝土找坡层—基层处理剂—4mm 厚改性沥青耐根穿刺防水卷材—25mmHDPE 排水板—300g/m² 无纺布过滤层—1500mm 种植土。

请根据种植平屋面构造，进行绘制种植屋面的基本构造图、女儿墙外排水落口节点图、女儿墙内排水落口节点图、变形缝、管道出屋面等细部节点示意图。

室内工程防水设计

教学目标

1. 掌握厨房、卫生间及浴室防水设计知识；
2. 熟悉建筑室内防水概念设计思想；
3. 了解半室外楼梯、平台、阳台排水防水设计知识；
4. 能够进行厨房、卫生间及浴室防水设计。

思政目标

通过本项目的学习，让学习者树立节能、环保、生态文明的意识，培育学习者细节决定成败的理念，建立起爱岗、敬业的品质，树立为人民建造精品工程的意识。

思维导图

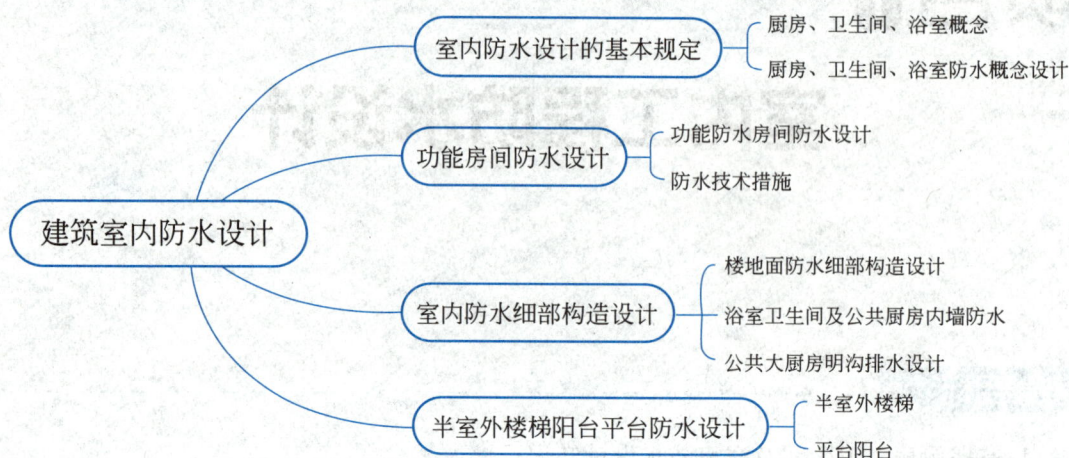

引文

建筑室内防水工程包括住宅厨房、卫生间及浴室，公共建筑厨房、公共浴室、卫生间、开水房等，住宅当中的室外楼梯间、半室外楼梯间、阳台、大平台、水池也可以包括在室内防水工程内。

3.1 室内防水设计的基本规定

3.1.1 厨房、卫生间、浴室

厨房主要指中餐厨房，特点是油烟多、需清洗。西厨干净，用水较少，防水标准比中厨低。敞开式厨房则可根据使用情况，局部可不设防。

卫生间、浴室就住宅、公寓、酒店而言，是合二为一的；标准较低的酒店和宿舍，则单独设置公用的厕所、盥洗室及浴室；体育、健身、休闲建筑中，厕所、浴室与更衣室常并连设置；餐饮建筑中对外卫生间即指厕所，俗称洗手间，对内则厕浴合一。

一般情况下，酒店、招待所的浴室、卫生间的防水设防标准应高于住宅、公寓，这主要是管理上的原因；前者一般面积大，变形大，导致防水层受损机会多，特别是星级酒店，不允许长时间浸水。

单独设计的商业浴池，因连续使用，温度高，带蒸汽，故防水标准要高。此类建筑不仅防水标准高，装修标准也高，其构造乃是防水和装修两个系统的整合，类似于设置了细石混凝土挂瓦层的坡屋面。技术管理上则类似于景观公司设计的屋顶花园：防水层及其保护层验收后，景观方才介入，"先天"不合理。因此，这类建筑首先要协调好统一设计，统一施工。

3.1.2　厨房、卫生间、浴室防水概念设计

1.厨房、卫生间、盥洗室和浴室的位置应符合下列规定：

（1）厨房、卫生间、盥洗室和浴室应根据功能合理布置，位置选择应方便使用、相对隐蔽，并应避免所产生的气味、潮气、噪声等影响或干扰其他房间。

（2）在食品加工与贮存、医药及其原材料生产与贮存、生活供水、电气、档案、文物等有严格卫生、安全要求房间的直接上层，不应布置厕所、卫生间、盥洗室、浴室等有水房间；在餐饮、医疗用房等有较高卫生要求用房的直接上层，应避免布置厕所、卫生间、浴室等有水房间。否则应采取同层排水和严格的防水措施。除本套住宅外，住宅卫生间不应布置在下层住户的卧室、起居室、厨房和餐厅的直接上层。

值得注意的是将公共厨房、浴室、厕所直接设计在宴会厅之上，须获得业主认可。遇此情况，建议初步设计总说明中就应在"提请审批时注意解决的此类问题"中将问题正式书面提出，提请审批主管部门注意（包括卫生防疫部门）。进入施工阶段，设计、施工、监理都应采取有效措施，书面致函业主，以便因渗漏引发纠纷时，分清赔偿的责任。

2.平面设计中，公共厕浴、厨房，特别是浴室，还应注意对相邻房间的影响。将装修标准高、对蒸汽渗透敏感的房间换到其他位置上去，必要时需更换墙体材料。增设隔汽层会使墙体构造复杂，还可能增加墙体厚度，不用为好。

3.设计大厨房时，整个大厨用房范围内都不应跨越变形缝，即使是干货仓库也不例外，更不允许厨房本身跨变形缝设置。例如，以餐饮为主要特色的某些大型酒店，会有多个厨房连续集中布置在楼层上，须禁止跨变形缝而设。

4.公共浴室、卫生间、厨房，其楼面结构设计应适当增加厚度及配筋率，以提高板的刚度，为减少其裂缝发生。

5.厕、浴、厨房间的设计，应有 1∶50 的详图设计，公共浴室、公用大厨房还宜作 1∶50 放大的剖面设计。大厨房平面，在初步设计阶段就应有包括明沟在内的主要设备设施布置示意或工艺流程图，以便进入施工图阶段确定给水排水及其他预留预埋条件，这些条件有时是防水构造设计的前提。近年来，这项工作常由甲方直接委托专业厨具公司进行。关键是厨具公司的介入必须在初步设计之初，而不是施工图设计阶段，更不是主体结构已完工之后。许多业主不明白该阶段的重要性，造成了后续工作对结构主体破坏性的改造，这是可能发生渗漏的主要原因。

6.厨、卫、浴室内使用的防水材料应对人体无害，并在施工过程中，不得有超过标准的有害成分挥发，不得造成对环境的污染。

7.卫生间、厨房、浴室、设有配水点的封闭阳台、独立水容器等均应进行防水设计。

8.室内防水设计主要包括如下内容：防水构造设计，防水及密封材料的名称、规格型号、主要性能指标，排水系统设计，细部构造防水和密封措施。

9.室内防水工程设计应遵循"防排结合、刚柔相济、因地制宜、经济合理、安全环

保、综合整理"的原则。室内防水工程宜根据不同的防水部位按照柔性防水涂料、卷材防水、刚性防水材料顺序选择适宜的防水材料，且相邻防水材料具有相容性。室内防水工程完成后，楼、地面和独立防水容器防水性能应通过蓄水试验检测。

3.2 功能房间防水设计

3-1 室内防水材料种类与性能

有防水、防潮要求的房间，称为功能房间。

3.2.1 功能房间防水设计

1. 卫生间、浴室的楼（地）面应设置防水层，墙面、顶棚应设置防潮层，门口应有阻止积水外溢的措施。厨房的排水立管支架和洗涤池不应直接安装在与卧室相邻的墙体上。

2. 厨房的楼（地）面应设置防水层，墙面宜设置防潮层；厨房布置在无用水点房间的下层时，顶棚应设置防潮层。当厨房设有采暖系统的分集水器、生活热水控制总阀门时，楼（地）面宜就近设置地漏。

3. 排水立管不应穿越下层住户的居室；当厨房设有地漏时，地漏的排水支管不应穿过楼板进入下层住户的居室。

4. 设有配水点的封闭阳台，墙面应设防水层，顶棚宜设防潮层，楼（地）面应有排水措施，并应设置防水层。

5. 独立水容器应有整体的防水构造。现场浇筑的独立水容器应采用刚柔结合的防水设计。

6. 采用地面辐射采暖的无地下室住宅，底层无配水点的房间地面应在绝热层下部设置防潮层。

3.2.2 防水技术措施

室内防水应包括楼（地）面防水、排水，室内墙体防水和独立水容器防水、防渗。

1. 楼（地）面防水设计应符合下列规定：

对于有排水要求的房间，应绘制放大平面布置图，并应以门口及沿墙周边为标志标高，标注主要排水坡度和地漏表面标高；对于无地下室的住宅，地面宜采用强度等级为C15的混凝土作为刚性垫层，且厚度不宜小60mm。楼面基层宜为现浇钢筋混凝土楼板，当为预制钢筋混凝土楼板时，板缝间应采用防水砂浆堵严抹平，并应沿通缝涂刷宽度不小于300mm的防水涂料以形成防水涂膜带。混凝土找坡层最薄处的厚度不应小于30mm，砂浆找坡层最薄处的厚度不应小于20mm，找平层兼找坡基时，应采用强度等级为C20的细石混凝土；需设填充层铺设管道时，宜与找坡层合用。填充材料宜选用轻骨料混凝土。装饰层宜采用不透水材料和构造，主要排水坡度应为0.57%~1.0%，粗糙面层排水坡度不应小于 1.0%。

2. 墙面防水设计应符合下列规定：

卫生间、浴室和设有配水点的封闭阳台等墙面应设置防水层，防水层高度宜距楼（地）面面层 1.2m。当卫生间有非封闭式洗浴设施时，花洒所在墙面及其邻近墙面防水层高度不应小于 1.8m。

3. 钢筋混凝土结构独立水容器的防水、防渗应符合下列规定：

应采用强度等级为 C30、抗渗等级为 P6 的防水钢筋混凝土结构，且受力壁体厚度不宜小于 200mm；水容器内侧应设置柔性防水层；设备与水容器壁体连接处应做防水密封处理。

4. 防水层、防潮层应符合下列规定：

对于有排水的楼（地）面，应低于相邻房间楼（地）面 20mm 或做挡水门槛，当需进行无障碍设计时，应低于相邻房间面层 15mm，并应以斜坡过渡；当防水层需要采取保护措施时，可采用 20mm 厚 1：3 水泥砂浆做保护层。有防水设防的功能房间，除应设置防水层的墙面外，其余部分墙面和顶棚均应设置防潮层。

3.3 室内防水细部构造设计

3.3.1 楼（地）面防水细部节点

楼（地）面的防水层在门口处应水平延展，且向外延展的长度不应小于 500mm，向两侧延展的宽度不应小于 200mm，如图 3-1 所示。

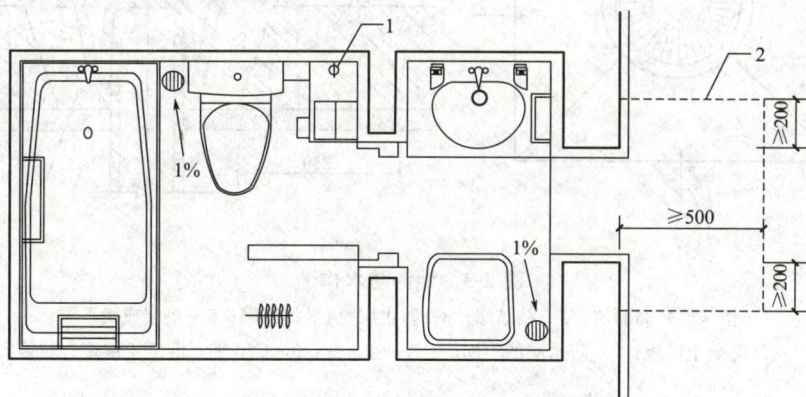

图 3-1 楼地面门口处防水层延展示意
1—穿越楼板的管道及其防水套管；2—门口处防水层延展范围

穿越楼板管道应设置防水套管，高度应高出装饰层完成面 20mm 以上，套管与管道应采用防水密封材料嵌填压实，如图 3-2 所示。

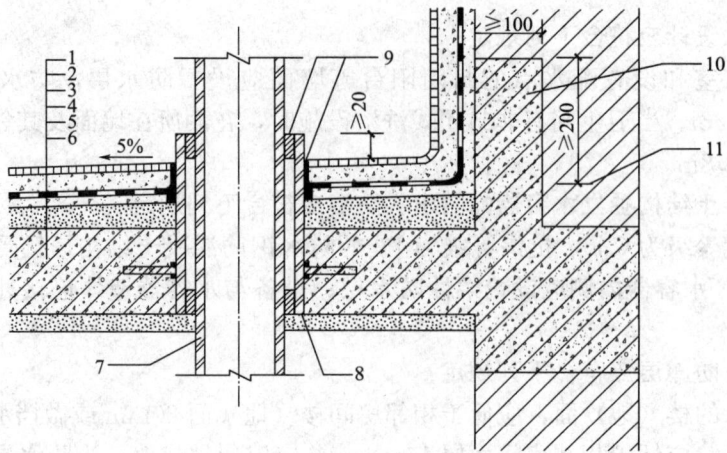

图 3-2　管道穿越楼板的防水构造

1—楼（地）面面层；2—粘结层；3—防水层；4—找平层；5—垫层或找坡层；

6—钢筋混凝土楼板；7—排水立管；8—防水套管；9—密封膏；

10—C20 细石混凝土翻边；11—装饰层完成面高度

地漏、大便器、排水立管等穿越楼板的管道根部应用密封材料嵌填压实，如图 3-3 所示。

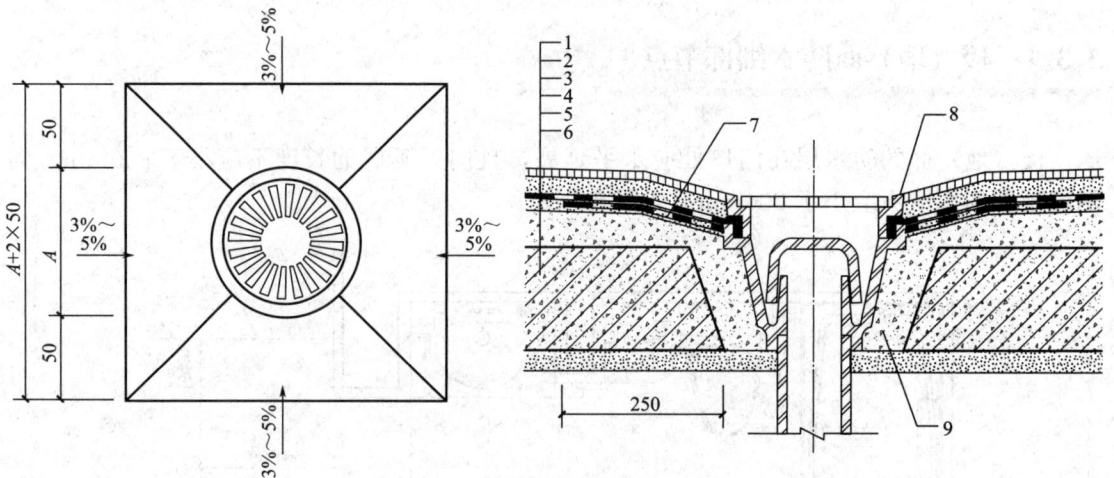

图 3-3　地漏防水构造

1—楼（地）面面层；2—粘结层；3—防水层；4—找平层；5—垫层或找平层；

6—钢筋混凝土楼板；7—防水层的附加层；8—密封膏；9—C20 细石混凝土惨聚合物填实

水平管道在下降楼板上采用同层排水措施时，楼板、楼面应做双层防水设防。对降板后可能出现的管道渗水，应有密封措施。且宜在贴临下降楼板上表面处设泄水管，并宜采取增设独立泄水立管的措施，如图 3-4 所示。

对于同层排水的地漏，其旁通水平支管宜与下降楼板上表面处的泄水管连通，并接至增设的独立泄水立管上，如图 3-5 所示。

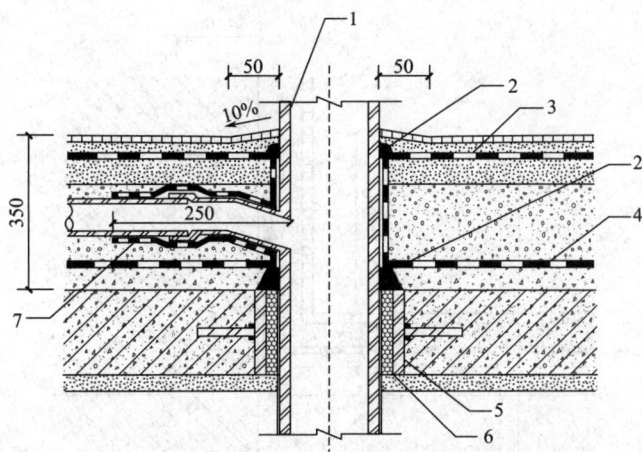

图 3-4　同层排水时管道穿越楼板的防水构造

1—排水立管；2—密封膏；3—设防房间装修面层下设防的防水层；4—钢筋混凝土楼板
基层上设防的防水层；5—防水套管；6—管壁间用填充材料塞实；7—附加层

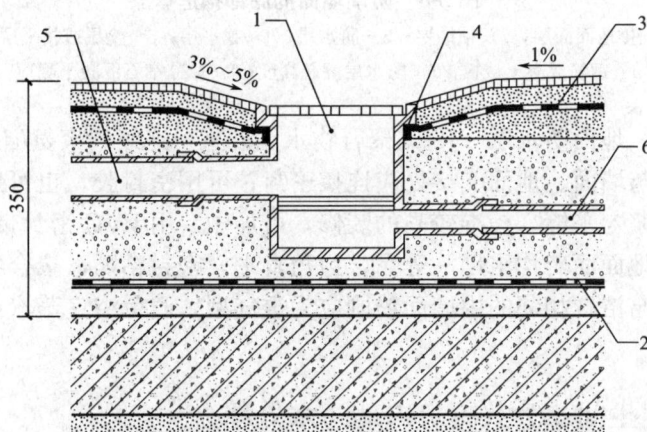

图 3-5　同层排水时的地漏防水构造

1—产品多通道地漏；2—下降的钢筋混凝土楼板基层上设防的防水层；3—设防房间装修面层下设防的
防水层；4—密封膏；5—排水支管接至排水立管；6—旁通水平支管接至增设的独立泄水

当墙面设置防潮层时，楼（地）面防水层应沿墙面上翻，且至少应高出饰面层200mm。当卫生间、厨房采用轻质隔墙时，应做全防水墙面，其四周根部除门洞外，应做C20细石混凝土坎台，并应至少高出相连房间的楼地面饰面层200mm。如图3-6所示。

公共蹲便器宜在埋入混凝土前，涂3mm厚改性沥青或2mm厚聚合物水泥防水涂膜，以作变形缓冲，并有利防水，注意涂膜厚度要足够。

有条件时，浴缸底宜高出卫生间地面，并设置泄水孔。浴缸的排水地漏不应采用开敞式，应带橡胶密封圈，并有足够的承插深度。

浴缸安装前应做聚氨酯防水层，该防水层在浴缸上沿处与墙面防水层相接，并重叠约100mm聚氨酯在下，墙面防水层在上（JS或聚合物水泥砂浆）。浴缸下防水层若选用JS，

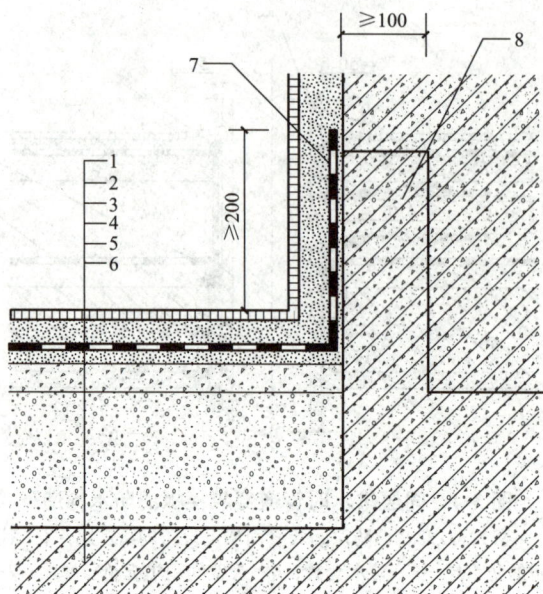

图 3-6 防潮墙面的底部构造

1—楼地面面层；2—粘结层；3—防水层；4—找平层；5—垫层或找平层；
6—钢筋混凝土楼板；7—防水层翻起高度；8—C20 细石混凝土翻边

则该防水层与墙面、地面防水层（JS 或聚合物水泥砂浆）连续。聚氨酯优选水固化型。

浴缸安装后，与墙面、地面交接处应连接密封；可用密封胶，也可用白水泥及细砂配制的聚合物水泥砂浆勾平缝。标准较高的装修，可加做专用 PVC 密封带（成品）；但此时要求的墙面瓷片、地面面砖均采用一等品，边角直平，密封粘贴，聚合物白水泥找缝，且与浴缸直角交接。与浴缸相邻的内墙面粉刷应为透气型，避免浴室蒸汽或偶然的渗水在墙内积蓄。

3.3.2 浴室、卫生间及公共厨房内墙防水处理

3-2 功能房间构造防水设计

3-3 半室外楼梯防水设计

3-4 阳台、平台防水设计

浴室、卫生间及公共厨房之内的墙面，因蒸汽及冷凝水的量大、作用时间长，应作防水设防；一般住宅的厨房则可不考虑防水设防。但长江中下游地区因整个冬季阴冷潮湿，厨房墙面经常带冷凝水，其内墙面宜作防水设防；华南地区，3～4 月雨季将至之时，空气暖湿，而墙体温度尚低，亦有大量冷凝水，但总的时间较短，因此视建筑标准的高低可设防，也可不设防。

墙面因为一般均设计块材贴面，因此墙面防水宜选用聚合物水泥砂浆、聚合物水泥防水涂膜（JS），简单、合理、耐久。若使用其他柔性防水层，将使面层因隔离而分层，粘贴不牢而不耐久，因而影响防水效果。聚合物水泥砂浆因能改善砂浆的脆性，故作粘贴层时，能同时减弱墙面温变引起的瓷砖开裂，特别适用于浴室、卫生间，因浴室墙面局部温度

变化频繁。

需要作墙面防水的卫生间或厨房，其防水层宜从地面向上一直做到板底；公共浴室、公共厨房，还应在平顶粉刷中加作聚合物水泥防水涂膜，或直接在处理过的钢筋混凝土平顶上作 JS 涂膜。

3-5 典型卫生间节点做法

思考与练习

1. 填空题

（1）建筑防水是建筑_____中的一部分，被列入国家标准强制性条文。

（2）下沉式卫生间的下防水层以_____为主，如聚氨酯涂层、改性沥青涂层。

（3）住宅室内防水工程不得使用_____防水涂料。

（4）对于住宅室内长期浸水的部位，不宜使用遇水产生_____的防水涂料。

（5）严重风化地区使用的烧结普通砖必须满足_____性能的要求。

3-6 习题训练答案

2. 判断题

（1）住宅当中的室外楼梯间、半室外楼梯间、阳台、大平台、水池也可以包括在室内防水工程内。（　　）

（2）防水设计主体部分是防水施工工艺。（　　）

（3）一般说来，酒店、招待所的浴室、卫生间的防水设防标准应高于住宅、公寓。（　　）

（4）墙面因为一般均设计块材贴面，因此墙面防水宜选用聚合物水泥砂浆、聚合物水泥防水涂膜（JS），简单、合理、耐久。（　　）

（5）一般住宅的厨房则可不考虑防水设防。（　　）

3. 简答题

（1）室内防水设计主要包括哪些内容？

（2）厕所、卫生间、盥洗室和浴室的位置应符合哪些规定？

（3）功能房间防水设计有哪些要求？

3-7 卫生间节点做法合集

项目4

外墙工程防水设计

Chapter 04

思维导图

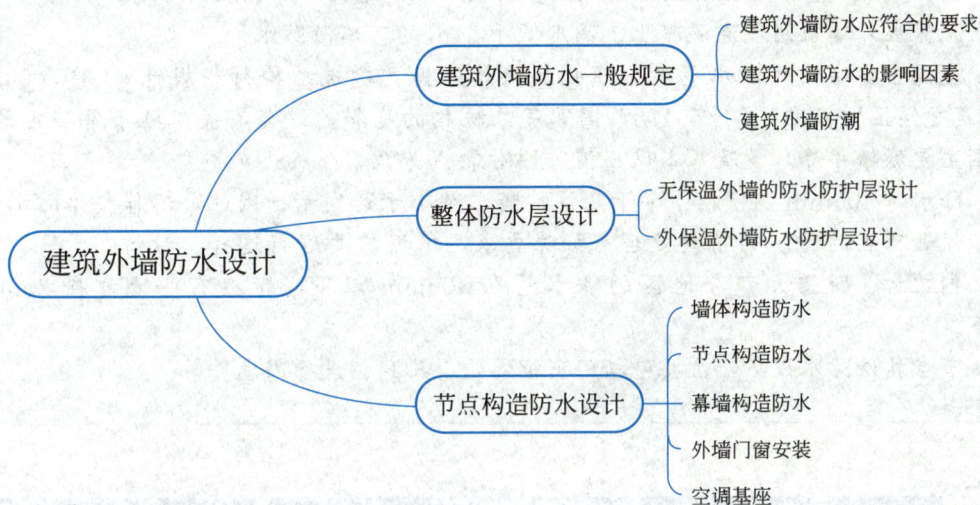

　　建筑外墙防水是指阻止水渗入建筑外墙，满足墙体使用功能的构造及措施。当雨雪水侵入墙体，会对墙体产生侵蚀作用，进入室内，将会影响使用。当有保温层时，还会降低热工性能，达不到原设计保温隔热的节能指标。随着建筑外墙的高度变化，风压强度增加，会增加雨水的侵入程度，应注重风荷载的作用。冻融和夏季高温也将影响建筑外墙防水防护的使用寿命，降低使用功能。

　　建筑外墙防水防护应具有防止雨水雪水侵入墙体的基本功能，并应具有抗冻融、耐高低温、承受风荷载等性能。建筑外墙防水防护分为：整体防水防护和节点构造防水防护。

　　风压与降水量对于外墙有直接密不可分的关系，建筑高度的增加也加大了墙体水的渗透力。根据有关实验资料介绍，当八级风时，墙面降水量是地面降水量的三倍（实验墙体的高度 10m）。北京 20 世纪 80 年代初的"大板楼"（大多为 15～18 层），普遍存在外墙渗漏水的问题，其原因是建筑高度增加，但未作好相应的防水措施；如果同样的"大板楼"是 3～5 层的，墙体也不会漏水。根据调查，建筑外墙产生渗漏水的问题增多，主要是建筑高度的增加以及外墙外保温的使用不当，防水做法不到位造成的。

　　在合理使用和正常维护的条件下，有下列情况之一的建筑外墙，宜进行墙面整体防水：

　　1）年降水量≥800mm 地区的高层建筑外墙；

　　2）年降水量≥600mm 且基本风压≥0.5kN/m² 地区的外墙；

　　3）年降水量≥400mm 且基本风压≥0.4kN/m² 地区有外保温的外墙；

4）年降水量≥500mm 且基本风压≥0.35kN/m² 地区有外保温的外墙；

5）年降水量≥600mm 且基本风压≥0.3kN/m² 地区有外保温的外墙。

无保温外墙采用现浇混凝土、高度低于24m 的可不做防水。

全国主要城镇年降水量及分压强度值是依据《建筑结构荷载规范》GB 50009、《建筑气候区划标准》GB 50178，国家气象机构的资料，结合有关工程条件确定的。全国主要城镇年降水量及基本风压值可按附录 A 采用。

降水量 400mm 以下属于半干旱区，降水量小于蒸发量；因此，不作整体防水设防，仅做节点的防水的密封处理；特殊要求，根据需要进行选择。甘肃、青海、宁夏、内蒙古、新疆大部分地区的降水量在 400mm 以下，新疆有些地方在 20mm 以下。

节点构造防水设防：主要包括门窗框周边、孔洞、设备固定件等。

4.1 建筑外墙防水一般规定

4.1.1 建筑外墙防水应符合要求

建筑外墙的防水防护层应设置在迎水面；不同结构材料的交接处应采用每边不少于150mm 的耐碱玻璃纤维网格布或经防腐处理的金属网片做抗裂增强处理；外墙各构造层次之间应粘结牢固，并宜进行界面处理。界面处理材料的种类和做法应根据构造层次材料确定；建筑外墙防水防护材料选用时应根据工程所在的地区的环境以及施工时的气候、气象条件选取；建筑外墙外保温的相应做法要求按《外墙外保温工程技术标准》JGJ 144 规定执行。

4.1.2 建筑外墙防水的影响因素

1. 主体变形

减少结构主体变形的影响是外墙防水的先决条件。除了结构专业须控制荷载变形及整体温度变形外，容易被忽视的是屋盖温度变形对顶层墙体的影响。这种影响通常比预料的要大。因此，屋面构造均应设计绝热层，而不必考虑顶层房间是否经常有人活动。电梯机房通常被认为无人长时间逗留而不考虑保温隔热，这不仅可能会减少电梯正常运行的寿命，而且容易使屋面与墙体交接处产生裂缝，导致外墙渗漏。

4-1 建筑外墙防水材料种类与性能

非框架砌体建筑，主要靠圈梁、构造柱或芯柱减少或控制主体变形的影响（图 4-1a）。按设计要求，做好墙体砌块排列立面图，并采用专用砂浆砌筑，保证砌筑质量，墙体防水

均可得以保证。框架填充砌块墙体减少主体变形影响的措施主要有：拉结锚筋（图 4-1b）；从顶层向下，逐层填砌；各层砌至框架梁底，暂留空不作，待外墙全部填砌后，再完成斜砖顶砌（图 4-1c）；粉刷前进行梁底检查，有空漏处勾填砂浆，必要时压力注浆。

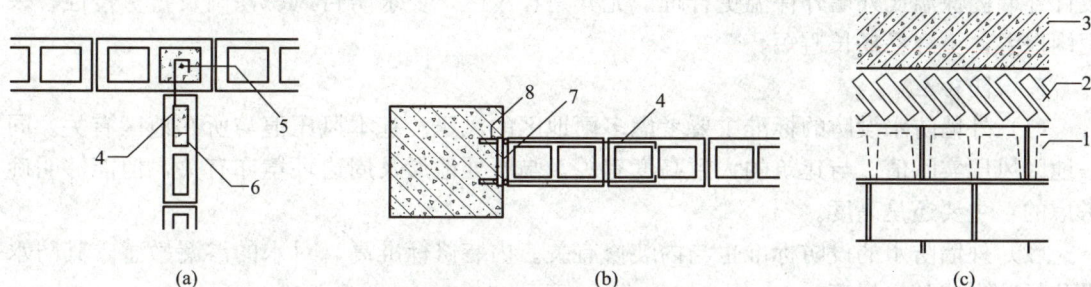

图 4-1　砌体连接

(a) 纵横墙拉结示意；(b) 墙柱拉结示意；(c) 斜砖顶砌

1—盲孔反砌；2—斜砖挤浆顶砌；3—梁（板）；4—$\phi 6$ 钢筋@600；5—$\phi 10$ 钢筋；

6—C15 细石混凝土；7—钢板；墙厚×120×6；8—钢胀管螺栓

2. 综合性能

注意提高墙体的综合性能：选择热工性能好的墙体材料；饰面考虑呼吸性、自洁性、耐候性；采用合理的外墙防水绝热构造系统。单纯提高墙体材料或某一构造层类的抗渗性能而牺牲过多的其他物理性能是不可取的，"专治"渗水，往往达不到效果。

3. 砌筑质量

外墙发生较严重的渗漏，大多与砌体砌筑质量有直接关系，而与砌块种类基本无关。同济大学的一个研究小组曾对 4 种砌块砌筑的墙体进行雨水强度渗透试验。结果表明：只有当砌体结构出现贯穿裂缝时，外墙内侧才能出现湿斑。说明：保证砌筑质量，确保灰缝，尤其竖缝砂浆砌筑的饱满度是保证外墙防水的基本条件。

保证砌筑质量，除按有关规定浇筑芯柱或设置拉结钢筋、拉结网片之外，还应积极采用专用砂浆砌筑。专用砂浆，俗称干粉砂浆，是以水泥为基础物料，再混合经除尘干燥处理的精选级配砂料，准确计量，强制搅拌后包装出厂的商品砂浆，也称干粉砂浆。干粉砂浆现场使用方便，只需加水搅拌均匀，即可上墙。干粉砂浆还可视使用部位（砌筑或粉刷）、适用砌体（混凝土空心砌块、加气混凝土砌块等）预先添加胶粉，和易性好，粘结力高，保水性强，收缩率低，有效减少砌缝开裂。但竖缝砂浆的饱满，仍主要靠施工操作人员的认真态度和技术水平来保证。

4. 温变裂缝

解决温度变形引起的外墙裂缝，较好的方法是采用外墙外保温系统。不仅节能，同时也解决防水。该系统用于新建建筑的关键有：一是外墙设计必须一次到位，包括所有外挂设备及预留预埋条件；二是正确选择外墙外保温系统。所选系统不仅包括主要保温材料，也包括所有配套材料、构造、节点及其施工工法。

若既有建筑外墙大面积渗漏，且系砌块及砌筑质量普遍低下所致，治理时为不影响用户正常使用，又不允许改动墙体，还想彻底解决渗漏，借用该系统，也是一个好主意。

标准较低，且以隔热为主的新建建筑，若选用混凝土空心砌块（外墙），其东西朝向的外墙，应采用 3 排孔砌块。该砌块总厚190mm，两侧扁孔宽约20mm，形成的空气层对流活动少，可起隔热作用。外墙饰面设计成浅色，增加隔热效果显著。多层建筑，特别是低层建筑，绿化遮阴则是一种既有效又经济美观的隔热措施，应为首选。

实际上，在中国建筑气候分区为Ⅳ的地区，因没有冷桥及墙体内部冷凝水问题，所以设计外墙内保温比外墙外保温更合理。尤其是ⅣA区，要求防台风、暴雨及盐雾侵蚀，采用内保温，更容易扬长避短。

5. 设防标准

（1）外墙防水设防的标准主要考虑多雨地区的风压。基本风压值与所在地区有关。同一地区风压实际值，与建筑的大致高度有关，与所处地形及周边环境亦有关，但能够明确考虑的，主要还是高度。

（2）外墙防水的设防标准也与内装修有关。内装修标准高，对水的渗漏敏感，其防水设防标准也应随之提高。

内装修的规模对防水效果更有直接影响：大拆大建，引发裂缝的产生与发展，渗漏机会多；较温和的装修引起的渗漏要少得多。对住宅来说，解决的办法之一是实行菜单式统一装修，一方面可避免大拆大改，另一方面责任也更加明确。

4.1.3 建筑外墙防水防潮

1. 主防水层

原则上主防水层应设在最外面。该防水层也是围护结构的保护层。这在钢木系统、加气混凝土及外墙外保温系统中，特别明显。但钢木系统中，主防水层为构造防水的披水条板，而其他系统则应为非脆性，连续无缝，耐久防紫外线的无机涂层。

2. 次防水层

在砌体加硬质饰面的系统中，主次防水层有时不明显。粘贴层、找平层，都有兼顾防水的责任，通常采用聚合物水泥防水砂浆或纤维防水砂浆。

在钢木系统中，次防水层通常采用专用防水薄膜，直接钉在保温板与外围护结构的保护层（披水条板或抹灰层）之间，如前所述，该系统中的保护层常作为主防水层，有时称主阻挡层，因此专用防水膜就称为二次阻挡层。

二次阻挡层的设置，是渗漏设计中最重要的概念，特别是在外围护开放系统中，包括幕墙和门窗，也包括设空气夹层的外墙。上述两种系统中，前者只能减少裂缝，减少主防水层失败的概率，而后者，则可将偶然渗入的水，借助重力导至墙外，科学、合理、有效。

3. 隔汽防潮

在以保温为主的外墙系统中，特别是寒冷地区，设置隔汽层是必要的。隔汽层应设在保温层内侧，防止墙内产生冷凝水，从而保持干燥。干燥是墙体主要功能之一。干燥，可保持传热系数，有利节能，也有利于室内空气质量及减少霉菌的产生。

4. 透气防潮

保持干燥的其他措施是通风、透气。通风透气能减轻渗入水的动力迁移。因此，不管什么原因进入墙体的水或水汽，应能通过合理的墙体构造向室内或室外蒸发掉。克服只进不出、易进难出、也是墙体防水、防潮设计应当解决的课题。

4.2　整体防水层设计

建筑外墙墙面整体防水设防设计应包括以下内容：外墙防水防护工程的构造设计；防水防护层材料选择；节点构造的密封防水措施。外墙防水最主要是节点部位，要作好节点部位的稳固、密封、阻隔、排水通畅，密封应做到以柔适变。建筑外墙节点构造防水设防设计应包括门窗洞口、雨篷、阳台、变形缝、穿墙管道、女儿墙压顶、外墙预埋件、预制构件等交接部位的防水设防。

4.2.1　无外保温外墙的防水防护层设计

外墙采用涂料饰面时，防水层应设在找平层和涂料饰面层之间（图 4-2），防水层可采用普通防水砂浆。

外墙采用块材饰面时，防水层应设在找平层和块材粘结层之间（图 4-3），防水层宜采用普通防水砂浆。

外墙采用幕墙饰面时，防水层应设在找平层和幕墙饰面之间（图 4-4），防水层宜采用普通防水砂浆、聚合物防水砂浆、聚合物水泥防水涂料、聚合物乳液防水涂料、聚氨酯防水涂料或防水透汽膜。

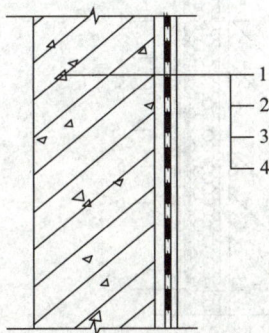

图 4-2　涂料饰面外墙防水
　　　　防护构造

1—结构墙体；2—找平层；
3—防水层；4—涂料面层

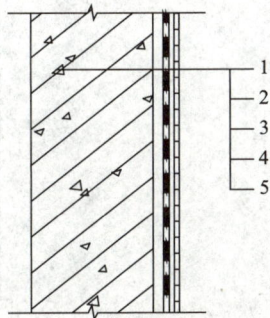

图 4-3　块材饰面外墙防水
　　　　防护构造

1—结构墙体；2—找平层；
3—防水层；4—粘结层；
5—块材饰面面层

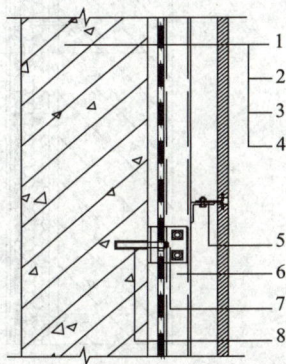

图 4-4　幕墙饰面外墙防水
　　　　防护构造

1—结构墙体；2—找平层；3—防水层；
4—面板；5—挂件；6—竖向龙骨；
7—连接件；8—锚栓

无保温外墙的防水防护层的最小厚度见表 4-1。

无外保温外墙的防水防护层最小厚度要求（mm）　　　　表 4-1

墙体基层种类	饰面层种类	聚合物水泥防水砂浆		普通防水砂浆	防水涂料	防水饰面涂料
		干粉类	乳液类			
现浇混凝土	涂料				1.0	1.2
	面砖	3	5	8	—	—
	幕墙				1.0	—
砌体	涂料				1.2	1.5
	面砖	5	8	10	—	—
	干挂幕墙				1.2	—

4.2.2　外保温外墙的防水防护层设计应符合规定：

（1）采用涂料饰面时，防水层可采用聚合物水泥防水砂浆或普通防水砂浆。保温层的抗裂砂浆层如达到聚合物水泥防水砂浆性能指标要求，可兼作防水防护层。设在保温层和涂料饰面之间（图 4-5），乳液聚合物防水砂浆厚度不应小于 5mm，干粉聚合物防水砂浆厚度不应小于 3mm。

（2）采用块材饰面时，防水层宜采用聚合物水泥防水砂浆，厚度应符合本节第 1 条的规定（图 4-6），保温层的抗裂砂浆层如达到聚合物水泥防水砂浆性能指标要求，可兼作防水防护层。

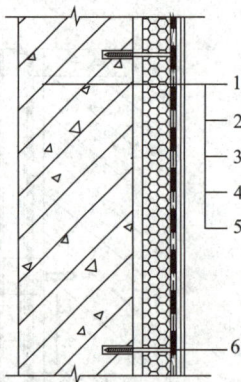

图 4-5　涂料饰面外保温外墙防水防护构造图
1—结构墙体；2—找平层；3—保温层；
4—防水层；5—涂料层；6—锚栓

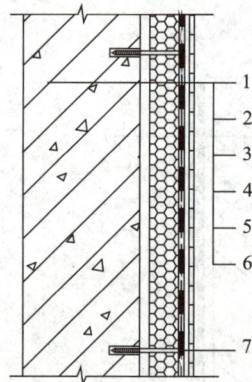

图 4-6　砖饰面外保温外墙防水防护构造
1—结构墙体；2—找平层；3—保温层；4—防水层；
5—粘结层；6—块材饰面层；7—锚栓

聚合物水泥防水砂浆防水层中应增设耐碱玻纤网格布或热镀锌钢丝网增强，并应用锚栓固定于结构墙体中。

（3）采用幕墙饰面时，防水层应设在找平层和幕墙饰面之间（图 4-7），防水层宜采用聚合物水泥防水砂浆、聚合物水泥防水涂料、聚合物乳液防水涂料、聚氨酯防水涂料或防水透汽膜。防水砂浆厚度应符合本节第 1 条的规定，防水涂料厚度不应小于 1.0mm。当外墙保温层选用矿物棉保温材料时，防水层宜采用防水透汽膜。

砂浆防水层宜留分格缝，分格缝宜设置在墙体结构不同材料交接处。水平分格缝宜与窗口上沿或下沿平齐；垂直分格缝间距不宜大于 6m，且宜与门、窗框两边线对齐。分格缝宽宜为 8～10mm，缝内应采用密封材料做密封处理。保温层的抗裂砂浆层兼作防水防护层时，防水防护层不宜留设分格缝。防水砂浆饰面层应留置分格缝；分格缝间距宜根据建筑层高确定，但不应大于 6m；缝宽宜为 8～10mm；面砖饰面层宜留设宽度为 5～8mm 的块材接缝，用聚合物水泥防水砂浆勾缝；防水饰面涂料应涂刷均匀，涂层厚度应根据具体的工程与材料确定，但不得小于 1.5mm。如图 4-8 所示。

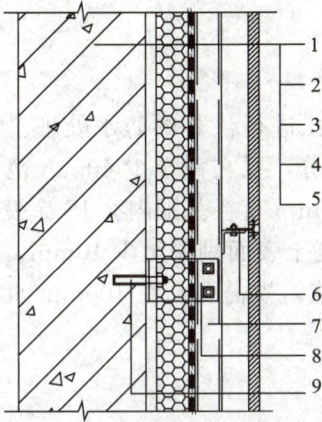

图 4-7　幕墙饰面外保温外墙防水防护构造

1—结构墙体；2—找平层；3—保温层；4—防水层；
5—面板；6—挂件；7—竖向龙骨；8—连接件；9—锚栓

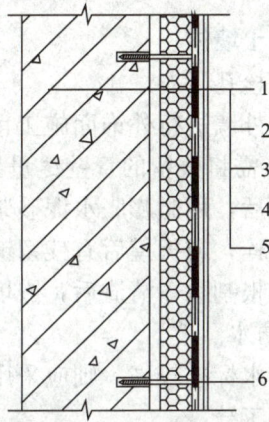

图 4-8　抗裂砂浆层兼作防水层的外墙防水防护构造

1—结构墙体；2—找平层；3—保温层；
4—防水抗裂层；5—装饰面层；6—锚栓

（4）上部结构与地下墙体交接部位的防水层应与地下墙体防水层搭接，搭接长度不应小于 150mm，防水层收头应用密封材料封严（图 4-9）；有保温的地下室外墙防水防护层应延伸至保温层的深度。

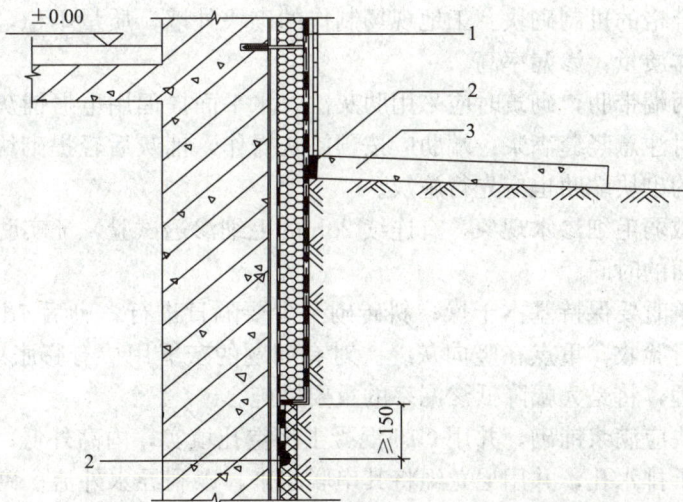

图 4-9　上部结构与地下墙体交接部位防水防护构造

1—外墙防水层；2—密封材料；3—室外地坪（散水）

4.3 节点构造防水设计

4.3.1 墙体构造防水

1. 混凝土墙体

（1）螺栓孔

混凝土外墙进行外饰面施工前，必须对模板螺栓孔进行认真的防水处理。使用薄壁PVC管者，需将残留的管壁尽量剔清，特别是管口部分，要在深至少40mm范围内清除干净，封底后，用微膨胀水泥砂浆分层填实，并在100mm直径范围内涂JS涂膜防水。

直埋螺栓，或拆模后有残留镀锌钢丝者，需将混凝土表面剔深至少10mm，然后把螺栓或钢丝齐根割除，清渣后，嵌填聚合物防水水泥砂浆，视需要，在100mm直径范围内涂JS涂膜防水。

如果防水标准较高，则应采用专用模板螺栓。

（2）施工缝

防水标准较高的混凝土外墙（包括外柱、外剪力墙），其施工缝（主要是水平施工缝）应作防水处理。具体构造是：缝的位置留在混凝土楼板结构标高处，开向外向下倾斜，形成内高外低的断面形式；缝的室外一侧设10mm×10mm的水平凹缝，缝内嵌填聚合物防水水泥砂浆。如果外墙设计的是清水混凝土，则该缝应深25mm，缝底宽10mm，缝口宽15mm，用防水密封材料嵌入15mm，外口形成10mm×15mm的装饰性凹槽；凹槽减少紫外线的照射，延长密封材料的正常使用寿命。

2. 混凝土空心砌块

（1）应采用合格的机制砌块。工地现场制作的砌块外墙，质量不稳，尺寸不准，养护条件差，影响砌体质量，渗漏率高。

（2）砌块应两端带肋，砌筑时应采用肋灰法。水平面提倡用电振铺灰器，仅在两侧肋面上铺灰。砌筑时注意竖缝满浆：端肋应按预施灰操作，铺灰后轻提砌块，挤浆砌筑；这之前，对已上墙的砌块端肋也应先行施灰。

肋灰法有助减弱毛细渗水现象。有连续20h的毛细渗透试验，证实肋灰法可大大延长雨水渗透到内表面的时间。

（3）砌块砌筑时要保持基本干燥；斜砖砌至少要隔日进行，砌后7d进行粉刷。粉刷前对墙体质量进行验收，重点在竖向灰缝。对有问题的灰缝用掺有膨胀110剂的1：3水泥砂浆作勾缝处理，将是大幅降低渗漏率的重要措施。

（4）首皮砌块应满浆铺砌，并用C15混凝土将空孔填实，内高外低；如有必要，可在纵向低处预留若干排水孔，并用尼龙绳将其串联起来，以利导水外流；砌块端部的窄孔则用水泥砂浆填实。

门窗洞口两侧空孔也用混凝土填实，窗上口的钢筋混凝土的梁底，设计成外低内高状，窗下口混凝土卧梁，亦作成外低内高状（图4-10）。

混凝土空心砌块墙体，其窗洞上下口也可用封底配套砌块砌筑，并配筋后浇筑混凝土（图4-11）。

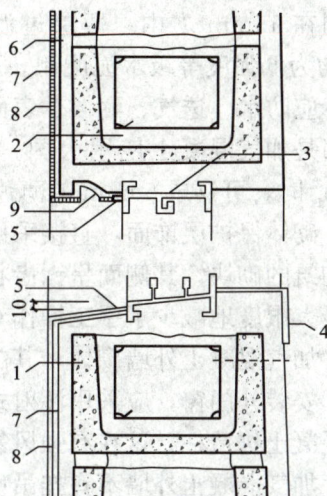

图4-10　窗上下口节点（一）

1—窗下口；2—窗上口；3—铝合金窗框，内面涂防蚀涂膜，水泥砂浆填实（窗樘的锚固未示）；4—内材料；5—高弹性密封胶；6—找平层；7—聚合物水泥砂浆防水层；8—饰面层；9—滴水

图4-11　窗上下口节点（二）

1—封底砌块，C15混凝土；2—封底砌块，C20混凝土；3—铝合金窗框，内涂防蚀涂膜、窗台（窗樘的锚固未示）；4—内窗；5—高弹性密封胶；6—找平层；7—聚合物水泥砂浆防水层；8—饰面层；9—滴水

（5）变形缝两侧若为空心砌块，其临缝空孔应用C15混凝土填实。

（6）墙体施工留洞，建议留直槎，加过梁，洞两侧按上述窗洞两侧做法填实混凝土。施工后期补洞时，锚接拉筋、补砌混凝土砌块，必要时勾缝注浆。留槎填砌的传统作法不适用于空心砌块。

（7）安装在外墙上的构配件（空调机、排油烟孔等）、管道、螺栓，均当预先定位，且于定位所在砌块处用C15混凝土预先填实，标记；安装毕，在穿墙件四周嵌聚合物水泥砂浆。在空心砌块上墙后钻孔锚固，不仅容易渗水，而且有不安全因素。

（8）外墙砌体与混凝土梁板柱相接处，均应加设镀锌钢丝网，宽200mm，并将憎水性防水材料掺在水泥砂浆里并用在墙面上，也是不合适的。其本身在墙体基层上的粘结力同样因带有憎水性而有所下降。有时加涂专用基层处理剂，可使粘结力有所提高。个别科技含量较高的保温砂浆，整体具有憎水性，但在施工过程中采用了适当的措施后，其外表面能降低憎水性，因此可适当加作饰面层。

3. 加气混凝土

（1）加气混凝土砌块上墙前，应停留3个月以上（从生产之日起计算）。砌筑砂浆应为专用砂浆。专用砂浆配制的原则是：和易性好，强度等级不高（与加气混凝土砌块较匹配）。

（2）加混凝土砌块粉刷前须局部加网者，不推荐钢丝网，而建议选用耐碱纤维网格布。理由是：在加气混凝土上挂网用钉，容易松动。网格布应先压入底灰之中，随即进行面层抹灰。

（3）加气混凝土的吸水特性是：整体少而慢，表层多而快。因此，粉刷前一天浇水，粉刷前数小时禁止浇水；基层先 JS 一道，随后即作聚合物水泥砂浆找平打底。无强风暴雨地区，也可用混合砂浆打底。

（4）加气混凝土外墙饰面不宜采用重质块材贴面。其粉刷要点是：采用薄层过渡，总厚度控制在 15mm 之内。薄层过渡即找平层：聚合物水泥砂浆 8mm 或纤维防水砂浆 8mm，均为低强度等级水泥配制。面层可采用聚合物水泥砂浆（细砂）5mm 厚；饰面层的涂料，应防水、透气、耐候、表面憎水。

德国是加气混凝土使用大国。德国的加气混凝土砌块，其材质木质化，表观密度 400kg/m³ 时，可锯成 50mm 的薄片；其外形尺寸精确，以至灰缝只需 1mm，用配套的专用砂浆。砌体保护层饰面，直接采用涂料，防水、耐候、透气、自洁。近年，则研制了不用砂浆砌筑的砌块，其侧面呈锯齿状，浸渍有特殊胶状物，只需浸泡一下，便有足够的粘结性，最大限度地减少了手工操作对砌筑质量的影响。

（5）加气混凝土外墙砌体，其门窗洞口四周，建议用聚合物水泥砂浆加耐碱纤维网格布增强。安装外门窗，应采用注射式锚栓固定。无条件使用锚栓时，建议洞口两侧使用实心砖或混凝土构造柱，这在有强风暴雨地区安装高大外门窗，是非常必要的。

（6）加气混凝土外墙不宜挂吊设备，更忌事后打洞预埋。唯一可行的办法是：设计之初，就确定需吊挂物件的位置，施工时将预制混凝土卧梁或混凝土实心砌块随墙砌入，使物件锚固在混凝土基底上。事后处理，只有埋于圈梁或框架之上。

（7）加气混凝土条板，不宜用在多雨地区的外墙上，条板用在外墙已无优势。

4.3.2 节点构造防水

门窗框与墙体间的缝隙宜采用聚合物水泥防水砂浆或发泡聚氨酯填充。外墙防水层应延伸至门窗框，防水层与门窗框间应预留凹槽、嵌填密封材料；门窗上楣的外口应做滴水处理；外窗台应设置不小于 5% 的外排水坡度，节点防水层和保温层不应压窗框，如图 4-12、图 4-13 所示。

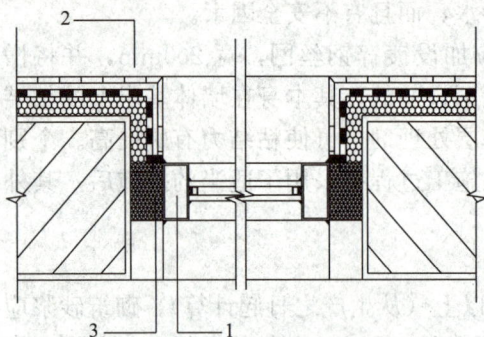

图 4-12　门窗框防水防护平剖面构造

1—窗框；2—密封材料；3—发泡聚氨酯填充

图 4-13　门窗框防水防护立剖面构造

1—窗框；2—密封材料；3—发泡聚氨酯填充；4—滴水线；5—外墙防水层

　　雨篷应设置不小于 1％的外排水坡度，外口下沿应做滴水线处理；雨篷与外墙交接处的防水层应连续；雨篷防水层应沿外口下翻至滴水部位，如图 4-14 所示。

　　阳台应向水落口设置不小于 1％的排水坡度，水落口周边应留槽嵌填密封材料。阳台外口下沿应做滴水线设计（图 4-15）。

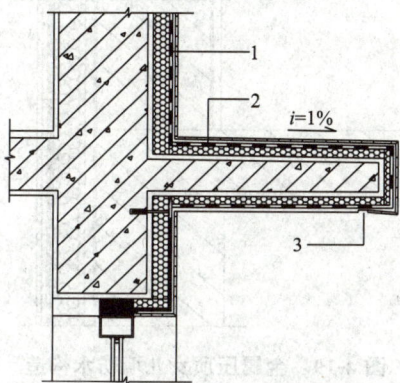

图 4-14　雨篷防水防护构造

1—外墙防水层；2—雨篷防水层；3—滴水线

图 4-15　阳台防水防护构造

1—密封材料；2—滴水线

　　变形缝处应增设合成高分子防水卷材附加层，卷材两端应满粘于墙体，并应用密封材料密封，满粘的宽度应不小于 150mm（图 4-16）。

　　穿过外墙的管道宜采用套管，套管应内高外低，坡度不应小于 5％，套管周边应作防水密封处理（图 4-17）。

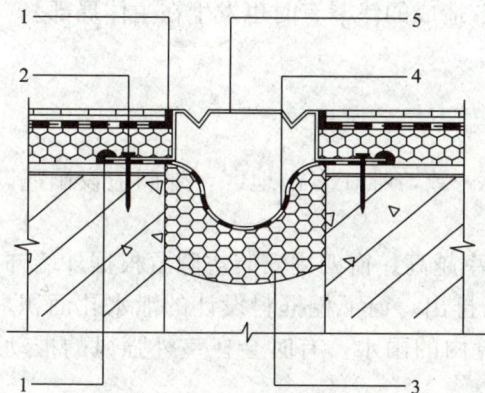

图 4-16　变形缝防水防护构造

1—密封材料；2—锚栓；3—保温衬垫材料；
4—合成高分子防水卷材（两端粘结）；5—不锈钢板

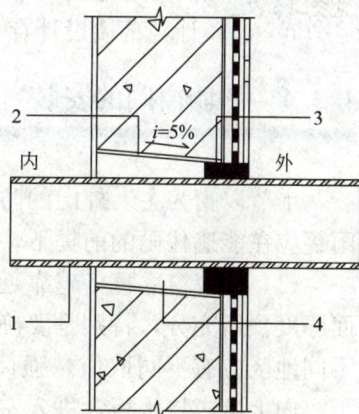

图 4-17　穿墙管道防水防护构造

1—穿墙管道；2—套管；
3—密封材料；4—聚合物砂浆

　　女儿墙压顶宜采用现浇钢筋混凝土或金属压顶，压顶应向内找坡，坡度不应小于 2％。当采用混凝土压顶时，外墙防水层应上翻至压顶，内侧的滴水部位宜用防水砂浆作防水层，如图 4-18 所示。当采用金属压顶时，防水层应做到压顶的顶部，金属压顶应采用专用金属配件固定（图 4-19）。

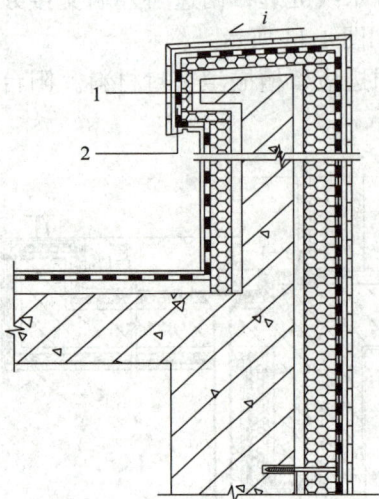

图 4-18　混凝土压顶女儿墙防水构造
1—混凝土压顶；2—防水砂浆

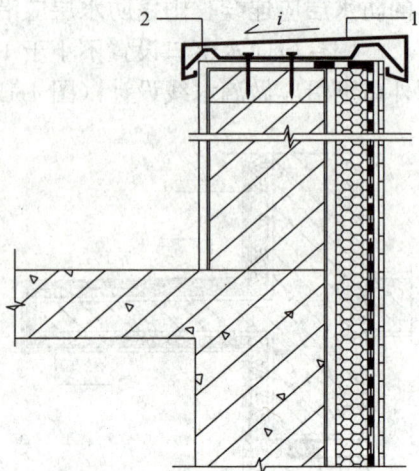

图 4-19　金属压顶女儿墙防水构造
1—金属压顶；2—金属配件

外墙预埋件四周应用密封材料封闭严密，密封材料与防水层应连续。

4.3.3　幕墙防水

4-2　幕墙
防水设计

幕墙一般由有相应资质的专业公司设计。其渗漏主要发生在幕墙周边，因为专业公司设计时，周边情况不确定，设计无法到位。也就是说，建筑设计与幕墙设计存在严重脱节现象，脱节造成的渗漏有时也发生在主体局部。

4.3.4　外墙窗门的安装

本节以窗为主。外门的防水安装，基本与外窗一致，唯在多雨地区，外门应设雨篷。雨篷应在能遮住雨的前提下，兼顾美观。

（1）外墙窗立樘，越靠近外墙皮，窗四周渗漏率越高。窗四周安装空隙要根据外墙饰面厚度预留充分，特别是要确保窗下樘雨水能顺畅排出。窗下樘框料设计的泄水孔面积，不同地区应有不同取值。强风暴雨时，集在窗下樘内的雨水，有时会在室外强风的推动下，向上翻越挡水板，进入室内。

（2）窗樘与墙体之间的空隙，在充分考虑了风压影响（如增设锚固点）的前提下，可用发泡聚氨酯封填。封填时掌握好填量，避免留空不实，也要防止量过令窗樘胀起变形。

防水标准较高时，在窗樘与洞口之间加作不锈钢挡水板，挡水板要在窗樘固定就位之后，填缝开始之前。先将挡水板用抽芯铆钉固定在窗樘上，并在板两边朝室外一侧用密封胶通长密封。

安装挡水板后，可从室内一侧填发用于潮湿基面上的 PU 硬泡，应在发泡前常使用压力水，以便将缝隙内清理得更干净。PU 硬泡的厚度一般不超过 30mm，以保证缝内锚件宽度范围内主要塞填防水砂浆。

防水砂浆如采用高效无机防水粉配制，较为经济；若同时添加聚丙纤维，则操作更为方便。在强风暴雨地区，以填聚合物水泥砂浆为好。

铝合金窗樘安装前，应在与砂浆接触面上作防蚀处理，最简便的办法是涂聚氨酯涂膜。

（3）窗樘锚固，应采用专用锚铁。工地自行加工的锚铁，必须镀锌防腐，且宽度不小于 30mm，厚度不小于 2mm。

锚铁与窗樘应为卡固连接，不应使用铆钉。锚铁与洞口连接，以使用钢膨胀螺栓为好，牢固、方便。有防雷侧击要求时，也可将锚铁直接通过短筋接在主体配置的钢筋上。固定点一般间距为 350～450mm，端部锚点距窗边约 130～180mm。风压较大时，间距可再小。

（4）在有强风暴雨地区，若采用平面转折窗或条形带窗，应增设立梃。立梃应先于窗樘锚固在过梁与混凝土窗台板上，再将窗樘之一侧锚装于立梃上。工程实践中，许多折窗在转折处不设立梃，窗樘安装后，只用装饰盖板铆封。实际上，该处窗侧没有结构性锚固，强风暴雨时可能因变形而渗水，更重要的是不安全。

（5）窗樘周边密封胶的施打质量普遍存在问题。很少工程预先留槽，更鲜有留出合格胶槽者。较彻底的解决办法是改进窗料（樘料）设计，创造出良好的嵌填条件。

（6）加设附框。加设附框，可以回避砂浆填缝的困难。其前提是：窗洞口尺寸要有足够的精度，若不够精确，可用纤维水泥砂浆或纤维聚合物水泥砂浆修正洞口；洞口偏大时，应分层修正。附框宜为钢制，壁厚约 2～3mm，按窗框及洞口尺寸精加工，作防锈处理，与铝合金窗框接触部分作防蚀处理（图 4-20）。

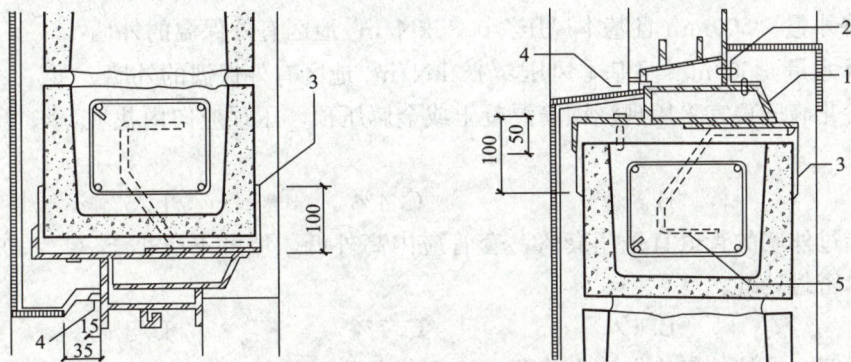

图 4-20　窗洞附框

1—钢制附框；2—通长角铝，铆点@300；3—纤维聚合物水泥砂浆修正窗口
（预留洞偏大时，分层施工）；4—高弹性密封材料；5—附框错筋@500
（铝合金与附框及砂浆接触面涂防蚀涂膜）

附框有悖柔性连接的原则，因此需慎重采用。

（7）平外墙的外窗。平墙外窗应采用专门设计的窗料。其上口因无法作出滴水线，雨水容易侵入室内，故窗的上下樘料均当加设泛水构造，并使窗樘安装后形成双层密封，并考虑将万一渗入的水顺利排除。

平墙外窗宜为固定窗。其玻璃的安装，可能扣板在室内，而密封条

4-3 空调
基座防水

（胶）在室外。因而密封条（胶）直接暴露在阳光下，缺少遮挡，缩短了胶条的正常使用寿命，故平墙外窗应尽量少用，特别是挂石材的外墙。

此外，平墙外窗的锚固构造也与一般外窗有较大的不同。

【建筑外墙防水防护工程案例】

4-4 建筑
外墙防水
工程案例

思考与练习 🔍

1. 选择题

（1）建筑外墙防水防护应具有防止雨水雪水侵入墙体的基本功能，并应具有（　　）等性能。

A. 抗冻融　　　　　　　　　　　　B. 耐高低温

C. 承受风荷载　　　　　　　　　　D. 抗老化性

（2）建筑外墙按照防护部位可分为（　　）。

4-5 思考
题与练习
答案

A. 整体防水防护　　　　　　　　B. 节点构造防水防护

C. 耐腐蚀性防护　　　　　　　　D. 抗风防护

（3）在合理使用和正常维护的条件下，有下列情况之一的建筑外墙，宜进行墙面整体防水（　　）。

A. 年降水量≥800mm 地区的高层建筑外墙

B. 年降水量≥600mm 且基本风压≥0.5kN/m² 地区的外墙

C. 年降水量≥400mm 且基本风压≥0.4kN/m² 地区有外保温的外墙

D. 年降水量≥500mm 且基本风压≥0.35kN/m² 地区有外保温的外墙

E. 年降水量≥600mm 且基本风压≥0.3kN/m² 地区有外保温的外墙

（4）女儿墙压顶宜采用现浇钢筋混凝土或金属压顶，压顶应向内找坡，坡度不应小于（　　）。

A. 2%　　　　　　B. 3%　　　　　　C. 4%　　　　　　D. 5%

（5）穿过外墙的管道宜采用套管，套管应内高外低，坡度不应小于（　　），套管周边应作防水密封处理。

A. 5%　　　　　　B. 6%　　　　　　C. 7%　　　　　　D. 8%

（6）门窗上楣的外口应做滴水处理；外窗台应设置不小于（　　）的外排水坡度。

A. 5%　　　　　　B. 6%　　　　　　C. 7%　　　　　　D. 8%

2. 填空题

（1）无保温外墙采用现浇混凝土、高度低于_____的可不做防水。

（2）建筑外墙的防水防护层应设置在_____。

（3）不同结构材料的交接处应采用每边不少于_____的耐碱玻璃纤维网格布或经防腐处理的金属网片做抗裂增强处理。

（4）防水砂浆饰面层应留置_____；分格缝间距宜根据_____确定，但不应大于_____；缝宽宜为_____mm。

（5）面砖饰面层宜留设宽度为_____mm 的块材接缝，用聚合物水泥防水砂浆勾缝。

（6）防水饰面涂料应涂刷均匀，涂层厚度应根据具体的工程与材料确定，但不得小于_____。

3. 简答题

（1）建筑外墙防水的影响因素有哪些？

（2）建筑外墙墙面整体防水设防设计主要内容是什么？

（3）外保温外墙的防水防护层设计应符合那些规定？

附录 A　全国主要城镇降水量与风压强度

项目5

Chapter 05

地下工程防水设计

教学目标

1. 掌握地下工程防水设计等级及要求，掌握地下工程结构主体防水设计知识，掌握地下工程卷材防水设计知识。

2. 熟悉地下工程防水设计原则，熟悉地下水池构造防水设计知识，熟悉特殊方法施工防水设计。

3. 能够正确选择地下设计防水设计等级，能够进行地下室主体防水设计，能够进行地下室卷材防水设计，能够进行简单地下水池防水设计。

思政目标

学习者通过对地下室工程防水设计原则、程序学习，树立遵守国家规范，按照规范规程办事的意识；通过对地下室主体防水构造节点的学习，锤炼学习者注重工作细节、一丝不苟、严谨求实的工作作风。

思维导图

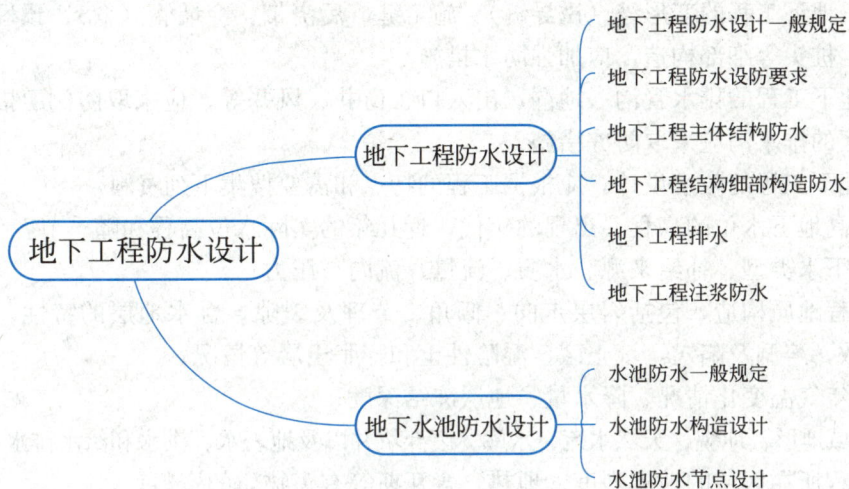

引文

　　地下工程长期受到地下水的作用，地下水的渗透压随埋深增加而增大，特别是当其含有侵蚀性介质时，对地下工程的危害就更大。即使地下工程处于地下水位以上，地下水也会通过毛细作用对其造成危害。此外，地下工程还会受到大气降水，给水排水管道破裂等非地下水因素的影响而发生渗漏，影响地下工程的使用功能和耐久年限。因此，地下工程需要设计防水层以保证其免受外界水的侵蚀，杜绝渗漏水现象的发生。地下工程防水设计的基本原则是"防、排、截、堵相结合，刚柔相济、因地制宜、综合治理"。

5.1　地下工程防水设计

5.1.1　地下工程防水设计一般规定

　　（1）地下工程应进行防水设计，并应做到定级准确、方案可靠、施工简便、耐久适用、经济合理。地下工程防水方案应根据工程规划、结构设计、材料选择、结构耐久性和施工工艺等确定。

　　（2）地下工程的防水设计，应根据地表水、地下水、毛细管水等的作用，以及由于人为因素引起的附近水文地质改变的影响确定。单建式的地下工程，宜采用全封闭、部分封闭的防排水设计；附建式的全地下或半地下工程的防水设防高度，应高出室外地坪高程500mm以上。

（3）地下工程迎水面主体结构应采用防水混凝土，并应根据防水等级的要求采取其他防水措施；地下工程的变形缝（诱导缝）、施工缝、后浇带、穿墙管（盒）、预埋件、预留通道接头、桩头等细部构造，应加强防水措施。

（4）地下工程的排水管沟、地漏、出入口、窗井、风井等，应采取防倒灌措施；寒冷及严寒地区的排水沟应采取防冻措施。

（5）地下工程的防水设计，应根据工程的特点和需要搜集下列资料：

1）最高地下水位的高程、出现的年代，近几年的实际水位高程和随季节变化情况；

2）地下水类型、补给来源、水质、流量、流向、压力；

3）工程地质构造，包括岩层走向、倾角、节理及裂隙，含水地层的特性、分布情况和渗透系数，溶洞及陷穴，填土区、湿陷性土和膨胀土层等情况；

4）历年气温变化情况、降水量、地层冻结深度；

5）区域地形、地貌、天然水流、水库、废弃坑井以及地表水、洪水和给水排水系统资料；

6）工程所在区域的地震烈度、地热，含瓦斯等有害物质的资料；

7）施工技术水平和材料来源。

（6）地下工程防水设计，应包括下列内容：

1）防水等级和设防要求；

2）防水混凝土的抗渗等级和其他技术指标、质量保证措施；

3）其他防水层选用的材料及其技术指标、质量保证措施；

4）工程细部构造的防水措施，选用的材料及其技术指标、质量保证措施；

5）工程的防排水系统、地面挡水、截水系统及工程各种洞口的防倒灌措施。

5.1.2 地下工程防水设防要求

1.地下工程防水等级

地下工程防水等级应分为四级，各等级的防水标准应符合表5-1的规定。

地下工程防水标准　　　　　　　　　　　　　　　　表5-1

防水等级	防水标准
一级	不允许渗水,结构表面无湿渍
二级	不允许漏水,结构表面可有少量湿渍； 工业与民用建筑:总湿渍面积不应大于总防水面积(包括顶板、墙面、地面)的1/1000;任意100m²防水面积上的湿渍不超过2处,单个湿渍的最大面积不大于0.1m²； 其他地下工程:总湿渍面积不应大于总防水面积的2/1000;任意100m²防水面积上的湿渍不超过3处,单个湿渍的最大面积不大于0.2m²；其中,隧道工程还要求平均渗水量不大于0.05L/(m²·d),任意100m²防水面积上的渗水量不大于0.15L/(m²·d)
三级	有少量漏水点,不得有线流和漏泥沙； 任意100m²防水面积上的漏水或湿渍点数不超过7处,单个漏水点的最大漏水量不大于2.5L/d,单个湿渍的最大面积不大于0.3m²

续表

防水等级	防水标准
四级	有漏水点,不得有线流和漏泥沙; 整个工程平均漏水量不大于 $2L/(m^2 \cdot d)$;任意 $100m^2$ 防水面积上的平均漏水量不大于 $4L(m^2 \cdot d)$

2. 地下工程防水等级适用范围

地下工程的不同防水等级的适用范围,应根据工程的重要性和使用中对防水的要求按表 5-2 选定。

不同防水等级的适用范围　　　　　表 5-2

防水等级	适用范围
一级	人员长期停留的场所;因有少量湿渍会使物品变质、失效的贮物场所及严重影响设备正常运转和危及工程安全运营的部位;极重要的战备工程、地铁车站
二级	人员经常活动的场所;存在少量湿渍的情况下不会使物品变质、失效的贮物场所及基本不影响设备正常运转和工程安全运营的部位;重要的战备工程
三级	人员临时活动的场所;一般战备工程
四级	对渗漏水无严格要求的工程

3. 防水设防要求

(1) 地下工程的设防要求,应根据使用功能、使用年限、水文地质、结构形式、环境条件、施工方法及材料性能等因素合理确定。

1) 明挖法地下工程的防水设防要求应按表 5-3 选用。

2) 暗挖法地下工程的防水设防要求应按表 5-4 选用。

(2) 处于侵蚀性介质中的工程。应采用耐腐蚀的防水混凝土、防水砂浆、防水卷材或防水涂料等防水材料。

(3) 处于冻融侵蚀环境中的地下工程,当采用混凝土结构时,其混凝土抗冻融循环不得少于 300 次。

(4) 结构刚度交叉或受震动左右的工程,应采用延伸率较大的卷材或涂料等柔性防水材料。

明挖法地下工程防水设防　　　　　表 5-3

工程部位	主体结构							施工缝							后浇带				变形缝、诱导缝				
防水措施	防水混凝土	防水卷材	防水涂料	塑料防水板	膨润土防水材料	防水砂浆	金属板	遇水膨胀止水条或止水带	外贴式止水带	中埋式止水带	外抹防水砂浆	外涂防水涂料	水泥基渗透结晶型防水涂料	预埋注浆管	补偿收缩混凝土	外贴式止水带	预埋注浆管	遇水膨胀止水条	中埋式止水带	外贴式止水带	可卸式止水带	防水密封材料	外贴防水卷材	外涂防水涂料

续表

工程部位		主体结构		施工缝	后浇带	变形缝、诱导缝
防水等级	一级	应选	应选一至二种	应选二种	应选二种	应选二种
	二级	应选	应选一种	应选一至二种	应选一至二种	应选一至二种
	三级	应选	宜选一种	宜选一至二种	宜选一至二种	宜选一至二种
	四级	宜选		宜选一种	宜选一种	宜选一种

暗挖法地下工程防水设防　　　　　　　　　　　表 5-4

工程部位		衬砌结构		内衬砌施工缝		内衬砌变形缝、诱导缝	
防水措施		防水混凝土	防水卷材／防水涂料／塑料防水板／膨润土防水材料／防水砂浆／金属板	遇水膨胀止水条或止水带／外贴式止水带／中埋式止水带／防水密封材料／水泥基渗透结晶型防水涂料／预埋注浆管		中埋式止水带	外贴式止水带／可卸式止水带／防水密封材料
防水等级	一级	必选	应选一至二种	应选一至二种		应选	应选一至二种
	二级	应选	应选一种	应选一种		应选	应选一种
	三级	宜选	宜选一种	宜选一种		应选	宜选一种
	四级	宜选	宜选一种	宜选一种		应选	宜选一种

5.1.3　地下工程主体结构防水

1. 防水混凝土

（1）混凝土结构自防水概念及分类

防水混凝土自防水结构是以调整混凝土配合比或掺外加剂等方法，来提高混凝土本身的密实性和抗渗性，使其兼具承重、围护和抗渗的综合能力，还可满足一定的耐冻融及耐侵蚀的要求。

结构自防水也称之为防水混凝土，一般指抗渗等级大于或等于 P6 级别的混凝土，主要分为普通防水混凝土、膨胀剂防水混凝土和外加剂防水混凝土三类。主要适用于工业、民用建筑地下工程、取水构筑物以及干湿交替作用或冻融作用的工程。防水混凝土可分为普通防水混凝土、外加剂防水混凝土和补偿收缩防水混凝土三类。

1）普通防水混凝土

普通防水混凝土指通过改善级配使混凝土密实度增加，但功能效果有限，一般不作为防水系统主要依托采用。

2）膨胀剂防水混凝土

膨胀剂防水混凝土由于在凝结硬化过程中能形成大量钙矾石，其作用机理不可控，易导致结构破坏引起安全问题，故钙矾石、氧化钙类膨胀剂已经被国家明令禁止使用。

3）外加剂防水混凝土

外加剂防水混凝土是指在混凝土拌合物中加入微量有机物（引气剂、减水剂、三乙醇胺等）或无机盐（如无机铝盐等），以改善混凝土的和易性，提高混凝土的耐冻融性、密实性和抗渗性，适用于泵送混凝土及薄壁防水结构，混 QHBQ 纳米防水液（综合性外添加剂）的结构自防水混凝土属于多功能高性能复合型、自密实自防水混凝土。

（2）防水混凝土设计

1）防水混凝土可通过调整配合比，或掺加外加剂、掺合料等措施配制而成，其抗渗等级不得小于 P6。

2）防水混凝土的施工配合比应通过试验确定，试配混凝土的抗渗等级应比设计要求提高 0.2MPa。

3）防水混凝土应满足抗渗等级要求，并应根据地下工程所处的环境和工作条件，满足抗压、抗冻和抗侵蚀性等耐久性要求。

4）防水混凝土的设计抗渗等级，应符合表 5-5 的规定。

防水混凝土设计抗渗等级　　　　　　　　　　　　　　　　表 5-5

工程埋置深度	设计抗渗等级
$H<10$	P6
$10 \leqslant H<20$	P8
$20 \leqslant H<30$	P10
$H \geqslant 30$	P12

注：1. 该表适用于Ⅰ、Ⅱ、Ⅲ级围岩（土层及软弱围岩）。
　　2. 山岭隧道防水混凝土的抗渗等级可按国家现行有关标准执行。

5）防水混凝土的环境温度不得高于 80℃；处于侵蚀性介质中防水混凝土的耐侵蚀要求应根据介质的性质按有关标准执行。

6）防水混凝土结构底板的混凝土垫层，强度等级不应小于 C15，厚度不应小于 100mm，在软弱土层中不应小于 150mm。

7）防水混凝土结构，应符合下列规定：

① 结构厚度不应小于 250mm；

② 裂缝宽度不得大于 0.2mm，并不得贯通；

③ 钢筋保护层厚度应根据结构的耐久性和工程环境选用，迎水面钢筋保护层厚度不应小于 50mm。

2. 防水砂浆

（1）防水砂浆定义及分类

水泥砂浆防水层是采用聚合物水泥防水砂浆、掺外加剂或掺合料防水砂浆等材料，采用多层抹压施工或机械喷涂形成的刚性防水层。它是依靠特定的施工工艺要求或在水泥砂浆内掺入外加剂、聚合物来提高水泥砂浆的密实性或改善水泥砂浆的抗裂性，从而达到防水抗渗的目的。水泥砂浆防水层与卷材、金属、混凝土等防水材料相比，具有施工操作简便，造价适宜，容易修补等优点，但普通水泥砂浆韧性差，较脆、极限拉伸强度较低。

近年来，利用高分子聚合物材料制成聚合物改性砂浆提高了水泥砂浆的抗拉强度和韧性。

水泥砂浆防水层按掺入外加剂的不同分为四种：

1）普通水泥砂浆防水层：利用不同配合比的水泥浆和水泥砂浆分层分次施工，相互交替抹压密实，充分切断各层次毛细孔网，构成一个多层防线的整体防水层。

2）防水砂浆防水层：在水泥砂浆中掺入各种防水剂配制而成。其防水剂为有机或无机化学原料组成的外加剂，如抓化物金属盐类、无机铝盐、金属皂类、硅类防水剂。掺入砂浆中可提高砂浆不透水性，可适用于水压较小的工程和其他防水层的辅助措施。

3）聚合物水泥砂浆防水层：由水泥、砂和一定量的橡胶胶乳或树脂乳液以及稳定剂、消泡剂等助剂经搅拌混合均匀配制而成。各种乳胶有效地封闭水泥砂浆中的连续孔隙，提高了材料的固—液接触角，改善了材料的抗渗性，使其具有良好的抗渗性、韧性和耐磨性。

4）纤维聚合物水泥砂浆防水层：在水泥砂浆内掺入纤维作增强材料提高水泥砂浆的机械力学性能，使水泥砂浆具有良好的抗裂性，以及良好的防水、抗渗能力。水泥砂浆防水层适用于埋置深度不大、使用时不会因结构沉降、温度和湿度变化以及受震动等产生有害裂缝的地上及地下防水工程。

对于主体结构刚度较大、建筑物变形小及面积较小的工程，水泥砂浆防水层比较合适。面积或长度较大的工程必要时应设置变形缝分段设防。装配式混凝土结构因为刚度较差，不宜使用水泥砂浆防水层。由于水泥砂浆防水层与混凝土具有良好的粘结能力，因此既可用于结构主体的迎水面，也可以在背水面作为大面积轻微渗漏时修补材料使用。

（2）水泥砂浆防水层的设计规定

1）水泥砂浆防水层可用于地下工程主体结构的迎水面或背水面，不应用于受持续振动或温度高于80℃的地下工程防水。

2）水泥砂浆防水层应在基础垫层、初期支护、围护结构及内衬结构验收合格后施工。

3）水泥砂浆的品种和配合比设计应根据防水工程要求确定。

4）聚合物水泥防水砂浆厚度单层施工宜为6～8mm，双层施工宜为10～12mm；掺外加剂或掺合料的水泥防水砂浆厚度宜为18～20mm。

5）水泥砂浆防水层的基层混凝土强度或砌体用的砂浆强度均不应低于设计值的80%。

6）防水砂浆主要性能应符合表5-6的要求。

防水砂浆主要性能要求　　　　　　　　　　　　表5-6

防水砂浆种类	粘结强度（MPa）	抗渗性（MPa）	抗折强度（MPa）	干缩率（%）	吸水率（%）	冻融循环（次）	耐碱性	耐水性（%）
掺外加剂、掺合料的防水砂浆	＞0.6	≥0.8	同普通砂浆	同普通砂浆	≤3	＞50	10%NaOH溶液浸泡14d无变化	—
聚合物水泥防水砂浆	＞1.2	≥1.5	≥9.0	≤0.15	≤4	＞50	—	≥80

注：耐水性指标是指砂浆浸水168h后材料的粘结强度及抗渗性的保持率。

3. 卷材防水层

卷材防水层是指用防水卷材作为结构的柔性防水层。防水卷材主要是用于建筑地下结构、屋面，以及隧道、公路、垃圾填埋场等处，起到抵御外界雨水、地下水渗漏的一种可卷曲成卷状的柔性建材产品，作为工程基础与建筑物之间无渗漏连接，是整个工程防水的第一道屏障，对整个工程起着至关重要的作用。

(1) 卷材防水层宜用于经常处在地下水环境，且受侵蚀性介质作用或受振动作用的地下工程。

(2) 卷材防水层应铺设在混凝土结构的迎水面。

(3) 卷材防水层用于建筑物地下室时，应铺设在结构底板垫层至墙体防水设防高度的结构基面上；用于单建式的地下工程时，应从结构底板垫层铺设至顶板基面，并应在外围形成封闭的防水层。

(4) 防水卷材的品种规格和层数，应根据地下工程防水等级、地下水位高低及水压力作用状况、结构构造形式和施工工艺等因素确定。

(5) 卷材防水层的卷材品种可按表 5-7 选用，并应符合下列规定：

1) 卷材外观质量、品种规格应符合国家现行有关标准的规定；

2) 卷材及其胶粘剂应具有良好的耐水性、耐久性、耐刺穿性、耐腐蚀性和耐菌性。

卷材防水层的卷材品种

表 5-7

类别	品种名称
高聚物改性沥青防水卷材	弹性体改性沥青防水卷材
	改性沥青聚乙烯胎防水卷材
	自粘聚合物改性沥青防水卷材
合成高分子类防水卷材	三元乙丙橡胶防水卷材
	聚氯乙烯防水卷材
	聚乙烯丙纶复合防水卷材
	高分子自粘胶膜防水卷材

(6) 卷材防水层的厚度应符合表 5-8 的规定。

不同品种卷材的厚度

表 5-8

卷材品种	高聚物改性沥青类			合成高分子类防水卷材			
	弹性体改性沥青防水卷材、改性沥青聚乙烯胎防水卷材	自粘聚合物改性沥青防水卷材		三元乙丙橡胶防水卷材	聚氯乙烯防水卷材	聚乙烯丙纶复合防水卷材	高分子自粘胶膜防水卷材
		聚酯毡胎体	无胎体				
单层厚度(mm)	≥4	≥3	≥1.5	≥1.5	≥1.5	卷材≥0.9 粘结料≥1.3 芯材厚度≥0.6	≥1.2
双层总厚度(mm)	≥(4+3)	≥(3+3)	≥(1.5+1.5)	≥(1.2+1.2)	≥(1.2+1.2)	卷材≥(0.7+0.7) 粘结料≥(1.3+1.3) 芯材厚度≥0.5	—

注：带有聚酯毡胎体的自粘聚合物改性沥青防水卷材和无胎体的自粘聚合物改性沥青防水卷材应执行国家现行标准《自粘聚合物改性沥青防水卷材》GB 23441—2009。

（7）阴阳角处应做成圆弧或 45°坡角，其尺寸应根据卷材品种确定。在阴阳角等特殊部位，应增做卷材加强层，加强层宽度宜为 300～500mm。

（8）材料需满足指标

1）高聚物改性沥青类防水卷材的主要物理性能，应符合表 5-9 的要求。

高聚物改性沥青类防水卷材的主要物理性能 表 5-9

项目		性能要求				
		弹性体改性沥青防水卷材			自粘聚合物改性沥青防水卷材	
		聚酯毡胎体	玻纤毡胎体	聚乙烯膜胎体	聚酯毡胎体	无胎体
可溶物含量（g/m²）		3mm 厚≥2100 4mm 厚≥2900			3mm 厚≥2100	—
拉伸性能	拉力（N/50mm）	≥800（纵横向）	≥500（纵横向）	≥140（纵向） ≥120（横向）	≥450（纵横向）	≥180（纵横向）
	延伸率（%）	最大拉力时≥40（纵横向）		断裂时≥250（纵横向）	最大拉力时≥30（纵横向）	断裂时≥200（纵横向）
低温柔度（℃）		−25，无裂纹				
热老化后低温柔度（℃）		−20，无裂缝		−22，无裂纹		
不透水性		压力 0.3MPa，保持时间 120min，不透水				

2）合成高分子类防水卷材的主要物理性能，应符合表 5-10 的要求。

合成高分子类防水卷材的主要物理性能 表 5-10

项目	性能要求			
	三元乙丙橡胶防水卷材	聚氯乙烯防水卷材	聚乙烯丙纶复合防水卷材	高分子自粘胶膜防水卷材
断裂拉伸强度	≥7.5MPa	≥12MPa	≥60N/10mm	≥100N/10mm
断裂伸长率	≥450%	≥250%	≥300%	≥400%
低温弯折性	−40℃，无裂纹	−20℃，无裂纹	−20℃，无裂纹	−20℃，无裂纹
不透水性	压力 0.3MPa，保持时间 120min，不透水			
撕裂强度	≥25kN/m	≥40kN/m	≥20N/10mm	≥120N/10mm
复合强度（表层与芯层）	—	—	≥1.2N/mm	—

3）粘贴各类防水卷材应采用与卷材材性相容的胶粘材料，其粘结质量应符合表 5-11 的要求。

防水卷材粘结质量要求　　　　　　　　　　表 5-11

项目		自粘聚合物改性沥青防水卷材粘合面		三元乙丙橡胶和聚氯乙烯防水卷材胶粘剂	合成橡胶胶粘带	高分子自粘胶膜防水卷材粘合面
		聚酯毡胎体	无胎体			
剪切状态下的粘合性（卷材-卷材）	标准试验条件（N/10mm）≥	40 或卷材断裂	20 或卷材断裂	20 或卷材断裂	20 或卷材断裂	40 或卷材断裂
粘结剥离强度（卷材-卷材）	标准试验条件（N/10mm）≥	15 或卷材断裂		15 或卷材断裂	4 或卷材断裂	
	浸水 168h 后保持率（%）≥	70		70	80	
与混凝土粘结强度（卷材-混凝土）	标准试验条件（N/10mm）≥	15 或卷材断裂		15 或卷材断裂	6 或卷材断裂	20 或卷材断裂

4）聚乙烯丙纶复合防水卷材应采用聚合物水泥防水粘结材料，其物理性能应符合表 5-12 的要求。

聚合物水泥防水粘结材料物理性能　　　　　　　　　　表 5-12

项目		性能要求
与水泥基面的粘结拉伸强度（MPa）	常温 7d	≥0.6
	耐水性	≥0.4
	耐冻性	≥0.4
可操作时间（h）		≥2
抗渗性（MPa,7d）		≥1.0
剪切状态下的粘合性（N/mm,常温）	卷材与卷材	≥2.0 或卷材断裂
	卷材与基面	≥1.8 或卷材断裂

4. 涂料防水层

（1）涂料防水层应包括无机防水涂料和有机防水涂料。无机防水涂料可选用掺外加剂、掺合料的水泥基防水涂料、水泥基渗透结晶型防水涂料。有机防水涂料可选用反应型、水乳型、聚合物水泥等涂料。

（2）无机防水涂料宜用于结构主体的背水面，有机防水涂料宜用于地下工程主体结构的迎水面，用于背水面的有机防水涂料应具有较高的抗渗性，且与基层有较好的粘结性。

（3）防水涂料品种的选择应符合下列规定：

① 潮湿基层宜选用与潮湿基面粘结力大的无机防水涂料或有机防水涂料，也可采用先涂无机防水涂料而后再涂有机防水涂料构成复合防水涂层；

② 冬期施工宜选用反应型涂料；

③ 埋置深度较深的重要工程、有振动或有较大变形的工程，宜选用高弹性防水涂料；

④ 有腐蚀性的地下环境宜选用耐腐蚀性较好的有机防水涂料，并应做刚性保护层；

⑤ 聚合物水泥防水涂料应选用Ⅱ型产品。

（4）采用有机防水涂料时，基层阴阳角应做成圆弧形，阴角直径宜大于 50mm，阳角直径宜大于 10mm，在底板转角部位应增加胎体增强材料，并应增涂防水涂料。

（5）防水涂料宜采用外防外涂或外防内涂（图 5-1、图 5-2）

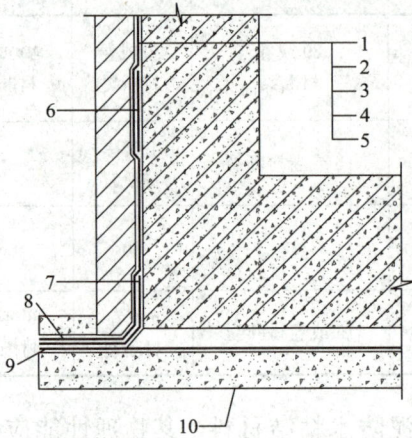

图 5-1　防水涂料外防外涂构造

1—保护墙；2—砂浆保护层；3—涂料防水层；

4—砂浆找平层；5—结构墙体；6—涂料防水层加强层；

7—涂料防水加强层；8—涂料防水层搭接部位保护层；

9—涂料防水层搭接部位；10—混凝土垫层

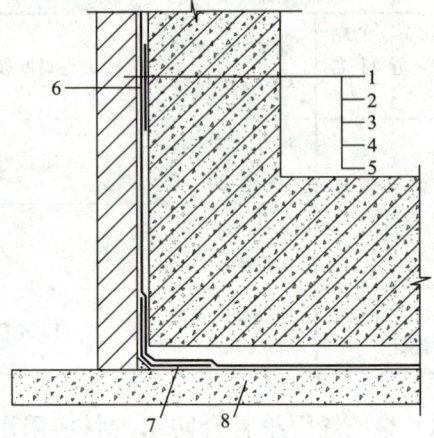

图 5-2　防水涂料外防内涂构造

1—保护墙；2—涂料保护层；3—涂料防水层；

4—找平层；5—结构墙体；6—涂料防水层加强层；

7—涂料防水加强层；8—混凝土垫层

（6）掺外加剂、掺合料的水泥基防水涂料厚度不得小于 3.0mm；水泥基渗透结晶型防水涂料的用量不应小于 1.5kg/m²，且厚度不应小于 1.0mm；有机防水涂料的厚度不得小于 1.2mm。

（7）无机防水涂料的性能指标应符合表 5-13 的规定，有机防水涂料的性能指标应符合表 5-14 的规定。

无机防水涂料的性能指标　　表 5-13

涂料种类	抗折强度（MPa）	粘结强度（MPa）	一次抗渗性（MPa）	二次抗渗性（MPa）	冻融循环（次）
掺外加剂,掺合料水泥基防水涂料	≥4	≥1.0	≥0.8	—	＞50
水泥基渗透结晶型防水涂料	≥4	≥1.0	≥1.0	≥0.8	＞50

有机防水涂料的性能指标　　表 5-14

涂料种类	可操作时间（min）	潮湿基面粘结强度（MPa）	抗渗性（MPa）			浸水 168h 后拉伸强度（MPa）	浸水 168h 后断裂伸长率（%）	耐水性（%）	表干（h）	实干（h）
			涂膜（120min）	砂浆迎水面	砂浆背水面					
反应型	≥20	≥0.5	≥0.3	≥0.8	≥0.3	≥1.7	≥400	≥80	≤12	≤24

续表

| 涂料种类 | 可操作时间(min) | 潮湿基面粘结强度(MPa) | 抗渗性(MPa) | | | 浸水168h后拉伸强度(MPa) | 浸水168h后断裂伸长率(%) | 耐水性(%) | 表干(h) | 实干(h) |
			涂膜(120min)	砂浆迎水面	砂浆背水面					
水乳型	≥50	≥0.2	≥0.3	≥0.8	≥0.3	≥0.5	≥350	≥80	≤4	≤12
聚合物水泥	≥30	≥1.0	≥0.3	≥0.8	≥0.6	≥1.5	≥80	≥80	≤4	≤12

注：1. 浸水168h后的拉伸强度和断裂伸长率是在浸水取出后置擦干即进行试验所得的值；
2. 耐水性指标是指材料浸水168h后取出擦干即进行试验，其粘结强度及抗渗性的保持率。

5. 塑料防水板防水层

（1）塑料防水板防水层宜用于经常受水压、侵蚀性介质或受振动作用的地下工程防水。

（2）塑料防水板防水层宜铺设在复合式衬砌的初期支护和二次衬砌之间。

（3）塑料防水板防水层宜在初期支护结构趋于基本稳定后铺设。

（4）塑料防水板防水层应由塑料防水板与缓冲层组成。

（5）塑料防水板防水层可根据工程地质、水文地质条件和工程防水要求，采用全封闭、半封闭或局部封闭铺设。

（6）塑料防水板防水层应牢固地固定在基面上，固定点的间距应根据基面平整情况确定，拱部宜为 0.5～0.8m、边墙宜为 1.0～1.5m、底部宜为 1.5～2.0m。局部凹凸较大时，应在凹处加密固定点。

（7）塑料防水板主要性能指标应符合表 5-15 的规定。

塑料防水板主要性能指标 表 5-15

| 项目 | 性能指标 | | | |
	乙烯—醋酸乙烯共聚物	乙烯—沥青共混聚合物	聚氯乙烯	高密度聚乙烯
拉伸强度(MPa)	≥16	≥14	≥10	≥16
断裂延伸率(%)	≥550	≥500	≥200	≥550
不透水性，120min(MPa)	≥0.3	≥0.3	≥0.3	≥0.3
低温弯折性	−35℃无裂纹	−35℃无裂纹	−20℃无裂纹	−35℃无裂纹
热处理尺寸变化率(%)	≤2.0	≤2.0	≤2.0	≤2.0

（8）缓冲层宜采用无纺布或聚乙烯泡沫塑料，缓冲层材料的性能指标应符合表 5-16 的规定。

缓冲层材料性能指标 表 5-16

性能指标\ 材料名称	抗拉强度\ （N/50mm）	伸长率（%）	质量（g/m²）	顶破强度（kN）	厚度（mm）
聚乙烯泡沫塑料	＞0.4	≥100	—	≥5	≥5
无纺布	纵横向≥700	纵横向≥50	＞300	—	—

6. 金属防水层

（1）金属防水层可用于长期浸水、水压较大的水工及过水隧道，所用的金属板和焊条的规格及材料性能，应符合设计要求。

（2）金属板的拼接应采用焊接，拼接焊缝应严密。竖向金属板的垂直接缝，应相互错开。

（3）主体结构内侧设置金属防水层时，金属板应与结构内的钢筋焊牢，也可在金属防水层上焊接一定数量的锚固件（图5-3）。

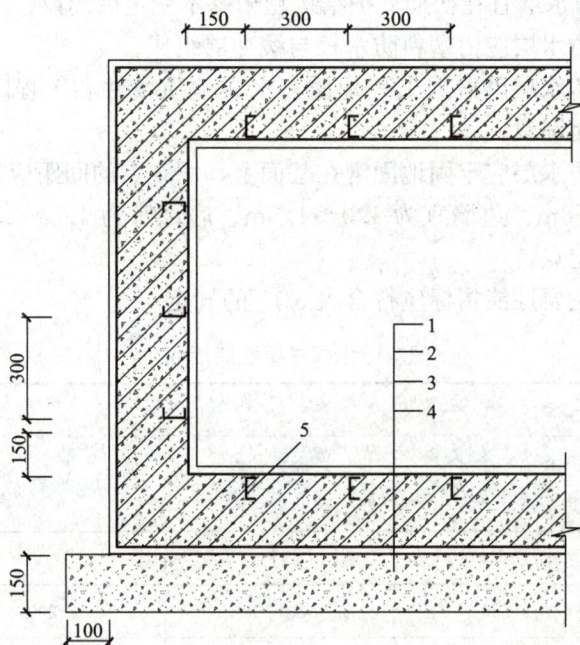

图 5-3　金属板防水层（一）
1—金属板；2—主体结构；3—防水砂浆；4—垫层；5—锚固筋

（4）主体结构外侧设置金属防水层时，金属板应焊在混凝土结构的预埋件上。金属板经焊缝检查合格后，应将其与结构间的空隙用水泥砂浆灌实（图5-4）。

（5）金属板防水层应用临时支撑加固。金属板防水层底板上应预留浇捣孔，并应保证混凝土浇筑密实，待底板混凝土浇筑完后应补焊严密。

（6）金属板防水层如先焊成箱体，再整体吊装就位时，应在其内部加设临时支撑。

（7）金属板防水层应采取防锈措施。

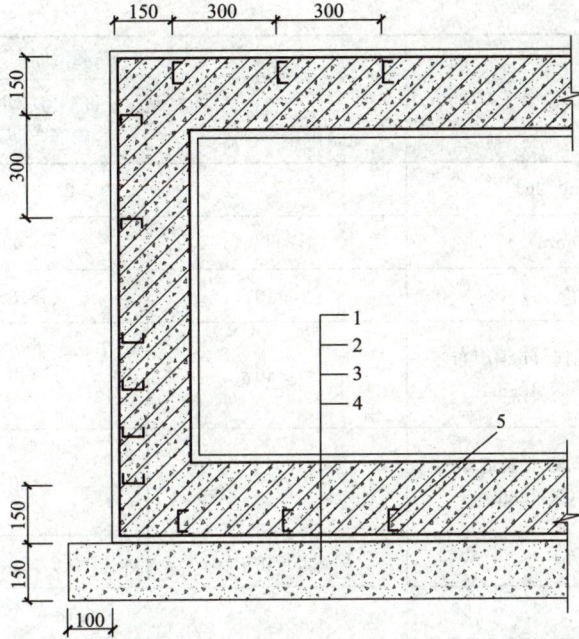

图5-4　金属板防水层（二）
1—金属板；2—主体结构；3—防水砂浆；4—垫层；5—锚固筋

7. 膨润土防水材料防水层

（1）膨润土防水材料包括膨润土防水毯和膨润土防水板及其配套材料，采用机械固定法铺设。

（2）膨润土防水材料防水层应用于 pH 值为 4～10 的地下环境，含盐量较高的地下环境应采用经过改性处理的膨润土，并应经检测合格后使用。

（3）膨润土防水材料防水层应用于地下工程主体结构的迎水面，防水层两侧应具有一定的夹持力。

（4）铺设膨润土防水材料防水层的基层混凝土强度等级不得小于 C15，水泥砂浆强度等级不得低于 M7.5。

（5）阴、阳角部位应做成直径不小于 30mm 的圆弧或 30mm×30mm 的坡角。

（6）变形缝、后浇带等接缝部位应设置宽度不小于 500mm 的加强层，加强层应设置在防水层与结构外表面之间。

（7）穿墙管件部位宜采用膨润土橡胶止水条、膨润土密封膏或膨润土粉进行加强处理。

（8）膨润土防水材料的性能指标应符合表 5-17 的要求。

膨润土防水材料性能指标　　　　　　　　　　　　　　　　　　　　　表 5-17

项目	性能指标		
	针刺法钠基 膨润土防水毯	针刺覆膜法钠基 膨润土防水毯	胶粘法钠基 膨润土防水毯
单位面积质量（g/m²，干重）	≥4000		

项目		性能指标		
		针刺法钠基膨润土防水毯	针刺覆膜法钠基膨润土防水毯	胶粘法钠基膨润土防水毯
膨润土膨胀指数(ml/2g)		≥24		
拉伸轻度(N/100mm)		≥600	≥700	≥600
最大负荷下伸长率(%)		≥10	≥10	≥8
剥离强度	非制造布-编织布 (N/10cm)	≥40	≥40	
	PE膜-非制造布 (N/10cm)		≥30	
渗透系数(cm/s)		≤5×10^{-11}	≤5×10^{-12}	≤1×10^{-13}
滤失量(ml)		≤18		
膨润土耐久性(ml/2g)		≥20		

8. 地下工程种植顶板防水

（1）地下工程种植顶板的防水等级应为一级。

（2）种植土与周边自然土体不相连，且高于周边地坪时，应按种植屋面要求设计。

（3）地下工程种植顶板结构应符合下列规定：

1）种植顶板应为现浇防水混凝土，结构找坡，坡度宜为1%～2%；

2）种植顶板厚度不应小于250mm，最大裂缝宽度不应大于0.2mm，并不得贯通；

3）种植顶板的结构荷载设计应按国家现行标准《种植屋面工程技术规程》JGJ 155的有关规定执行。

（4）地下室顶板面积较大时，应设计蓄水装置；寒冷地区的设计，冬秋季时宜将种植土中的积水排出。

（5）种植顶板防水设计应包括主体结构防水、管线、花池、排水沟、通风井和亭、台、架、柱等构配件的防排水、泛水设计。

（6）地下室顶板为车道或硬铺地面时，应根据工程所在地区现行建筑节能标准进行绝热（保温）层的设计。

（7）少雨地区的地下工程顶板种植土宜与大于1/2周边的自然土体相连，若低于周边土体时，宜设置蓄排水层。

（8）种植土中的积水宜通过盲沟排至周边土体或建筑排水系统。

（9）地下工程种植顶板的防排水构造应符合下列要求：

1）耐根穿刺防水层应铺设在普通防水层上面。

2）耐根穿刺防水层表面应设置保护层，保护层与防水层之间应设置隔离层。

3）排（蓄）水层应根据渗水性、储水量、稳定性、抗生物性和碳酸盐含量等因素进行设计；排（蓄）水层应设置在保护层上面，并应结合排水沟分区设置。

4）排（蓄）水层上应设置过滤层，过滤层材料的搭接宽度不应小于 200mm。

5）种植土层与植被层应符合国家现行标准《种植屋面工程技术规程》JGJ 155 的有关规定。

（10）地下工程种植顶板防水材料应符合下列要求：

1）绝热（保温）层应选用密度小、压缩强度大、吸水率低的绝热材料，不得选用散状绝热材料；

2）耐根穿刺层防水材料的选用应符合国家相关标准的规定或具有相关权威检测机构出具的材料性能检测报告；

3）排（蓄）水层应选用抗压强度大且耐久性好的塑料排水板、网状交织排水板或轻质陶粒等轻质材料。

（11）细部构造规定

1）防水层下不得埋设水平管线。垂直穿越的管线应预埋套管，套管超过种植土的高度应大于 150mm。

2）变形缝应作为种植分区边界，不得跨缝种植。

3）种植顶板的泛水部位应采用现浇钢筋混凝土，泛水处防水层高出种植土应大于 250mm。

4）泛水部位、水落口及穿顶板管道四周宜设置 200～300mm 宽的卵石隔离带。

5.1.4　地下工程结构细部构造防水

1. 变形缝

建筑物在外部因素作用下常会产生变形，导致开裂甚至破坏。变形缝是针对这种情况而设置的构造缝。变形缝又分为伸缩缝、沉降缝和防震缝三种形式。由于变形缝形式较为复杂，并且长期处于形变过程中，所以该部位防水处理就更为重要，稍有不慎便会出现渗漏，直接影响建筑物的使用功能和长期耐久性。

（1）变形缝应满足密封防水、适应变形、施工方便、检修容易等要求。

（2）用于伸缩的变形缝宜少设，可根据不同的工程结构类别、工程地质情况采用后浇带、加强带、诱导缝等替代措施。

（3）变形缝处混凝土结构的厚度不应小于 300mm。

（4）用于沉降的变形缝最大允许沉降差值不应大于 30mm。

（5）变形缝的宽度宜为 20～30mm。

（6）变形缝的防水措施可根据工程开挖方法、防水等级按本书表 5-3、5-4 选用。变形缝的几种复合防水构造形式，如图 5-5～图 5-7 所示。

（7）环境温度高于 50℃处的变形缝，中埋式止水带可采用金属制作（图 5-8）。

（8）变形缝用橡胶止水带的物理性能应符合表 5-18 的要求。

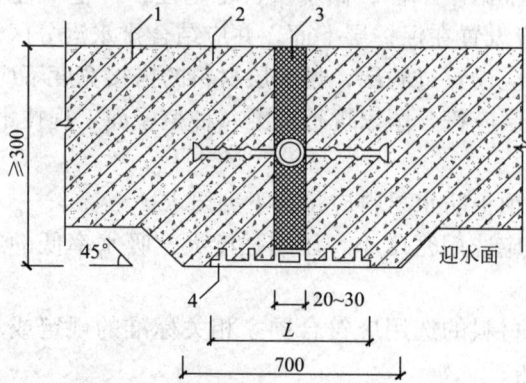

图 5-5　中埋式止水带与外贴防水层复合使用

外贴式止水带 $L\geqslant300$ 外贴防水卷材 $L\geqslant400$ 外涂防水涂层 $L\geqslant400$

1—混凝土结构；2—中埋式止水带；3—填缝材料；4—外贴止水带

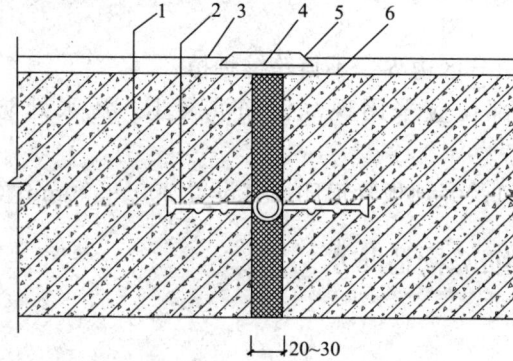

图 5-6　中埋式止水带与嵌缝材料复合使用

1—混凝土结构；2—中埋式止水带；3—防水层；

4—隔离层；5—密封材料；6—填缝材料

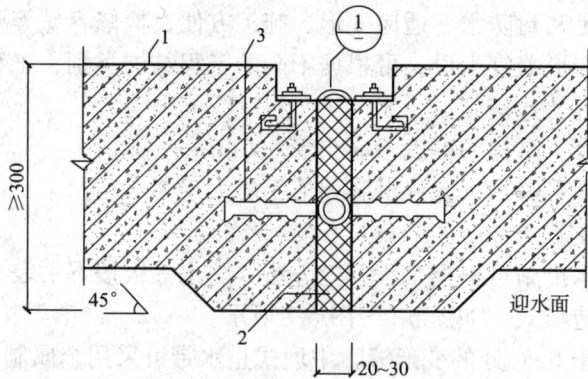

图 5-7　中埋式止水带与可卸式止水带复合使用（一）

1—混凝土结构；2—填缝材料；3—中埋式止水带；

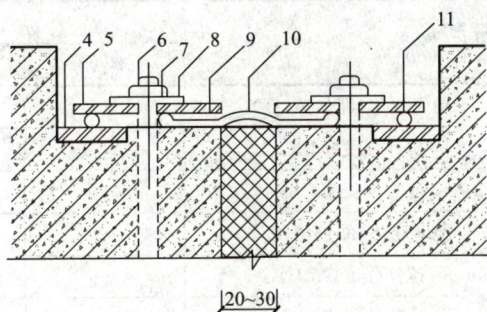

图 5-7　中埋式止水带与可卸式止水带复合使用（二）

4—预埋钢板；5—紧固件压板；6—预埋螺栓；

7—螺母；8—垫圈；9—紧固件压块；

10—Ω形止水带；11—紧固件圆钢

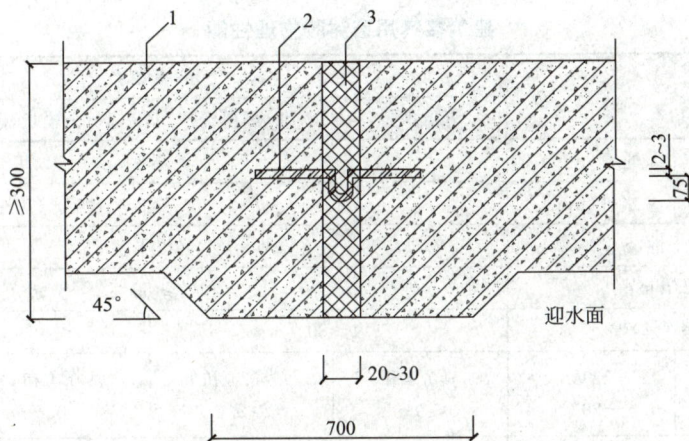

图 5-8　中埋式金属止水带

1—混凝土结构；2—金属止水带；3—填缝材料

橡胶止水带物理性能　　　　　　　　　　　　表 5-18

项目		性能要求		
		B 型	S 型	J 型
硬度（邵尔 A，度）		60±5	60±5	60±5
拉伸强度（MPa）		≥15	≥12	≥10
扯断伸长率（%）		≥380	≥380	≥300
压缩永久变形（%）	70℃×24h	≤35	≤35	≤25
	23℃×168h	≤20	≤20	≤20
撕裂强度（kN/m）		≥30	≥25	≥25
脆性温度（℃）		≤−45	≤−40	≤−40

续表

项目			性能要求		
			B 型	S 型	J 型
热空气老化	70℃×168h	硬度变化(邵尔 A,度)	+8	+8	—
		拉伸强度(MPa)	≥12	≥10	—
		扯断伸长率(%)	≥300	≥300	—
	100℃×168h	硬度变化(邵尔 A,度)	—	—	+8
		拉伸强度(MPa)	—	—	≥9
		扯断伸长率(%)	—	—	≥250
橡胶金属粘合			断面在弹性体内		

注:1. B 型适用于变形缝用止水带,S 型适用于施工缝用止水带,J 型适用于有特殊耐老化要求的接缝用止水带;
2. 橡胶与金属粘合指标仅适用于具有钢边的止水带。

(9)密封材料应采用混凝土建筑接缝用密封胶,不同模量的建筑接缝用密封胶的物理性能应符合表 5-19 的要求。

建筑接缝用密封胶物理性能   表 5-19

项目			性能要求			
			25(低模量)	25(高模量)	20(低模量)	20(高模量)
流动性	下垂度(N 型)	垂直(mm)	≤3			
		水平(mm)	≤3			
	流平性(S 型)		光滑平整			
挤出性(ml/min)			≥80			
弹性恢复率(%)			≥80		≥60	
拉伸模量(MPa)	23℃ −20℃		≤0.4 和 ≤0.6	>0.4 和 >0.6	≤0.4 和 ≤0.6	>0.4 和 >0.6
定伸粘结性			无破坏			
浸水后定伸粘结性			无破坏			
热压冷拉后定伸粘结性			无破坏			
体积收缩率			≤25			

注:体积收缩率仅适用于乳胶型和溶剂型产品。

2. 后浇带

后浇带是在建筑施工中为防止现浇钢筋混凝土结构由于自身收缩不均或沉降不均可能产生的有害裂缝,按照设计或施工规范要求,在基础底板、墙、梁相应位置留设的混凝土带。

(1)后浇带宜用于不允许留设变形缝的工程部位。

(2)后浇带应在其两侧混凝土龄期达到 42d 后再施工;高层建筑的后浇带施工应按规定时间进行。

(3)后浇带应采用补偿收缩混凝土浇筑,其抗渗和抗压强度等级不应低于两侧混凝土。

（4）后浇带应设在受力、和变形较小的部位，其间距和位置应按结构设计要求确定，宽度宜为 700～1000mm。

（5）后浇带两侧可做成平直缝或阶梯缝，其防水构造形式宜采用图 5-9～图 5-11。

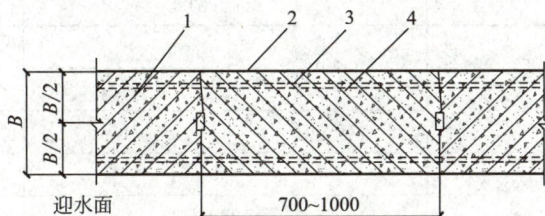

图 5-9　后浇带防水构造（一）
1—先浇混凝土；2—遇水膨胀止水条（胶）；3—结构主筋；4—后浇补偿收缩混凝土

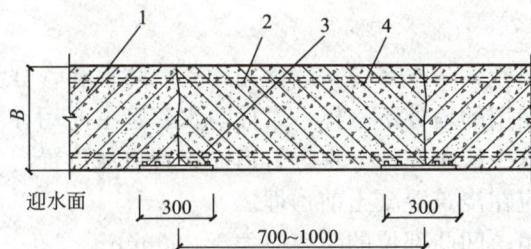

图 5-10　后浇带防水构造（二）
1—先浇混凝土；2—结构主筋；3—外贴式止水带；4—后浇补偿收缩混凝

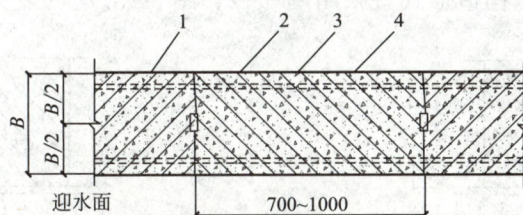

图 5-11　后浇带防水构造（三）
1—先浇混凝土；2—遇水膨胀止水条（胶）；3—结构主筋；4—后浇补偿收缩混凝土

（6）采用掺膨胀剂的补偿收缩混凝土，水中养护 14d 后的限制膨胀率不应小于 0.015%，膨胀剂的掺量应根据不同部位的限制膨胀率设定值经试验确定。

（7）用于补偿收缩混凝土的水泥、砂、石、拌合水及外加剂、掺合料等应符合 5.1.3 节规定。

（8）混凝土膨胀剂的物理性能应符合表 5-20 的要求。

混凝土膨胀剂物理性能　　　　　　　　　　　　　表 5-20

项目		性能指标
细度	比表面积（m²/kg）	≥250
	0.08mm 筛余（%）	≤12
	1.25mm 筛余（%）	≤0.5

续表

项目			性能指标
凝结时间	初凝(min)		≥45
	终凝(h)		≤10
限制膨胀率(%)	水中	7d	≥0.025
		28d	≤0.10
	空气中	21d	≥−0.020
抗压强度(MPa)	7d		≥25.0
	28d		≥45.0
抗折强度(MPa)	7d		≥4.5
	28d		≥6.5

3. 穿墙管（盒）

穿墙套管又叫作穿墙管，防水套管，墙体预埋管，防水套管分为刚性防水套管和柔性防水套管。两者主要是使用的地方不一样，柔性防水套管主要用在人防墙，水池等要求很高的地方，刚性防水套管一般用在地下室等管道需穿管道地位置。

（1）穿墙管（盒）应在浇筑混凝土前预埋。

（2）穿墙管与内墙角、凹凸部位的距离应大于 250mm。

（3）结构变形或管道伸缩量较小时，穿墙管可采用主管直接埋入混凝土内的固定式防水法，主管应加焊止水环或环绕遇水膨胀止水圈，并应在迎水面预留凹槽，槽内应采用密封材料嵌填密实。其防水构造形式宜采用图 5-12、图 5-13。

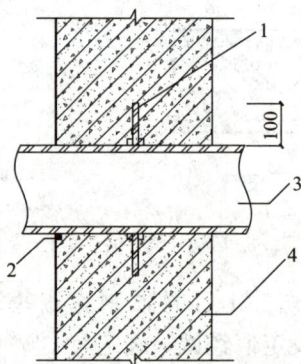

图 5-12　固定式穿墙管防水构造（一）
1—止水环；2—密封材料；3—主管；4—混凝土结构

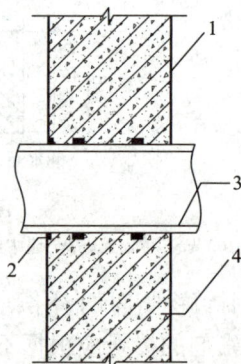

图 5-13　固定式穿墙管防水构造（二）
1—遇水膨胀止水圈；2—密封材料；3—主管；4—混凝土结构

（4）结构变形或管道伸缩量较大或有变更要求时，应采用套管式防水法，套管应加焊止水环（图 5-14）。

（5）穿墙管防水施工时应符合下列要求：

① 金属止水环应与主管或套管满焊密实，采用套管式穿墙防水构造时，翼环与套管应满焊密实，并应在施工前将套管内表面清理干净；

② 相邻穿墙管间的间距应大于 300mm；

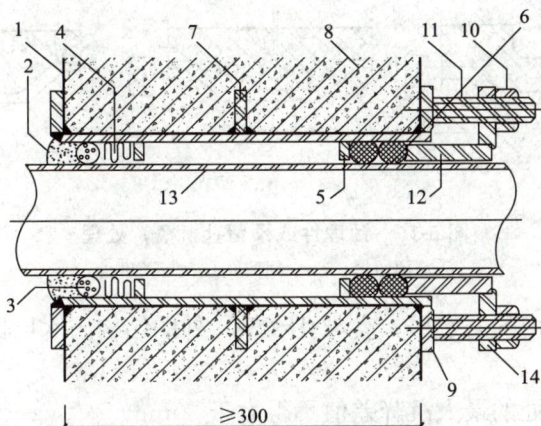

图 5-14　套管式穿墙管防水构造

1—翼环；2—密封材料；3—背衬材料；4—填充材料；5—挡圈；6—套环；7—止水环；
8—橡胶圈；9—翼盘；10—螺母；11—双头螺栓；12—短管；13—主管；14—法兰盘

③ 采用遇水膨胀止水圈的穿墙管，管径宜小于 50mm，止水圈应采用胶粘剂满粘固定于管上，并应涂缓胀剂或采用缓胀型遇水膨胀止水圈。

（6）穿墙管线较多时，宜相对集中，并应采用穿墙盒方法。穿墙盒的封口钢板应与墙上的预埋角钢焊严，并应从钢板上的预留浇筑孔注入柔性密封材料或细石混凝土（图 5-15）。

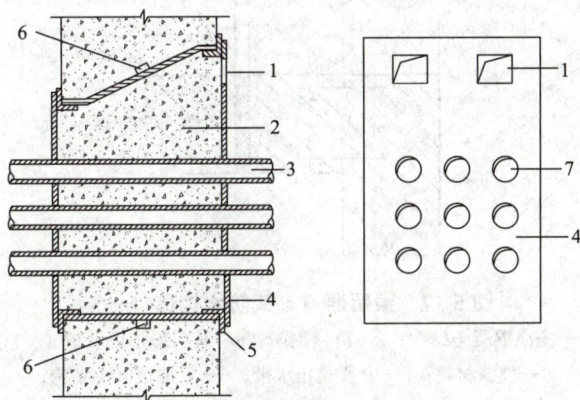

图 5-15　穿墙群管防水构造

1—浇筑孔；2—柔性材料或细石混凝土；3—穿墙孔；4—封口钢板；
5—固定角钢；6—遇水膨胀止水条；7—预留孔

（7）当工程有防护要求时，穿墙管除应采取防水措施外，尚应采取满足防护要求的措施。

（8）穿墙管伸出外墙的部位，应采取防止回填时将管体损坏的措施。

4. 埋设件

（1）结构上的埋设件应采用预埋或预留孔（槽）等。

（2）埋设件端部或预留孔（槽）底部的混凝土厚度不得小于 250mm，当厚度小于 250mm 时，应采取局部加厚或其他防水措施（图 5-16）。

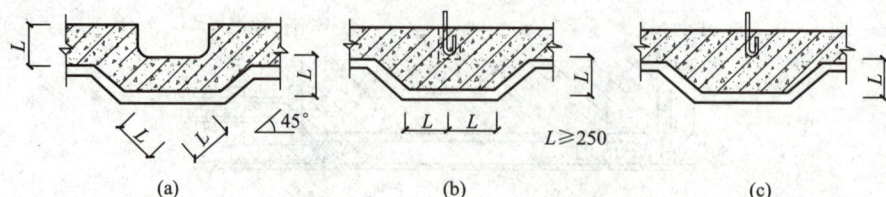

图 5-16　预埋件或预留孔（槽）处理
(a) 预留槽；(b) 预留孔；(c) 预埋件

（3）预留孔（槽）内的防水层，宜与孔（槽）外的结构防水层保持连续。

5. 预留通道接头

（1）预留通道接头处的最大沉降差值不得大于 30mm。

（2）预留通道接头应采取变形缝防水构造形式（图 5-17、图 5-18）。

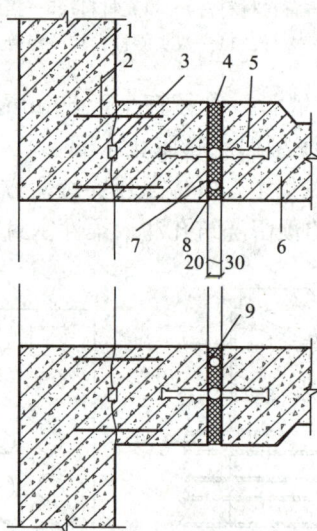

图 5-17　预留通道接头防水构造（一）
1—先浇混凝土结构；2—链接钢筋；3—遇水膨胀止水条（胶）；
4—填缝材料；5—中埋式止水带；6—后浇混凝土结构；
7—遇水膨胀橡胶条（胶）；8—密封材料；9—填充材料

（3）预留通道接头的防水施工应符合下列规定：

① 中埋式止水带、遇水膨胀橡胶条（胶）、预埋注浆管、密封材料、可卸式止水带的施工应符合本书第 5.1 节的有关规定；

② 预留通道先施工部位的混凝土、中埋式止水带和防水相关的预埋件等应及时保护，并应确保端部表面混凝土和中埋式止水带清洁，埋设件不得锈蚀；

③ 采用图 5-17 的防水构造时，在接头混凝土施工前应将先浇混凝土端部表面凿毛，露出钢筋或预埋的钢筋接驳器钢板，与待浇混凝土部位的钢筋焊接或连接好后再行浇筑；

④ 当先浇混凝土中未预埋可卸式止水带的预埋螺栓时，可选用金属或尼龙的膨胀螺栓固定可卸式止水带。采用金属膨胀螺栓时，可选用不锈钢材料或用金属涂膜、环氧涂料

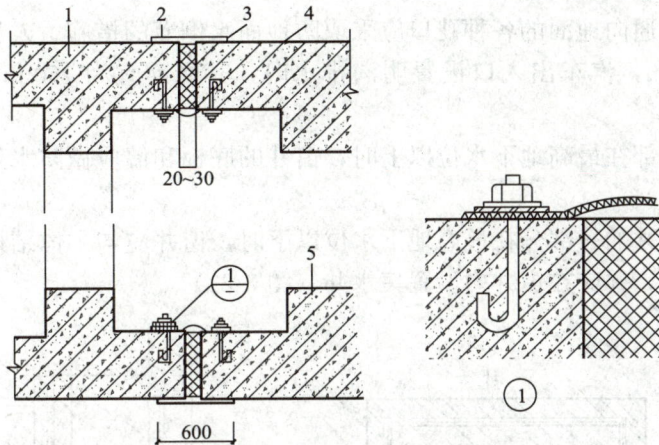

图 5-18　预留通道接头防水构造（二）

1—先浇混凝土结构；2—防水涂料；3—填缝材料；4—可卸式止水带；5—后浇混凝土结构

等涂层进行防锈处理。

6. 桩头

（1）桩头所用防水材料应具有良好的粘结性、湿固化性；

（2）桩头防水材料应与垫层防水层连为一体；

（3）桩头防水构造形式应符合图 5-19、图 5-20。

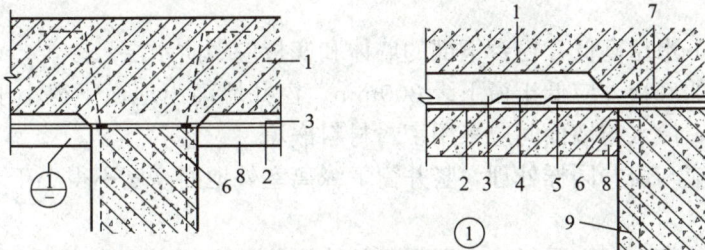

图 5-19　桩头防水构造（一）

1—结构底板；2—底板防水层；3—细石混凝土保护层；4—防水层；5—水泥基渗透结晶型防水涂料；

6—桩基受力筋；7—遇水膨胀止水条（胶）；8—混凝土垫层；9—桩基混凝土

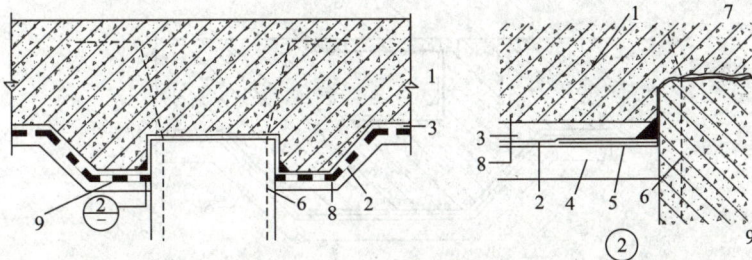

图 5-20　桩头防水构造（二）

1—结构底板；2—底板防水层；3—细石混凝土保护层；4—聚合物水泥防水砂浆；5—水泥基渗透结晶型防水涂料；

6—桩基受力筋；7—遇水膨胀止水条（胶）；8—混凝土垫层；9—密封材料

127

7. 孔口

（1）地下工程通向地面的各种孔口应采取防地面水倒灌的措施。人员出入口高出地面的高度宜为 500mm，汽车出入口设置明沟排水时，其高度宜为 150mm，并应采取防雨措施。

（2）窗井的底部在最高地下水位以上时，窗井的底板和墙应做防水处理，并宜与主体结构断开（图 5-21）。

（3）窗井或窗井的一部分在最高地下水位以下时，窗井应与主体结构连成整体，其防水层也应连成整体，并应在窗井内设置集水井（图 5-21）。

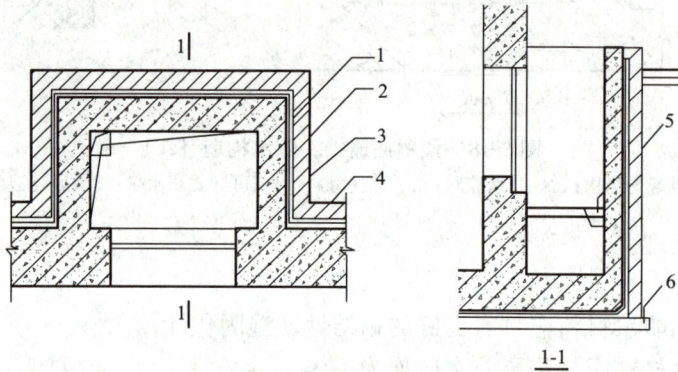

图 5-21　窗井防水构造

1—窗井；2—防水层；3—主体结构；4—防水层保护层；5—集水井；6—垫层

（4）无论地下水位高低，窗台下部的墙体和底板应做防水层。

（5）窗井内的底板，应低于窗下缘 300mm。窗井墙高出地面不得小于 500mm。窗井外地面应做散水，散水与墙面间应采用密封材料嵌填。

（6）通风口应与窗井同样处理，竖井窗下缘离室外地面高度不得小于 500mm。

8. 坑、池

（1）坑、池、储水库宜采用防水混凝土整体浇筑，内部应设防水层。受振动作用时应设柔性防水层。

（2）底板以下的坑、池，其局部底板应相应降低，并应使防水层保持连续（图 5-22）。

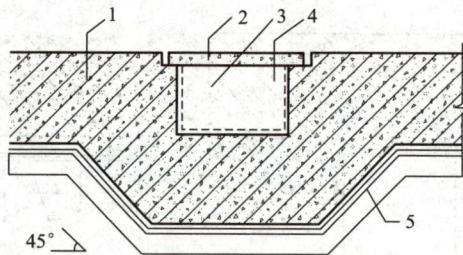

图 5-22　底板下坑、池的防水构造

1—底板；2—盖板；3—坑、池防水层；4—坑、池；5—主体结构防水

5.1.5　地下工程排水（图 5-23）

图 5-23　渗排水层构造

1—结构底板；2—细石混凝土；3—底板防水层；4—混土垫层；

5—隔浆层；6—粗砂过滤层；7—集水管；8—集水管座

5.1.6　地下工程注浆防水

【地下工程防水设计实例解析】

1. 工程概况

某住宅小区项目，项目设计规模为大型，结构类型为框架剪力墙，建筑面积为 134665.68m²，其中地下部分面积为 20573.82m²，地下一层，基底标高为 −5.600m，层高 4.5m，地下水主要用途为地下车库、地下人防、设备用房、变配电室等。停车方式为垂直式，地下共分十个防火分区。该地区最高水位为 −6.200m。

5-1 地下工程排水设计

2. 防水等级和要求

先确定适当的防水等级和设防要求，这主要是根据工程的重要性和使用中对防水的要求，按照《地下工程防水技术规范》GB 50108—2008，按工程结构允许渗漏水量划分为四级，即所要达到的标准。本工程为民用建筑，地下室用途为车库、人防、变配电室，其中变配电室十分重要，不允许有渗水和漏水现象出现，所以其防水等级通常可定为一级。其他区域虽然也属于人员经常活动的场所，但是有少量湿渍并不会使食物变质、失效，或者使设备无法运转、影响工程安全，故其他区域防水等级为二级。

5-2 地下工程注浆防水

防水等级确定以后，相应的设防要求也就明确了，一级要求三道设防，二级要求二道设防；其中必须有一道主体结构自防水，即钢筋混凝土结构应采用防水混凝土。

3. 确定防水混凝土的抗渗等级

防水混凝土属于刚性防水，也是地下防水的主要层次。防水混凝土可以通过调整配合

比，掺加外加剂、高分子聚合物等掺合料配制而成，主要是减少孔隙率，增加各原材料界面间的密实性或使混凝土产生补偿收缩作用，从而达到一定的抗裂、防渗能力：防水混凝土的设计抗渗等级应符合规范要求，并不得小于P6。抗渗等级和工程埋置深度有关，本工程埋设深度在 10m 以内。施工过程中，防水混凝土的配合比应通过试验确定，抗渗等级应比设计要求提高一级（0.2MPa）。

实践证明，由于温差、材料收缩和地基不均匀沉降等因素的影响，混凝土和钢筋混凝土结构必然会产生各种裂缝，而水分子可以穿过任何肉眼可见和不可见的裂缝，这就需要自防水混凝土结构外增加附加防水层，做到刚柔相济，多道防水。

4. 其他防水层选用的材料及其技术指标

附加防水层按规范要求，一级应选 1～2 种，二级应选 1 种。附加防水层的材料一般包括防水砂浆、有机防水卷材、防水涂料。其中水泥砂浆防水层可用在结构主体的迎水面或背水面，包括普通水泥砂浆、聚合物水泥防水砂浆、掺外加剂或掺合料防水砂浆，施工宜采用多层抹压法。有机防水卷材包括高聚物改性沥青类和合成高分子类防水卷材卷材防水层 适用于受侵蚀性介质作用或受振动作用的地下工程，应铺设在混凝土结构主体的迎水面，并在底板垫层至墙体顶端外围形成封闭的防水层。

防水卷材是一种多层次的柔性防水层，有良好的韧性和可变性，力学性能优异，能适应工程的下沉、收缩引起的微小变形，并有一定的抗腐蚀能力。所以目前是使用较为广泛的防水材料之一，它的缺点是耐久性不够好，一般为 15～20 年，施工比较复杂，成本较高。

防水涂料包括无机防水涂料和有机防水涂料。无机防水涂料可以选用水泥基防水涂料、聚合物改 性水泥基防水涂料、水泥基渗透结晶型涂料。有机防水涂料可以选用反应型、水乳型、水泥聚合物基防水涂料。有机防水涂料宜用在结构主体的迎水面，无机防水涂料宜用在结构主体的背水面。

本工程地下室变配电室区域防水选用"3＋4"SBS 改性沥青防水卷材两道，均为Ⅱ型，地下室其他区域选择 SBS 改性沥青防水卷材一道，4mm，Ⅱ型，还需要在变配电室周围墙体内侧涂刷水泥基渗透结晶防水涂料，厚度不小于 1mm，用量不少于 1.5kg/m²。地下室顶板上部为种植区域，需按照一级防水来进行设防，其防水层既要可以防水，又要具备防止植物根系穿破的能力。故需要设置一层普通防水层＋一层耐根穿刺防水层，分别为 4mmSBS 高聚物改性沥青防水卷材（下）和 4mmSBS 高聚物改性沥青耐根穿刺防水卷材（上）。由于卷材力学性能优异，并且提前在工厂预制成型，可靠度高，故优先作为地下工程外防水材料使用。

5. 工程细部构造的防水设计

为了确保地下工程的整体性、密封性，还应注意各种细部构造的防水措施。建筑工程中经常遇到的部位包括变形缝、施工缝、后浇带、通风口（井）、窗井、通道口、穿墙管和预埋件以及桩头等。由于涉及的情况比较复杂，下面仅就常见的情况加以设计说明。

变形缝、施工缝、后浇带的防水措施可以根据工程的开挖方法、防水等级按规范规定选用。变形缝的防水构造一般由止水带、填缝材料、密封料三部分组成。止水带应具有在混凝土中锚固、止水及适应变形的性能，以采用金属、塑料和橡胶止水带为宜；止水带的放置方式一般分为中埋式及外贴式，其中外贴式止水带一般用于底板或墙壁。填缝材料应具有适应变形的能力，并对止水带及密封料起到支撑和背衬作用，通常选用聚乙烯泡沫塑料板、防腐软木板、沥青纤维板。密封料可以起到止水密封的作用，布置在迎水面，可选用聚硫橡胶、聚氨酯、硅胶等。施工缝是防水的薄弱部位，应尽量不留或少留。顶板、底板不宜留施工缝；墙体必须留缝时，只准留水平施工缝。施工缝常用的止水措施是遇水膨胀橡胶止水条。在遇到缝隙中的渗漏水后，止水条的体积可以在短时间内膨胀，将缝隙胀填密实，阻止渗透水通过。

地下工程中的穿墙管和预埋件应在浇筑混凝土之前预埋。如果结构变形或管道伸缩量较小，穿墙管可采用主管直接埋入混凝土内的固定式防水法；如果结构变形或管道伸缩量较大，或者有更换要求时，应采用套管式防水法，套管应加焊止水环。如果穿墙管线较多，可以集中布置，采用穿墙盒。穿墙盒的封口钢板应于墙上的预埋角钢焊严，并从钢板上预留浇筑孔注入改性沥青等柔性密封材料。

通风井也是地下工程经常遇到的，它的防水做法和窗井基本相同。如果底部在最高地下水位以上，可按防潮要求处理，底板和墙与主体断开，以防止不均匀沉降使主体的防水层破坏；如果处于地下水位以下，应与主体连成整体，同时防水层也必须做成连续的。

如果结构基础采用桩基，桩头处的防水处理就应做到既保证将底板与桩头牢固粘结在一起，又能和底板垫层大面积的防水层连成一个连续的防水层。所以就不能采用柔性防水层，也不宜采用涂膜类防水层，一般可采用聚合物水泥砂浆或者水泥渗透结晶型防水涂料，并与其他材料连接过渡，以解决地下工程桩基防水。

6. 防排水系统及各种洞口的防倒灌措施

为了保证地下工程的防水效果，还需做好排水及地面截水、疏水。有自流排水条件的工程，应采用自流排水法。无自流排水条件、防水要求较高且有抗浮要求的工程，可采用渗排水、盲沟排水。渗排水适用于地下水为上层滞水的地下工程；盲沟排水一般适用于地基为弱透水性土层、地下水量不大、排水面积不大的地下工程。

相比于其他类型的建筑物来说，水池结构是一种比较特殊的结构形式，其通常也被称为是储液池，也就是用来储存水或者其他液体的池子。其在给排水工程、石油及化工等多个行业都有着十分广泛的应用，例如我们经常见到的沉淀池、污水池等。同时在民用建筑中，其也是一个重要的配套设施，如蓄水池、污水池、消防水池、地下化粪池、游泳池等。

水池、泳池有埋在地下的，也有设在地面上、室内或屋面上的，地面以上的只要防止水向外渗漏，防水层设在迎水面（池内），而设在地下的池子，既要防止水向外渗漏，又要防止地下水浸入池内，所以在池内池外均需设置防水层。一般水池、泳池为了清洁，避免微生物的侵害，池内均有面砖装饰层，方便使用时清理。

水池结构的抗渗性由其使用功能决定，一旦其出现渗水、漏水等情况，不仅对水池的使用稳定性造成影响，更容易对其周边建筑、设施安全造成严重损害，由此可见，做好地下水池结构的防水抗渗工作尤为重要。

5.2 地下水池防水设计

5-3 地下
水池设计

思考与练习

1. 思考题

（1）地下工程防水设计的基本原则是什么？

（2）地下工程防水设计，应包括哪些内容？

（3）地下工程防水共分为几个等级？因有少量湿渍会使物品变质、失效的贮物场所及严重影响设备正常运转和危及工程安全运营的部位应采用几级防水设防方可符合要求？

5-5 思考
与练习
答案

（4）某项目地下结构埋深 15m，其混凝土抗渗等级是多少？混凝土结构厚度最少为多少？

（5）弹性体改性沥青防水卷材（聚酯胎）用在地下防水工程中，其拉伸性能和低温柔性需要满足什么要求？如果想达到一级设防，那么两层高聚物改性沥青卷材厚度应大于多少？

（6）涂料防水层应包括哪两大类？如何适用于迎水面或背水面？

（7）地下工程种植顶板防水应为几级设防？采用结构找坡时，坡度宜为多少？

（8）变形缝共分为几种形式？其宽度宜为多少？

（9）后浇带应在其两侧混凝土龄期达到多少天方可浇筑？其宽度宜为多少？

（10）渗排水管宜采用何种管道？渗排水管应在哪位位置设置检查井？井底距渗排水管底应留设多高的沉淀部分？

2. 拓展训练

某民用住宅项目地下室为一级防水设防，设计采用弹性体改性沥青防水卷材二道，均为 3mm，为了保证防水效果，卷材铺贴在混凝土背水面。混凝土强度等级为 C35，抗渗等级为 P4，混凝土垫层强度等级为 C15，厚度为 80mm，地下室混凝土底板厚度 500mm，侧墙厚度为 300mm。以上描述中，是否全部正确？如不正确请写出正确做法。

地下防水
节点大样
图

项目6

建筑防水工程施工

Chapter 06

教学目标

1.掌握防水卷材施工工艺及要求；掌握防水涂料的施工工艺与要求；掌握防水涂料施工安全技术；掌握细石混凝土刚性防水的施工知识；掌握金属板防水屋面施工知识。掌握屋面接缝密封材料施工方法；掌握地下工程渗漏维修的施工方法；掌握注浆施工方法。

2.熟悉防水卷材的分类及施工特点；熟悉防水卷材的施工条件和要求；熟悉防水涂料的分类及施工特点；熟悉防水涂料的施工条件和要求；熟悉刚性防水特点及材料分类；熟悉金属防水材料分类及类型；熟悉密封材料的分类及特点；熟悉注浆材料的性能。

3.会防水卷材施工方案的编制及施工现场指导；能够依据施工条件选择正确的卷材防水施工方法；会正确选择防水涂料，能够进行防水涂料施工方案的编制及现场施工指导；会依据施工条件选择防水涂料的施工方法，能够指导防水涂料的施工；能够正确选择刚性防水的施工方法；能够指导刚性防水现场施工及编制施工方案；会指导金属板屋面防水施工及施工方案的编制；能够依据施工条件选择防水材料及施工方法；能够指导屋面接缝密封材料的现场施工；会依据施工条件正确选择密封材料；能够指导注浆现场施工；能够编制注浆施工方案；能够指导地下工程渗漏维修的施工。

思政目标

学习者通过对防水工程施工工艺和施工方法的学习，培养精益求精的工匠精神；通过对防水工程防渗漏方案的编制，增强学习者的社会责任意识；通过对国家验收规范的学习，增强学习者按照规范规程办事的意识，树立学习者遵纪守法的意识和人民为中心的家国情怀。

思维导图

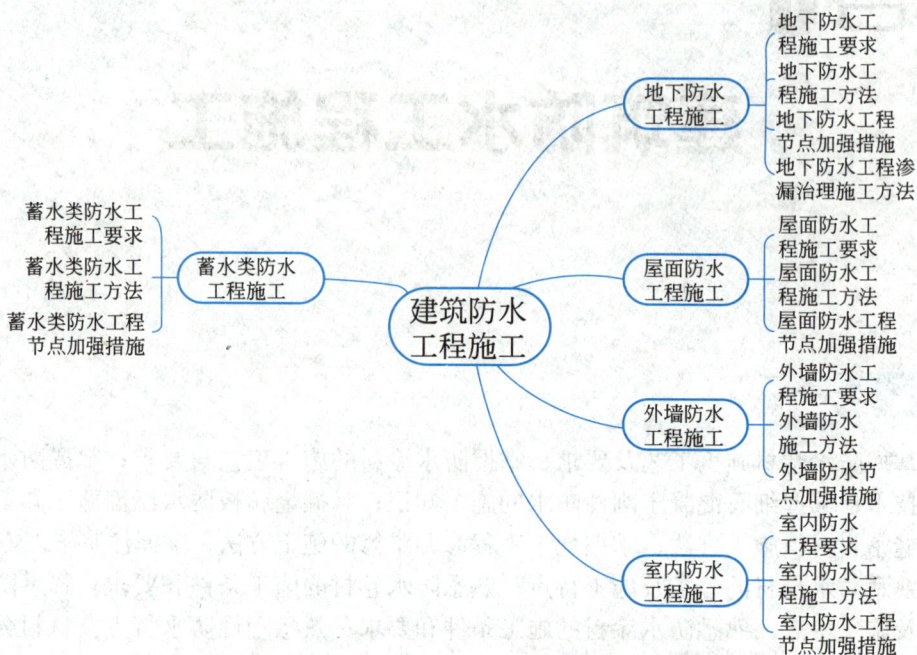

引文

　　对整个建筑工程而言，防水所占工程量不大，但关系重大。常言说"防水失败的建筑是没有用途的建筑"。防水属于隐蔽工程，如果发生渗漏，将给方方面面造成巨大的损失，需要花大量的精力和时间重新翻修，投入的维修费用和造成的社会影响极大。因此，防水可以说得上是"安居"的第一步，重要性不言而喻。据中国建筑防水协会统计，全国既有建筑已达 700 亿 m^2，渗漏率达 95.33％。渗漏主要原因为防水选材和施工质量问题造成，特别是建筑施工问题更加突出，现已成为行业内关注主要问题。

6.1 地下防水工程施工

6.1.1 地下防水工程施工要求

　　1.地下防水工程施工应遵照按图施工、材料检验、工序检查、过程控制、质量验收的原则。

所采用的防水材料应有产品合格证书和性能检测报告，材料的品种、规格、性能等应符合现行国家产品标准和设计要求。材料进场后应抽样复检，不合格的材料不得在地下防水工程中使用。

2.地下防水工程施工由具备相应资质的专业队伍进行施工，作业人员应持证上岗。施工之前应通过图纸会审，掌握施工图中的细部构造及有关技术要求。

施工单位应编制地下防水工程施工方案及技术措施，并应进行现场安全技术交底。

3.施工过程中，应建立各道工序的自检、交接检和专职人员检查的三检制度，并有完整的检查记录。

每道工序完成后，应经过监理单位检查验收，合格后方可进行下道工序的施工。下道工序施工前，应对已经完成验收的地下防水工程采取保护措施。

6.1.2 地下防水工程施工方法

1. 防水混凝土的施工

防水混凝土工程的质量保证，除要求有优良的配合比设计，良好的材料质量外，还要求有严格的施工质量控制。施工过程中的任一环节，如搅拌、运输、浇灌、振捣、养护处理不当都会对混凝土的质量带来影响。因此施工人员必须对上述各个环节严格加以控制，以确保防水混凝土的工程质量。

（1）防水混凝土施工前应做好降排水工作，不得在有积水的环境中浇筑混凝土，施工时应使地下水面低于施工底面 50cm 以下，严防地下水及地面水流入基坑造成积水，影响混凝土正常硬化，导致防水混凝土强度及抗渗性降低。

（2）防水混凝土的配合比应符合下列要求：

1）胶凝材料用量应根据混凝土的抗渗等级和强度等级等选用，其总用量不宜小于 $320kg/m^3$，当强度要求较高或地下水有腐蚀性时，胶凝材料用量可通过试验调整。

2）在满足混凝土抗渗等级、强度等级和耐久性的条件下，水泥用量不宜小于 $260kg/m^3$。

3）砂率宜为 35%～40%，水胶比不得大于 0.5，有侵蚀性介质时，水胶比不得大于 0.45。

4）防水混凝土的入泵坍落度宜控制在 120～160mm，坍落度每小时损失值不应大于 20mm，坍落度总损失值不应大于 40mm。

（3）防水混凝土应搅拌均匀，宜采用强制式搅拌机搅拌，每盘搅拌时间不应小于 2min；掺外加剂时，应根据外加剂的技术要求确定搅拌时间。

（4）防水混凝土拌合物在运输后如果出现离析，必须进行二次搅拌。当坍落度损失后不能满足施工要求时，应加入原水胶比的水泥浆或掺加同品种的减水剂进行搅拌，严禁直接加水。

（5）用于防水混凝土的模板应拼缝严密、支撑牢固。防水混凝土必须采用机械振捣密实，以混凝土泛浆和不冒气泡为准，应避免漏振、欠振和超振。

（6）防水混凝土结构内部设置的各种钢筋或绑扎钢丝，不得接触模板。用于固定模板用的螺栓必须穿过混凝土结构时，螺栓上应满焊止水环或采取其他止水构造措施。如采用工具式螺栓、螺栓中间加焊止水钢板、螺栓两端设垫木等。工具式螺栓做法：用工具式螺栓将防水螺栓固定并拉紧，拆模时，将工具式螺栓拆下，再以嵌缝密封材料及聚合物水泥砂浆将螺栓凹槽封堵严密抹平如图 6-1 所示。

图 6-1 工具式螺栓做法

螺栓加堵头做法：在结构两边螺栓周围做凹槽，拆模后将螺栓平凹槽底割去，再用膨胀水泥砂浆将凹槽封堵，如图 6-2 所示。

预埋套管加焊止水环做法：对拉螺栓外加设套管，套管兼具撑头作用，套管两端设垫木。拆模后将螺栓抽出，套管内以膨胀水泥砂浆封堵密实，垫木留下的凹坑用同样方法封实，如图 6-3 所示。

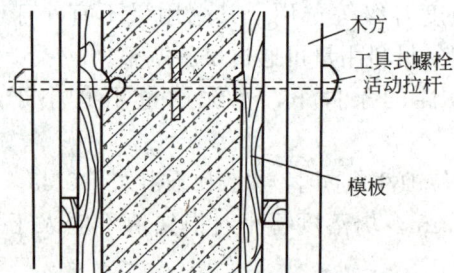

图 6-2 地下室墙体采用工具式螺栓

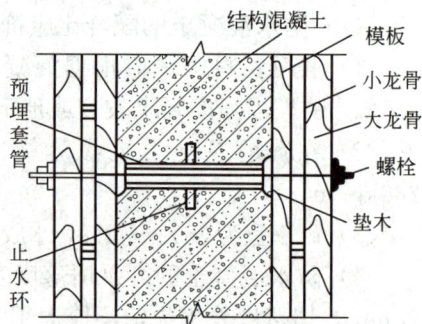

图 6-3 预埋套管支撑示意图

（7）防水混凝土应分层连续浇筑，分层厚度不得大于 500mm。宜少留施工缝。顶板、底板不宜留施工缝，当留设施工缝时，应符合下列规定：

1）墙体水平施工缝不应留在剪力与弯矩最大处或底板与侧墙的交接处，应留在高出底板表面不小于 300mm 的墙体上。板墙结合的水平施工缝，宜留在板墙接缝线以下 150～300mm 处。墙体有预留孔洞时，施工缝距孔洞边缘不宜小于 300mm。

2）墙体垂直方向如需留垂直施工缝，应避开地下水和裂隙水较多的地段，并宜与变形缝相结合，并按变形缝的构造处理。

3）墙体水平施工缝不宜采用平缝形式；施工缝应采取钢筋防锈或阻锈措施。

（8）防水混凝土浇筑后严禁打洞，所有预埋件、预留孔都应事先埋设准确；防水混凝土终凝后应立即进行养护，养护时间不得小于 14d。

（9）防水混凝土的冬期施工，应符合下列规定：

1）混凝土入模温度不应低于 5℃；

2）混凝土养护应采用综合蓄热法、暖棚法、掺化学外加剂等养护方法，并应保持混凝土表面湿润，防止混凝土早期脱水；

3）采用掺化学外加剂的方法施工时，应采取保温、保湿措施。

2. 卷材防水层的施工

（1）施工准备

1）施工作业条件

① 卷材防水层是依靠其结构层的刚度并由单层或多层卷材铺贴而成的，地下工程防水卷材的施工必须在结构验收合格后方可进行。卷材防水层的施工基面应坚实、平整、清洁，阴阳角处应做圆弧或者折角，并应符合所用卷材的施工要求。

② 卷材防水层铺贴前，所有穿过防水层的管道，预埋件均应施工完毕，并做好防水处理。防水层铺贴后，严禁在防水层上面再打眼开洞，以免引起水的渗漏。

③ 卷材防水层应铺设在混凝土结构主体的迎水面上，为了便于施工并保证其施工质量，施工期间的地下水位应降低到垫层以下不少于 500mm 处。

④ 卷材施工严禁在雨天、雪天、五级及以上大风中施工，冷粘法、自粘法施工的环境气温不宜低于 5℃，热熔法、焊接法施工的环境气温不宜低温 −10℃。施工过程中下雨或者下雪时，应该做好已铺卷材的防护工作。

2）施工机具

小平铲、羊角锤、裁剪刀、钢卷尺、手持压辊、火焰加热器、喷涂机、吹风机、钢丝刷、橡胶刮板、消防器材。

3）基层检查及修补

① 基层应坚实，无空鼓、起砂、裂缝、松动和凹凸不平，基层不得有积水、积雪现象；

② 基层表面要平整，用 2m 直尺检查，直尺与基层平面的间隙不应大于 8mm；

6-1 卷材防水施工机具

③ 防水层施工之前基层的含水率应满足要求，一般将 1m² 卷材光面向下平坦的干铺在基层上，静置 3～4h 后掀开检查，如基层覆盖部位与卷材的下表面未见水渍即可，当地下室底板防水层采用预铺反粘法施工时，可以在潮湿基面上施工但基层应坚实且无明水；

④ 地下工程的平面与立面交接处、阴角部位等用水泥砂浆做半径为 50mm 的圆弧；

⑤ 地下室顶板、侧墙，宜使用结构面作为防水基层而不另做找平层，应将结构面的疙瘩、浮浆等清理干净，露出洁净的结构面；

⑥ 混凝土基层表面的蜂窝、孔洞、麻面需要先用凿子将松散不牢的石子剔掉，用钢丝刷清理干净，浇水润湿后先涂刷素浆再用高强度等级的细石混凝土填实抹平；

⑦ 基层表面的油污、水泥杂物等要用专用的工具清除，并用吹风机、吸尘器将基层的灰尘清理干净，基层的裂缝宽度超过 0.3mm 时应将裂缝剔成 V 形槽，在槽内嵌水泥砂浆或者采用注浆的措施；

⑧ 基层有积水、积雪的要用吸水设备清理干净，基层有局部渗水时用快凝堵漏材料进行封堵或者采用注浆止水的措施。

（2）操作工艺

6-2 地下室卷材防水操作工艺

1）施工流程

基层处理→涂刷基层处理剂→附加层、细部节点处理→大面防水卷材铺贴→防水卷材收头→自检验收→成品保护。

2）涂刷基层处理剂

热熔、胶粘、自粘施工的防水卷材施工之前，基面应干燥，并应涂布基层处理剂，基层处理剂的配制与施工应符合下列要求：

① 基层处理剂应与卷材或粘结材料相配套；

② 基层处理剂的涂布应均匀，不得露底，表面干燥后方可铺贴防水卷材。

3）防水卷材的粘结方式

① 地下工程底板卷材防水层粘结方式

底板垫层上的底层卷材防水层可采用预铺反粘、满粘、条粘、点粘等多种形式，在工程应用中根据建筑部位、使用条件、施工情况，可以采用其中一种或几种方式，但是防水层与防水层之间应满粘贴。

② 地下工程侧墙卷材防水层粘结方式

a. 外防外贴法：地下工程侧墙施工完毕后，直接将卷材防水层满粘贴在侧墙上（即迎水面），卷材防水层施工验收完毕后做卷材防水保护层的施工。

采用外防外贴法时，卷材与基层粘结应紧密、牢固；采用外防外贴法铺贴卷材防水层时，应先拆除底板卷材甩槎部位的临时保护措施，将甩槎部位卷材表面清理干净，并修补卷材的局部损伤；该部位卷材接槎的搭接长度不小于150mm；当使用两层卷材时，卷材应错缝接槎，上层卷材应盖过下层卷材。

6-3 卷材防水外防外贴法施工操作工艺

b. 外防内贴法：地下工程侧墙施工之前，将卷材防水层粘贴在外围护结构上（适用于结构侧墙与围护结构之间的间距很小，工人不能进入工作面进行操作），再浇筑钢筋混凝土的施工方法。

采用外防内贴法铺贴防水卷材时，宜在搭接部位采取固定措施。

4）铺贴防水卷材的一般规定

6-4 卷材防水外防内贴施工操作工艺

① 应铺设卷材加强层；结构底板垫层混凝土部位的卷材可以采用空铺法或点粘法施工，其粘结位置、点粘面积应按设计要求确定；侧墙采用外防外贴法的卷材及顶板部位的卷材应采用满粘法施工。

② 卷材与基面、卷材与卷材间的粘结应紧密、牢固；铺贴完成的卷材应平整顺直，搭接尺寸应准确，不得产生扭曲和皱折。卷材搭接处和接头部位应粘贴牢固，接缝口应封严或者用材性相容的密封材料封缝。

③ 铺贴立面卷材防水层时，应采取防止卷材下滑的措施。

④ T形搭接部位应采取剪角或者减薄措施。铺贴双层卷材时，上下两层和相邻两幅卷材的接缝应错开1/3～1/2幅宽，且两层卷材不得相互垂直铺贴。

⑤ 底板的防水层铺贴方向可以平行地下工程底板的任一方向，底板的防水层与后浇带、侧墙、基坑的防水层应相顺相连；侧墙的防水层应由下往上滚铺，卷材的短边搭接应

朝下，卷材长边搭接的方向应朝一个方向；顶板的铺贴方向可平行地下室的任一方向。

⑥ 全埋式地下工程顶板与外墙转角处，外墙的卷材应铺贴至顶板不小于 250mm，顶板卷材再下翻铺贴至外墙不小于 250mm，且卷材收头应密封严实。

附建式全地下室或半地下室的外墙防水层，应高出室外地坪高程 500mm 以上，立面卷材收头的端部应裁齐，塞入预留的凹槽内，用金属压条钉压固定，用密封材料封严。

⑦ SBS 弹性体（APP 塑性体）改性沥青防水卷材宜选用热熔法或热粘法施工；自粘聚合物改性沥青防水卷材宜选用自粘法或热粘法施工；橡胶类防水卷材宜选用冷粘法施工；湿铺防水卷材宜选用湿铺法施工；预铺反粘防水卷材宜选用预铺反粘法施工。

5）施工操作要点

① 热熔法施工

热熔法施工是采用火焰加热熔化防水卷材的改性沥青涂层进行卷材与基层、卷材与卷材间粘贴的施工方法。

热熔法铺贴卷材的操作要点：

a. 铺贴卷材前，基层表面应均匀涂刷基层处理剂，干燥后应及时铺贴卷材。铺贴卷材前根据平面弹线位置将卷材进行预铺，预铺后把卷材从两端卷向中间，从中间向两端滚铺粘贴。将加热器的喷嘴对准卷材与基层交接处的夹角加热卷材底面的沥青层及基层，加热距离应适中，卷材幅宽内应加热均匀，应以卷材表面熔融至光亮黑色为度，不得过分加热卷材。

b. 当卷材的沥青涂盖层呈熔融状态时，应边烘烤边向前缓慢地滚铺卷材使其粘结到基层上，随后用轧辊压实排除空气，使其平展并粘贴牢固。当设计有两道卷材时，施工第二层卷材时，应在烘烤上层卷材底面沥青层的同时烘烤下一层卷材的上表面沥青层。

c. 卷材防水层的搭接部位必须与大面卷材同时热熔，搭接缝部位以溢出热熔的改性沥青胶结料为度，溢出的改性沥青胶料宽度宜为 5～8mm 并顺直均匀，沥青条不得强行挤出。当接缝处的卷材有细砂或矿物粒料时，应采用火焰烘烤并压入沥青涂层后再进行热熔和接缝处理。

② 自粘法施工

自粘法施工是将带有自粘胶层的防水卷材直接进行卷材与基层、卷材与卷材之间粘结的施工方法。

自粘法铺贴卷材的操作要点：

a. 铺贴卷材前，基层表面应均匀涂刷基层处理剂，干燥后应及时铺贴卷材。细部节点附加层卷材粘贴完成，并经检查质量合格后，即可进行大面卷材的铺贴。大面卷材铺贴前应在基层上先弹基准线，试铺确定卷材搭接位置，按已弹好的基准线位置铺贴卷材。

b. 当铺贴面积较大、容易施工的施工段时，采用滚铺法，即掀剥隔离膜与铺贴卷材同时进行。施工人员将卷材抬至待铺位置的起始端，并将卷材向前展出约 500mm，掀剥隔离膜铺贴压实，起始端铺贴固定完成后缓缓掀剥卷材下表面隔离膜并向前移动滚铺卷材。铺完一幅卷材后，用大压辊由起始端开始将卷材压实，彻底排除卷材下面的空气，粘贴牢固。

c. 当铺贴较为复杂的节点部位、不易施工的施工段时，采用抬铺法，即先将待铺卷材剪好反铺于基层上，剥去卷材的全部隔离膜后再铺贴卷材的方法。施工时首先将卷材铺展在待铺部位，根据实测基层尺寸裁剪卷材，然后将裁剪好的卷材认真仔细地剥除隔离膜后铺贴在相应位置。铺贴完毕后要用手持压辊再对卷材进行排汽、辊压，粘贴牢固。

d. 铺贴的卷材应平整顺直，搭接尺寸应准确，不得扭曲、皱折；低温施工时，立面、大坡面及搭接部位宜采用热风加热，加热后应随即粘贴牢固。

自粘卷材为压敏型自粘材料，必须在卷材的搭接缝处施加一定的压力才能获得良好的密实粘合。施工时需采用手持压辊对搭接缝处施加一定的压力进行均匀的压实。

③ 冷粘法施工

冷粘法施工是指借助胶粘剂等辅助材料进行卷材与基层、卷材与卷材之间粘结的施工方法。

冷粘法铺贴卷材的操作要点：

a. 基层清理，基层表面应平整、坚实，不得有凹凸、松动、鼓包、起皮、裂缝等缺陷，使用抗溶剂的滚刷将基层胶均匀地涂刷到回折的卷材底面与粘结基面上，胶粘剂涂刷应均匀，不得露底、堆积；卷材点粘、条粘时，应按规定的位置及面积涂刷胶粘剂；

b. 应根据胶粘剂的性能与施工环境、气温条件等，控制胶粘剂涂刷与卷材铺贴的间隔时间，待基层胶晾干后将卷材粘结到基层上，在铺设好的大面卷材上用压辊压实；

c. 铺贴卷材时应排除卷材下面的空气，并应辊压粘贴牢固；铺贴的卷材应平整顺直，搭接尺寸应准确，不得扭曲、皱折，合成高分子卷材铺好压粘后，应将搭接部位的粘合面清理干净。

④ 湿铺法施工

湿铺法施工是指采用水泥净浆或水泥砂浆等将湿铺卷材与混凝土基层进行粘结的施工方法。

湿铺法铺贴卷材的操作要点：

a. 基层表面应坚固、平整、干净、无明水和尖锐突起物，并保持湿润；

b. 粘结卷材所采用的水泥浆，水灰比不应大于 0.45；

c. 将拌制均匀的水泥净浆在基层上刮涂均匀、平整，然后铺贴卷材，铺贴过程中需排净卷材下面的空气，辊压粘结牢固，双层铺设时，两层卷材间采用自粘粘结，卷材的长边和短边搭接采用自粘搭接的方式；

d. 卷材搭接边的隔离膜与大面隔离膜应分离，大面铺贴卷材时搭接边隔离膜应予以保留，卷材与基层铺贴完成后再去除搭接边的隔离膜，将搭接边预留的自粘胶层进行粘结，施工过程中应保持搭接边的干净，施工温度较低时，宜对卷材的搭接部位进行热风加热粘合；

e. 水泥浆终凝前 24h 内，不得在卷材表面行走和进行后续作业。

⑤ 预铺反粘法施工

预铺反粘法施工是指将预铺防水卷材空铺或临时固定在基层上，使后浇混凝土与卷材胶膜层紧密结合的施工方法。

预铺反粘法铺贴卷材的操作要点：

a. 卷材应单层铺设；

b. 基层应平整、坚实、无明水；

c. 卷材长边应采用自粘胶、胶粘带搭接或热风焊接，短边应采用胶粘带搭接或对接，卷材端部搭接区应相互错开；

d. 立面施工时，在自粘边位置距离卷材边缘 10～20mm 内，应每隔 400～600mm 进行机械固定，并应保证固定位置被卷材完全覆盖；

e. 绑扎、焊接钢筋时应采取保护措施，并应及时浇筑结构混凝土。

（3）防水保护层的技术要求

卷材防水层经检查合格后，应及时做保护层，保护层应符合下列规定：

1）顶板卷材防水层上的细石混凝土保护层。

采用机械碾压回填土时，保护层厚度不宜小于 70mm；采用人工回填土时，保护层厚度不宜小于 50mm；防水层与保护层之间宜设置隔离层。

2）底板卷材防水层上的细石混凝土保护层厚度不应小于 50mm。

3）侧墙卷材防水层宜采用软质保护材料或铺抹 20mm 厚 1：2.5 水泥砂浆层。

3. 涂料防水层的施工

（1）施工准备

1）施工作业条件

施工环境必须符合所选涂料的施工环境要求。环境温度不得低于涂料正常成膜的温度的最低值，防水涂料施工应注意气候的变化，不宜在烈日暴晒下施工，如在实干时间内可能遇上大风、雨、雪及风沙等天气时也不应施工。

2）施工材料、机具

材料：了解所选用防水涂料的基本特性和施工特点，明确涂布遍数、次序、涂布时间间隔等。了解防水涂料对于基层的要求，包括基层的材性、坚硬程度、附着能力、清洁干燥程度、平整度等，按其要求进行基层处理。

防水涂料施工中如果使用两种以上不同的防水材料时，应了解两种材料的亲和性能及相互有无侵蚀作用。如果两种材料相容，则可使用；否则不能使用，以免造成两种材料相互间的损害而使得防水层在短期内失效。

机具：垂直运输工具、作业面水平运输工具、电动搅拌器、搅拌桶、小铁桶、小平铲、塑料或橡胶刮板、滚动刷、毛刷、小抹子、磅秤等。

3）基层检查、修补

基层是涂膜防水层施工的基础，涂膜防水层依附于基层，基层质量的好坏直接影响到防水涂膜的质量。基层必须坚实、平整、清洁，无孔隙、起砂、裂缝，基层的干燥程度应根据所选用的防水涂料特性而定，当采用溶剂型、反应固化型防水涂料时，基层应干燥。

当防水涂料施工前，必须对基层进行严格的检查，使其达到涂膜施工的要求。基层的质量主要包括结构的刚度和整体性，找平层的刚度、强度、平整度以及基层的含水率等。

基层强度：基层强度一般应不小于 5MPa，表面酥松、不清洁或是强度太低、裂缝过大，都容易使涂膜与基层粘结不牢。若局部基层出现起砂、起皮等问题，应将此处表面清除，再用掺入界面剂的水泥浆涂刷，并抹平压光。

平整度：如果基层凹凸不平或局部隆起，防水涂料施工时容易出现涂膜厚薄不匀，基层凸起的部位使得防水涂膜厚度减薄，影响防水涂膜的耐久性；基层凹陷部位使得涂膜厚度增厚，容易产生皱折。如基层的平整度较差，则应将凸起部位铲平，低凹处用 1：2.5

水泥砂浆掺界面剂补抹。

干燥程度：基层的干燥程度对不同类型的防水涂料有着不同程度的影响，溶剂型、反应型涂料对基层的干燥程度要求较高，必须在干燥的基层上施工，以避免产生涂膜鼓泡的质量问题。

（2）操作工艺

1）施工流程

施工准备→检查、修补基层→细部构件节点处理→阴阳角部位附加层的施工→涂刷第一遍涂料→涂刷第二遍防水涂料→涂刷面层涂料→涂料质量检查。

2）涂料的配比和搅拌

① 双组分涂料的配比和搅拌

采用双组分防水涂料时，应根据生产厂家提供的配合比现场进行配制，配料时要求计量准确，采用电动机具搅拌均匀，已经配制好的涂料应及时使用。搅拌的混合料以颜色均匀一致为标准，如涂料因稠度太大涂布困难时，可根据厂家提供的品种和数量掺加稀释剂，切忌任意使用稀释剂稀释，否则影响涂料性能。

每次配制数量应根据每次涂刷的面积计算确定，不得一次搅拌过多，以免因涂料发生凝聚或固化而无法使用。混合后的涂料存放时间不得超过规定的使用时间。

② 单组分涂料的搅拌

单组分涂料一般用铁桶或塑料桶密闭包装，打开桶盖后即可施工，但因桶装量大，且大部分涂料中含有填充料，故容易沉淀而产生不均匀现象，故在使用前也应进行搅拌。较简便的方法是在使用前先将包装桶反复滚动，使得桶内的涂料混合均匀，达到浓度一致。

3）涂料施工的一般规定

① 涂料涂刷或喷涂时应薄涂多遍完成，涂层总厚度应符合设计要求。涂布顺序应先立面、后平面，先阴阳角及细部节点后大面，每遍涂刷时应交替改变涂层的涂刷方向，每遍涂料的先后搭压宽度宜为 30～50mm。待前一遍涂料实干后（即触手不粘时）再进行后一遍涂料的施工。

② 涂膜间如果夹铺胎体增强材料时，宜边涂布边铺胎体；胎体应铺贴平整，排除气泡，并应与涂料粘接牢固。在胎体上涂布涂料时，应使涂料充分浸透胎体，并应覆盖完全，不得有胎体外露现象，最上面的涂膜厚度不应小于 1mm。在转角处、变形缝、施工缝、穿墙管等部位应增设涂料附加层，加强层宽度不应小于 500mm，涂料加强层应平铺，胎体增强材料其同层相邻的搭接宽度不应小于 100mm。

③ 涂膜防水层的施工环境温度：水乳型及反应型的涂料宜为 5～35℃，溶剂型涂料宜为－5～35℃，热熔型涂料不宜低于－10℃，聚合物水泥防水涂料宜为 5～35℃。

④ 聚合物水泥防水涂料、水乳型防水涂料及溶剂型防水涂料宜选用滚涂法或喷涂法施工；反应固化型防水涂料、热熔型防水涂料宜选用刮涂法或喷涂法施工；所有防水涂料用于细部节点构造时宜选用刷涂法或喷涂法施工。

4）涂料的施工工艺

防水涂料的施工工艺包括喷涂法、滚涂法、刮涂法、刷涂法等，在具体施工过程中，可根据涂料的品种、性能、稠度以及不同的施工部位分别选用不同的施工办法。

① 喷涂法施工

喷涂法是利用压力或压缩空气将防水涂料涂布于屋面做涂膜防水处理的机械化施工方法。其特点为涂膜质量好、工效高、适用于大面积作业，劳动强度低。

涂料喷涂施工工艺的操作要点：

a.喷涂作业时，手握喷枪要稳，涂料出口应与被涂面垂直，喷嘴与被涂基面的距离一般应控制在400～600mm，喷枪运行速度应适宜且保持一致。

b.喷涂面的搭接宽度，即第一行与第二行喷涂面的重叠宽度，一般应控制在喷涂宽度的1/3～1/2，以使得涂层厚度比较均匀一致。

c.喷涂施工质量要求涂膜厚薄均匀，平整光滑，无明显接槎，不应出现露底、皱纹、起皮、针孔、气泡等弊病。

d.涂料的稠度要适中，太稠不便于施工，太稀则涂膜的遮盖力较弱，影响涂层的厚度，而且容易流淌。

② 滚涂法施工

滚涂法是将专用辊刷在容器内滚沾上涂料然后将其轻微用力滚压在基层的施工方法。

涂料滚涂施工的操作要点：

a.当滚筒压附到被涂物表面初期，压附用力要轻，随后逐渐加大压附用力，使得滚筒所黏附的涂料能均匀地转移附着到被涂物的表面。

b.为了有利于滚筒对涂料的吸附和清洗，在施工前必须先清除可能影响涂膜质量的浮毛、灰尘、杂物，在进行滚涂之前，用稀料将滚筒清洗。

c.采用滚涂工艺时，可将其施工平面分成若干个$1m^2$左右的小块，将涂料倒在中央，用滚筒将涂料摊开，平稳且缓慢地滚涂。

③ 刮涂法施工

刮涂法是采用刮板将防水涂料均匀地刮涂在防水基层上形成防水涂膜的施工方法。

涂料刮涂施工的操作要点：

a.刮涂施工时，一般先将涂料直接分散倒在基层上，然后用刮板来回刮涂，使其厚薄均匀，不露底，无气泡，表面平整。刮涂时只能来回刮1～2次，不能往返多次刮涂，否则将出现表干里不干的现象。

b.待前一遍涂料完全干燥后才可以进行下一遍涂料施工，一般以脚踩不粘脚、不下陷时才能进行下一道涂层施工，干燥等待时间根据涂膜性质确定。当涂膜出现气泡、皱褶、凹陷、刮痕等情况时，应立即进行修补。补好后才能进行下道涂膜的施工。

④ 刷涂法施工

刷涂法是采用专用刷子将防水涂料均匀地刷在防水基层上形成防水涂膜的施工方法。

涂料刷涂施工的操作要点：

a.用刷子涂刷一般采用蘸刷法，涂刷应均匀一致，涂刷时不能将气泡裹进涂层中，如遇到气泡应立即消除。涂刷遍数必须按照事先试验确定的遍数进行。且不可为了省事、省力而一遍涂刷过厚。

b.前一遍涂料干燥后方可进行下一层涂膜的涂刷，后一遍涂料涂布前应严格检查前一道涂层是否有缺陷、如气泡、露底、漏刷、胎体增强材料是否有翘边、杂物混入等现象，如有问题应先进行修补再涂布后一遍涂层。

c.涂布时应先涂立面，后涂平面。立面部位涂层的涂布次数应根据涂料的流平性好坏确定，流平性好的涂料应薄而多次进行，以不产生流坠现象为宜，以免涂层因流坠使上部涂层变薄，下部涂层变厚，影响涂膜的防水性能。

4. 复合防水施工

复合防水是指由彼此相容、功能互补的两种或两种以上的防水材料组合而成的防水层。相容性是指相邻的两种材料之间互不产生排斥的物理和化学作用的性能。

（1）防水卷材与涂料复合施工

防水卷材与涂料的复合施工做法是涂料先做，即先将涂料在基层上施工到设计厚度，等涂膜干燥成膜后再施工防水卷材。

复合防水层在进行施工时，除卷材防水层应符合前述章节卷材防水施工、涂料防水层应符合前述章节涂料防水施工的有关规定外，复合防水层的施工还应注意以下要点：

1）基层的质量应满足底层防水层的要求。

2）不同胎体和性能的防水卷材在复合使用时，或者夹铺不同胎体增强材料的涂膜复合使用时，其高性能的防水卷材或防水涂膜应作为面层。

3）不同防水材料复合使用时，耐老化、耐穿刺的防水卷材应设置在最上面。

4）防水卷材和防水涂膜复合使用时，选用的防水卷材和防水涂膜应相容。

5）挥发固化型的防水涂料不得作为防水卷材粘接材料使用；水乳型或合成高分子类防水涂料不得与热熔型防水卷材复合使用；水乳型或水泥基类防水涂料应等待涂膜实干后，方可铺贴卷材。

（2）防水卷材与涂料热粘法施工

热粘复合施工工法：采用加热器将常温下黏稠的非固化橡胶沥青防水涂料加热到规定温度后，采用机械喷涂法或人工刮涂法施工在基层表面，随即将防水卷材紧密的粘贴在热的涂料表面，构成复合防水系统。

热粘复合施工的技术要点：

1）非固化橡胶沥青防水涂料加热后采取刮涂法或喷涂法施工。采用刮涂法施工时，涂料加热达到刮涂的温度，使用齿状刮板进行刮涂，满刮涂不露底，刮涂厚度应满足设计的要求。

2）采用喷涂法施工时，涂料加热达到喷涂所需温度后，开启喷枪进行试喷，达到正常状态后才可进行作业，施工时根据设计厚度进行多遍喷涂，每遍喷涂时应交替改变喷涂方向。

3）卷材铺贴前应将卷材提前展开，并层层压铺进行应力释放，避免防水层表面出现收缩、褶皱现象。涂料施工后应随即在热的涂料表面铺贴卷材防水层，防止因涂料温度下降导致涂料与卷材粘接不严密。

4）卷材搭接部位处理

a.改性沥青防水卷材的搭接采用热熔法处理，即使用加热器加热卷材搭接部位的上下层卷材，当卷材的表面开始熔融时，即可粘合卷材的搭接缝并使接缝边缘溢出热熔的沥青条；

b.自粘聚合物改性沥青防水卷材的搭接采用自粘法处理，搭接部位施工时，将搭接部位的隔离膜揭除直接粘合，用压辊滚压粘结封严。

6.1.3　地下防水节点加强措施

1. 施工缝

（1）施工缝施工工艺

施工缝根据防水构造形式的不同，共有四种施工工艺，并各有不同的技术要求：

1）中埋止水带式（图 6-4）

① 施工流程

中埋止水带安装→先浇筑混凝土→施工缝留设→界面处理→后浇筑混凝土。

② 中埋止水带安装

a. 中埋止水带应在先浇筑混凝土施工前埋设；

b. 钢板止水带、橡胶止水带和钢边橡胶止水带应位于结构主断面的中央，止水带的埋入部分应为止水带宽度的一半；

c. 中埋止水带与结构钢筋应用钢板焊接固定或用铁丝绑扎牢固；

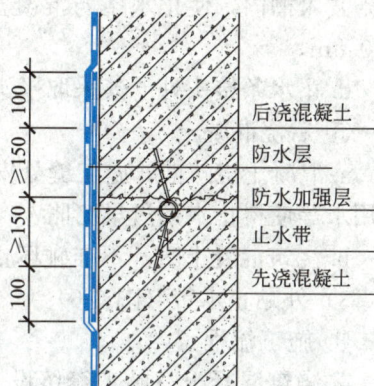

图 6-4　中埋止水带式

d. 钢板止水带接头宜采用电弧焊接，橡胶止水带和钢边橡胶止水带接头宜采用电压焊接。

③ 按前述 7.1.2 条第 1 条第（7）要求留设施工缝。

④ 界面处理

a. 水平施工缝浇筑混凝土前，其表面宜凿毛，并将其表面浮浆和杂物清除，然后涂刷界面处理剂或水泥基渗透结晶型防水涂料，并及时浇筑混凝土；

b. 垂直施工缝浇筑混凝土前，应将其表面清理干净，再涂刷混凝土界面处理剂或水泥基渗透结晶型防水涂料，并及时浇筑混凝土。

⑤ 后浇筑混凝土

a. 混凝土浇筑前，施工缝处安装的中埋止水带应予以保护；

b. 中埋止水带的外露部分，应保证止水带位置准确和固定牢固；

c. 混凝土浇筑时不得碰坏中埋止水带。

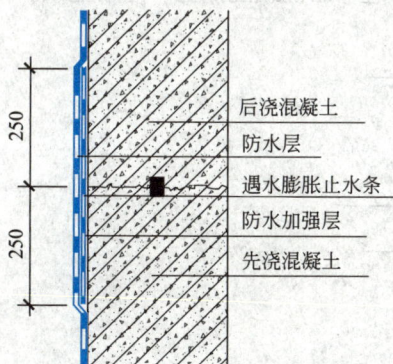

图 6-5　安装止水条

2）安装止水条（图 6-5）

① 工艺流程

先浇筑混凝土→施工缝留设→基层清理→安装止水条→后浇筑混凝土。

② 按前述要求留设施工缝。

③ 基层清理

a. 已浇筑混凝土的抗压强度不应小于 1.2MPa；

b. 在接缝处应清除松动的石子，用钢丝刷将混凝土表面的浮浆刷净，边刷边用水冲洗干净，并保持湿润；

c. 施工缝部位应将积水及时排除干净。

④ 安装止水条注意事项

a. 安装止水条时，应将止水条的防粘纸完全撕净。直接安装在混凝土表面的中间，止水条与混凝土边缘距离不得小于 70mm；

b. 止水条应连续顺直，不间断、不扭曲，每隔 0.8～1.2m 采用水泥钉固定，将止水条固定在已浇筑的混凝土表面；

c. 竖向施工缝宜在已浇筑混凝土表面的预留凹槽，凹槽尺寸视止水条规格而定，将止水条嵌入槽内，使止水条与混凝土表面密粘牢固，并用水泥钉固定，水泥钉间距不应大于 0.8m；

d. 止水条接头处严禁采取平头对接处理，应采取坡形接头或搭接接头。

⑤ 后浇混凝土

a. 混凝土浇筑前，施工缝处安设的止水条应予以保护，防止落入杂物和由于降雨或施工用水等使得止水条过早膨胀。

b. 浇筑混凝土时，不准碰坏止水条。

3）外贴止水带（图 6-6）

① 施工流程

先浇筑混凝土→施工缝留设→基层清理→外贴止水带→后浇筑混凝土。

② 按前述 7.1.2 条第 1 条第（7）要求留设施工缝。

③ 按前述 2）条③要求清理基层。

④ 外贴止水带

a. 外贴止水带应位于施工缝上下各为止水带宽度的一半；橡胶止水带应与结构模板固定牢固，并应保证钢筋保护层厚度；

图 6-6　外贴止水带

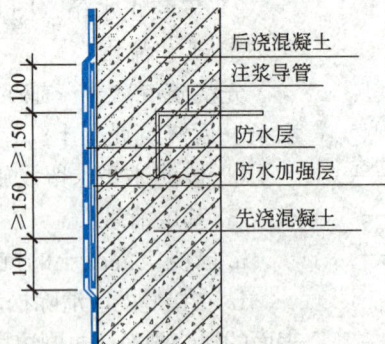

b. 橡胶止水带宜采用热压焊接。接缝应平整、牢固；外贴止水带不宜单独使用，应与中埋止水带复合使用。

⑤ 按前述 2）条⑤要求后浇筑混凝土。

4）预埋注浆管（图 6-7）

① 施工流程

先浇筑混凝土→施工缝留设→预埋注浆管系统→基层清理→后浇筑混凝土→注浆施工。

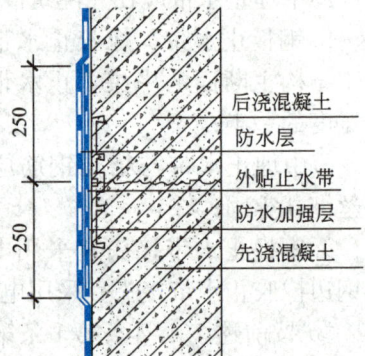

图 6-7　预埋注浆管

② 按前述 7.1.2 条第 1 条第 (7) 要求留设施工缝。

③ 按前述 2) 条③要求清理基层。

④ 预埋注浆管

a. 预埋注浆管系统应包括注浆管、连接管、导浆管、固定夹等，注浆管可分为一次性注浆管和可重复注浆管两种；

b. 预埋注浆管应位于结构主断面的中央，导浆管与注浆管的连接必须牢固、严密，预埋注浆管的固定间距应为 200～300mm，导浆管设置间距应为 300～500mm；

c. 在注浆之前应对导浆管末端进行临时封堵。

⑤ 按前述 2) 条⑤要求后浇筑混凝土。

⑥ 注浆施工

a. 混凝土结构出现宽度大于 0.2mm 的静止裂缝、贯穿性裂缝，应采用堵水注浆。

b. 注浆宜采用普通硅酸盐水泥、超细水泥等浆液或丙烯酸盐等化学浆液。

c. 注浆材料及其配合比必须符合设计要求，注浆各阶段的控制压力和注浆管应符合设计要求。

2. 变形缝（图 6-8～图 6-10）

(1) 施工作业条件

1) 变形缝施工期间，必须保持地下水位稳定在基底 0.5m 以下，必要时应采取降水措施。

2) 变形缝应满足密封防水、适应变形、施工方便、检修容易等要求。

3) 变形缝处混凝土结构厚度应不小于 300mm，变形缝处防水处理应有施工方案和技术交底。

(2) 施工工艺

1) 施工流程

变形缝留设→绑扎钢筋、支设模板→中埋止水带翼边固定→浇筑一侧混凝土→拆除模板→中埋止水带另一翼边固定→浇筑另一侧混凝土→清理预留缝缝内的杂物→缝内嵌填密封材料→在变形缝部位设置圆棒→铺设附加防水层→铺设主体防水层。

2) 变形缝留设

① 底板混凝土垫层施工完成后，根据设计图纸的要求，用墨线将变形缝的位置弹在混凝土垫层上。

② 底板防水层施工前，应先将底板垫层在变形缝处断开，并抹带有圆弧的找平层。

③ 底板防水层形成整体，变形缝处应设置隔离层和卷材加强层，加强层的宽度不小于 1000mm，并在防水层上放置聚乙烯泡沫棒。

3) 埋设中埋式止水带

① 止水带埋设位置应准确，其中间空心圆环应与变形缝的中心线重合。

② 止水带应固定牢固，底板、顶板内的止水带宜成盆状安装。

③ 止水带先施工一侧混凝土时，其端模应支撑牢固；外露的止水带应做好保护，浇筑混凝土前应检查止水带有无破损，如有破损应进行修补。

④ 止水带的接头宜为一处，不得设在结构转角部位。橡胶止水带接头宜采用热硫化焊接。

⑤ 止水带在转弯处应做成圆弧形，转角半径不应小于 200mm；转角半径应随止水带的厚度增大而相应增大。

4）外贴式止水带（根据设计要求选用）

① 变形缝用外贴式止水带的转向部位宜采用直角配件，变形缝与施工缝均用外贴式止水带时，其相交部位应采用十字配件。

② 底板及顶板用外贴式止水带时，止水带应位置准确，固定牢固，并应保证结构钢筋保护层厚度；侧墙用外贴式止水带时，止水带应固定在侧墙的外模板上。

5）密封材料嵌填

① 缝内两侧基面应平整干净、干燥，并应涂刷与密封材料相容的基层处理剂。

② 接缝中应设置背衬材料，迎水面宜采用低模量、背水面宜采用高模量密封胶。

③ 嵌填应密实、均匀、连续、饱满，并应粘结牢固。

④ 在缝表面铺贴防水卷材或涂刷防水涂料前，应在缝上设置隔离层。

6）变形缝处防水附加层施工

① 变形缝处附加层的宽度为500mm。

② 底板的变形缝附加层可以在大面防水层铺贴后进行铺贴，即卷材附加层铺贴在大面防水卷材的上部。侧墙、顶板处必须先做附加层，然后再铺贴大面防水层。

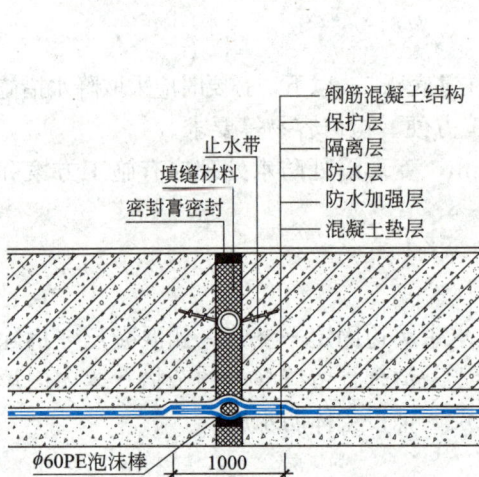

图 6-8　底板变形缝防水构造

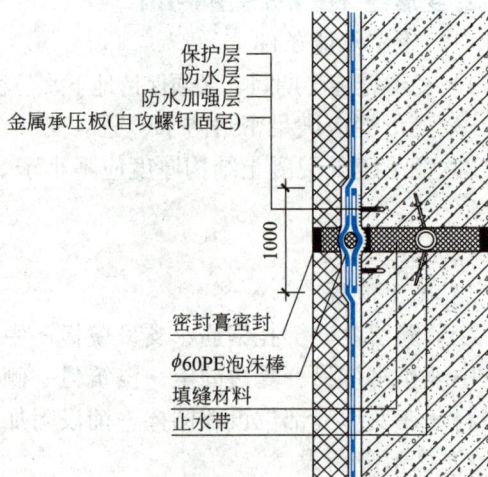

图 6-9　侧墙变形缝防水构造

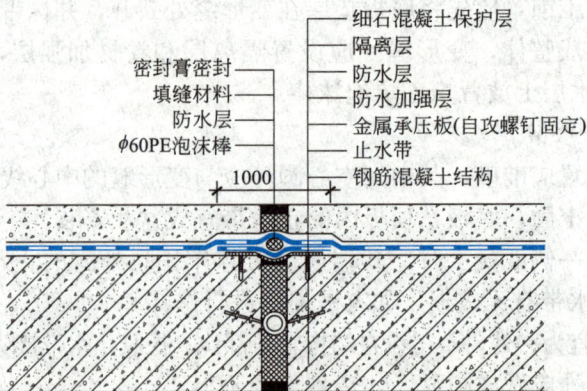

图 6-10　顶板变形缝防水构造

6-6 变形缝防水施工视频

3. 后浇带（图 6-11～图 6-13）

（1）作业条件

1）后浇带施工期间，必须保持地下水位稳定在基底 500mm 以下，必要时采取降水措施。

2）后浇带的留设位置应在混凝土浇筑前确定。后浇带应设在受力和变形较小的部位，间距宜为 30～60m，宽度宜为 700～1000mm。

3）后浇带的两侧宜采用直平缝形式。结构主筋不宜在缝中断开，如必须断开，则主筋搭接长度应大于 45 倍主筋直径。

4）后浇带两侧应在其先浇筑混凝土的龄期达到 42d 后再施工，高层建筑的后浇带施工应在地基变形基本稳定情况下进行。

5）后浇带混凝土浇筑前，应对该部位进行覆盖和保护，外露钢筋宜采取防锈措施。后浇带混凝土宜一次浇筑，混凝土浇筑后应及时养护，养护时间不得少于 28d。

（2）后浇带采用中埋钢板止水带和外贴橡胶止水带

1）中埋或外贴止水带应在先浇混凝土施工前埋设。

2）将止水带按后浇带伸展方向安装，每条止水带伸入先浇混凝土 1/2 宽，止水带的中心线应与所弹黑线重合。中埋止水带应位于结构主断处的中央。

3）后浇带用外贴止水带的转角部位，宜采用直角配件，后浇带与施工缝均用外贴止水带时其相交部位宜采用十字配件。

4）中埋或外贴止水带应与结构楼板固定牢靠。底板及顶板的中埋止水带应成盆状安装，外贴止水带应保证钢筋保护层厚度。

（3）后浇带清理

1）用钢丝刷将钢筋表面的铁锈和浮浆清理干净，同时检查钢筋有无弯曲变形并进行调整。

2）接缝处应清除松动的石子，用钢丝刷将混凝土表面浮浆刷除，边刷边用水清洗干净，并保持湿润。

3）接缝处理完后，将中埋式、外贴止水带露出部分清理干净，如有损坏，应先用配套材料进行修补。

4）后浇带部位应将积水及时排除干净。

（4）后浇混凝土施工

1）混凝土施工前，后浇带部位和中埋或外贴止水带应予以保护，防止落入杂物和损伤止水带。

2）后浇混凝土应采用补偿收缩混凝土浇筑，其抗渗和抗压等级不应低于两侧先浇混凝土。

3）后浇混凝土应一次浇筑，不得留设施工缝；浇筑混凝土时，不准破坏止水条或止水带。后浇带混凝土浇筑完后，应及时覆盖，并在终凝后进行浇水养护，养护时间不得少于 28d。

（5）后浇带处防水附加层施工

1）附加层卷材应铺贴至后浇带边缘向外 250mm，后浇带附加层卷材应整体铺贴，应先铺大面后铺贴阴阳角部位。卷材铺贴要平整，不得有空鼓。

2）底板后浇带附加层卷材的搭接位置不能设置在后浇带的底面，应错位设置在后浇带立面的位置，距后浇带底面的尺寸不小于 100mm。

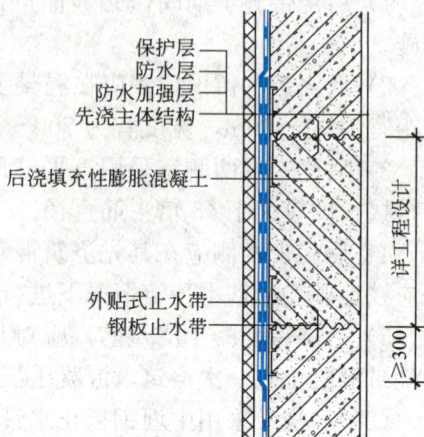

图 6-11　底板后浇带防水构造

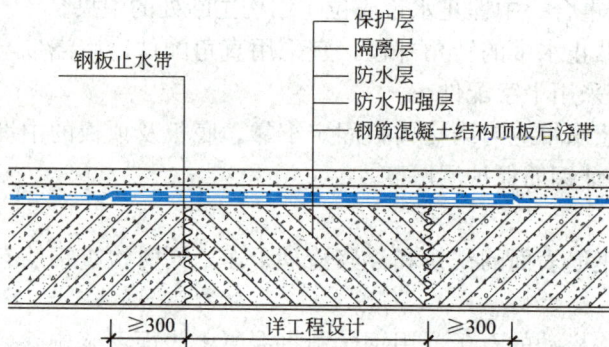

图 6-12　侧墙后浇带防水构造

图 6-13　顶板后浇带防水构造

4. 穿墙管及埋设件（图 6-14、图 6-15）

（1）作业条件

1）穿墙管应在浇筑混凝土前预埋完毕；结构上的埋设件宜采用预埋或预留孔等方法。

2）相邻穿墙管间的间距应大于 300mm；穿墙管与内墙角、凹凸部位的距离应大于 250mm。

（2）直埋式穿墙管

1）结构变形或管道伸缩量较小时，穿墙管可采用主管直接埋入混凝土内的固定式方法，主管应加焊止水翼环或环绕遇水膨胀止水圈。采用遇水膨胀止水圈的穿墙管，管径宜小于 50mm，止水圈应采用胶粘剂满粘固定于管上，应采用缓胀型遇水膨胀止水圈。

2）迎水面管根与侧墙交接处预留凹槽（25mm×25mm），槽内应采用密封材料嵌填密实。

3）铺贴穿墙管部位的附加层，附加层铺贴在与管道交接的基层上外延不小于 250mm；粘结在伸出管壁的高度不小于 250mm，卷材收口处用密封材料封严。

4）穿墙管伸出外墙的部位，应采取防止回填时将管体损坏的措施。

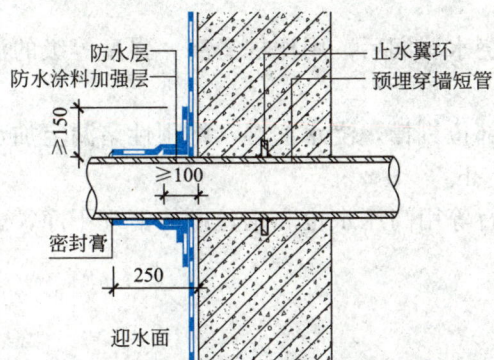

图 6-14　直埋式穿墙管防水构造

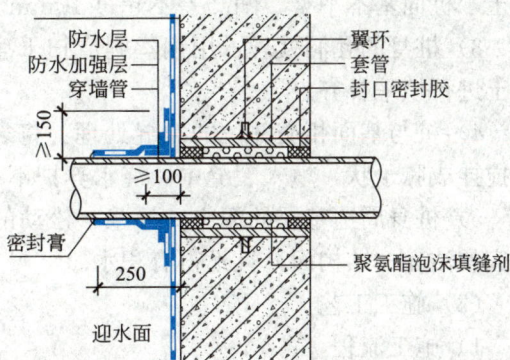

图 6-15　预埋套管式穿墙管防水构造

（3）预埋套管式穿墙管（图 6-16）

1）结构变形或管道伸缩量较大或有变形要求时，应采用套管式防水法，套管应加焊止水翼环，并与套管双面满焊。

2）在施工前将套管内表面清理干净，穿墙管与套管之间应在内外两侧端口进行密封处理。密封材料嵌入深度不小于 20mm，中间间隙宜采用聚氨酯泡沫填缝剂填实。

（4）同一部位多管穿墙

同一部位穿墙管线较多时，宜采用钢板止水群管穿墙盒。穿墙盒的封口钢板应与结构钢筋焊接固定，并应从钢板上的预留浇筑孔注入柔性密封材料。

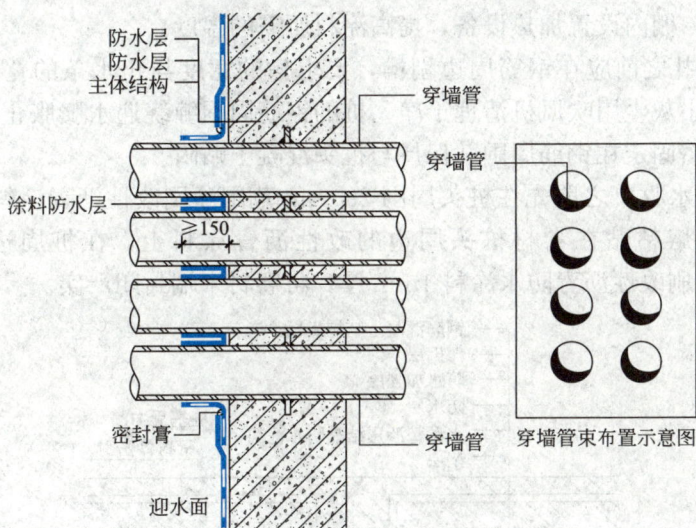

图 6-16　群管穿墙管防水构造

5. 桩头（图 6-17）

（1）作业条件

1）桩的平面尺寸与标高符合设计与施工的要求；桩侧面与底板混凝土垫层连接应致密不得有裂缝。

2）桩头必须为混凝土结构体，桩身表面不得有松散块、无孔洞；桩表面无浮浆、无泥土，桩面基本平整，凹凸差不超过 10mm。

3）桩身的孔洞处理：用钢丝刷清扫干净，浇水湿润后，用比桩身高一强度等级的混凝土进行填平补齐。

4）桩与基面相交部位的裂缝处理：将裂缝部位剔槽，浇水润湿，将刚性堵漏宝加水后搅拌成腻子状，填入裂缝中，浇水养护不小于 8h。

5）桩身周边基层的泥土、浮浆、松动的碎石等用高压水枪和钢丝刷等清理干净，露出完整洁净的结构面，且不得有积水。

（2）施工工艺

1）施工流程

基层处理→浇水湿润桩体→涂刷渗透结晶第一遍→喷雾养护→涂刷渗透结晶第二遍→喷雾养护→绑扎止水条→桩头周边涂刷改性沥青涂料→桩周边铺卷材防水层→桩头周边涂刷改性沥青涂料→桩头质量自检、验收。

2）施工技术要点

① 用水管或喷水设备将干净的清水充分湿润洁净的桩结构面，使得桩身湿透饱和。

② 将粉料与水按 10∶4 的重量比投入桶中（先将水放入料桶中）用电动搅拌器将粉料充分搅拌均匀。涂刷部位包括桩顶、桩侧及桩周围的平面 250mm 范围，分两次进行涂刷。

使用硬毛刷在潮湿且无明水的桩面刷第一遍涂料；第一遍涂料涂刷后待涂料面层发白时需要用喷雾器喷雾，确保涂料面层保持湿润状态，涂料面层在 4h 内应保湿养护。

③ 夏季高温时，要在桩头上部覆盖草帘、薄膜进行湿养护；温度低于 5℃时要在桩头周边扎设保温棚，棚内设置加热设备，提高涂料所需的温度。

④ 止水条绑扎之前应在钢筋周边剔槽，要求槽的宽度与止水条的宽度一致；槽内杂物要扫干净，细小灰尘用吹风机清理干净。桩的钢筋周围缠绕遇水膨胀止水条，止水条安装时用绑扎丝紧密固定在钢筋周围并保持与桩头混凝土贴附。

⑤ 在卷材防水收口之前先在桩头周围 250mm 范围涂刷改性沥青涂料 0.5mm 厚。大面的防水卷材热熔粘贴在卷材桩头周边的改性沥青涂料上，在桩周边的防水层表面 250mm 范围再涂刷改性沥青防水涂料 1mm 厚，将卷材末端封闭严实。

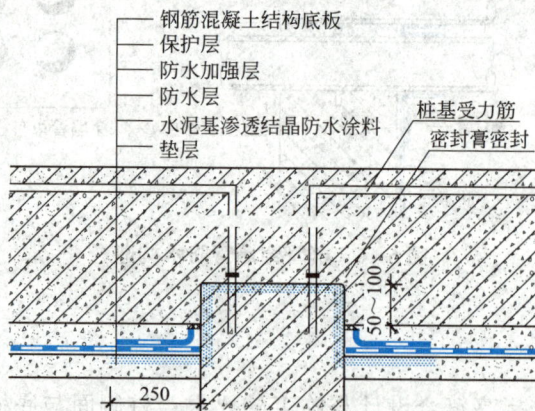

图 6-17 桩头防水构造

6-8 桩头
基坑施工

6. 抗浮锚杆（图 6-18）

（1）锚固钢筋周边的基层要求及处理方式同桩头章节的要求。

（2）基层涂刷水泥基渗透结晶防水涂料，施工要求参考桩头章节的要求。

（3）当锚固钢筋之间因间距较小而卷材铺贴困难时，在钢筋之间嵌填改性沥青密封胶。锚固钢筋及周边防水层处理后，及时做保护层。

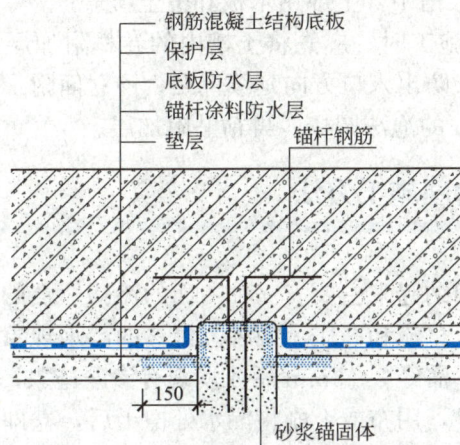

图 6-18　抗浮锚杆防水构造

7. 地下工程通道（汽车坡道、人防出入口，如图 6-19、图 6-20 所示）

地下工程通道与建筑物的混凝土主体结构不同步施工，因此在相连接的部位要设置沉降缝，沉降缝部位要设置防水附加层。

（1）施工流程

附加层弹线→铺贴主体结构一侧的平、立面的附加层→将后施工部位的（即汽车坡道和人防出入通道未开挖、附加层暂不能粘贴）防水附加层置入预先设置的土槽中→地下通道防水施工时，取出预先埋入槽中的附加层卷材→粘贴通道部位平面的附加层→粘贴通道保护墙上的附加层。

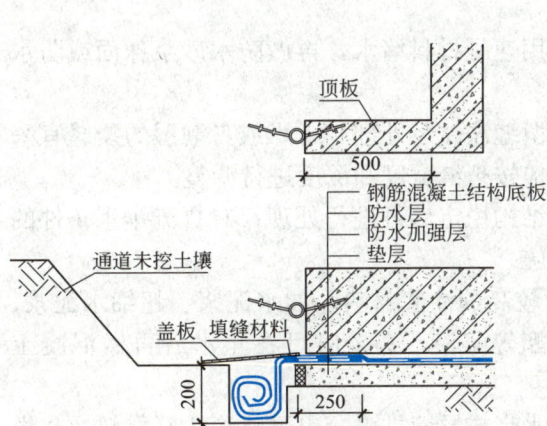

图 6-19　地下工程通道防水构造 1

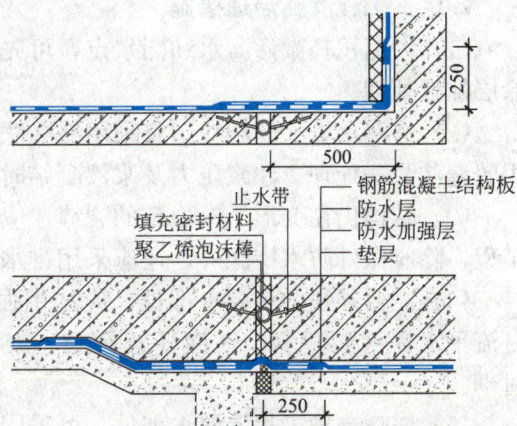

图 6-20　地下工程通道防水构造 2

（2）施工要点

1）主体结构与通道相交部位的沉降缝附加层施工时，应先粘贴主体结构一侧的附加层，因为通道还未开挖无防水工作面，因此通道一侧的防水附加层要预置在槽中以免被破坏；

2）预留槽的做法：在底板垫层的外侧开土槽，槽的尺寸为 200mm × 200mm × 100mm，将卷材附加层置入槽中，上部用木板和覆土覆盖；

3）在进行通道的防水施工时，应先将土槽内的卷材附加层挖出，将预留卷材附加层清理干净后向汽车坡道或人防出入口方向延续铺贴；铺立面附加层施工之前时，应先在接缝的部位粘贴直径为 50mm 的泡沫圆棒，再粘贴附加层。

6.1.4 地下工程渗漏治理施工方法

地下工程渗漏水情况归纳起来主要有三种：面的渗漏、点的渗漏、缝的渗漏。从渗漏情况可以分为慢渗、快渗、急流和高压流四种。慢渗的渗水现象不太明显，用布将渗漏处抹干，不能立即发现漏水，需经 3～5min 后才发现有渗漏迹象，再隔一段时间才集成一小片水。快渗的漏水现象明显，用布或毛刷将漏水处擦干后，立即又出现湿痕，并很快集成一片，顺墙流下。急流的漏水现象明显，可以看到有水从缝隙孔洞急流而下。高压急流渗漏严重，水已经形成水柱从渗漏处喷出。

1. 地下工程渗漏治理要求

地下工程渗漏水治理施工应按制定的方案进行，由防水专业设计人员和有防水资质的专业工队施工。在治理的过程中应严格要求每道工序的操作，上道工序未经验收合格，不得进行下道工序施工。

在查找渗漏水源后，即着手进行堵漏，渗漏水治理施工时应按先顶拱后墙再底板的顺序进行。在治理过程中应随时检查治理效果，并应做好隐蔽施工记录。应尽量少破坏原有完好的防水层。

地下工程渗漏水治理除应做好防水堵漏之外，尚应采取排水措施。有降水和排水条件的地下工程，治理前应做好降水和排水工作。

2. 地下工程渗漏治理措施

（1）大面积轻微渗漏水和漏水点，可先采用速凝材料堵水，再做防水砂浆抹面或防水涂层加强处理。

（2）渗漏水较大的裂缝，宜采用钻孔法或凿缝法注浆处理。干燥或者潮湿的裂缝宜采用骑缝注浆法处理。注浆压力及浆液凝结时间应按裂缝宽度和深度进行调整。

（3）结构仍在变形、未稳定的裂缝，应待结构稳定后再进行处理；有自流排水条件的工程，除应做好防水措施外，还应采用排水措施。

（4）需要补强的渗漏水部位，应选用强度较高的注浆材料，如水泥浆、超细水泥浆、自流平水泥灌浆材料、改性环氧树脂、聚氨酯等浆液，必要时可在止水后再做混凝土衬砌。

（5）锚喷支护工程渗漏水部位，可采用引水带或导管排水，也可喷涂快凝材料及化学注浆堵水。

3. 细部构造部位渗漏处理采用措施

（1）变形缝和新旧结构接头，应先注浆堵水或者排水，再采用嵌填遇水膨胀止水条、密封材料或设置可卸式止水带等方式处理；

（2）穿墙管和预埋件可先用快速堵漏材料止水后，再采用嵌填密封材料、涂抹防水涂料、水泥砂浆等措施处理；

（3）施工缝可根据渗出水情况采用注浆、嵌填密封防水材料及设置排水暗槽等方法处理，表面增设水泥砂浆、涂料防水层等加强措施。

4. 注浆施工工艺及相关要求

（1）施工流程

现场勘查渗漏情况→确定钻孔的位置与数量→机械钻孔→安装注浆嘴→灌浆→取注浆嘴、封孔→验收。

（2）施工要点

1）现场勘察渗漏部位的类型（点渗、线渗、面渗）。

2）确定钻孔的位置与注浆嘴的数量：

点渗：注浆嘴的数量为 2～3 个。

面渗：注浆嘴的数量根据现场情况而定。

线渗：渗漏水表面为线状渗漏，注浆孔要梅花状分布在两侧，间距为 15cm。

3）使用专用的电钻在预先确定的位置钻孔，钻孔设备与基面成 45°角，钻孔应穿过裂缝，钻孔完毕应清理孔中的灰尘。

4）将注浆嘴装入孔中，固定注浆嘴不得松动。将注浆管连接注浆机和注浆嘴，启动电动灌浆机，将灌浆料压入渗漏部位的混凝土中，当混凝土表面冒出浆料和注浆机的压力增大则停止灌浆。

5）待灌浆料凝固、不再流淌时将注浆嘴取下，用速凝型堵漏宝封孔。

5. 漏水点堵水施工工艺及相关要求

（1）施工流程

剔除渗水部位→浇水湿润基面→搅拌堵漏材料→封堵渗漏水部位→浇水养护→清理现场。

（2）施工要点

1）混凝土基面渗漏，将混凝土渗漏部位剔槽，宽不小于 6cm，深不小于 4cm。剔除的基面应粗糙或不平整。

2）用水浇透基面让基面水分饱和，避免基面吸收堵漏材料的水分，防止堵漏材料失水过快而开裂。

3）使用干硬性的快干型堵漏宝速封漏点，用毛刷蘸水养护 20min；再使用稀料状的堵漏材料抹压渗漏基面。

6.1.5 地下室防水工程施工实例解析

1. 工程概况

汉中市某中央商业大街项目，主要突出城市核心功能，以综合商业和特色商业为主。

2. 防水设计构造

项目地下工程底板、侧墙选用 3mm 厚 SBS 弹性体改性沥青防水卷材＋4mm 厚 SBS 弹性体改性沥青防水卷材；种植顶板选用 4mm 厚 SBS 弹性体改性沥青防水卷材＋4mm 聚合物改性沥青化学耐根穿刺防水卷材。

3. 施工操作要点

（1）施工流程：

施工前准备→基层处理→涂刷基层处理剂→细部节点附加层粘贴→弹基准线→热熔粘贴大面卷材→滚压排汽、粘牢→搭接边粘贴和压实→立面收头卷材固定→密封处理→质检验收→防水层保护。

（2）基层检查、验收：选用适当工具清理基层，使基层平整、清洁、干燥，达到卷材施工条件。

（3）涂刷专用基层处理剂：用长柄滚刷将基层处理剂涂刷在已处理好的基层表面，并且要涂刷均匀，不得漏刷或露底。基层处理剂涂刷完毕，达到干燥程度（一般以不粘手为准）方可施行热熔施工，以避免失火。

（4）细部节点附加处理：对于转角处、阴阳角部位、出屋面管件以及其他细部节点均做附加增强处理，方法是先按细部形状将卷材剪好，在细部贴一下，视尺寸、形状合适后，再将卷材的底面用汽油喷灯烘烤，待其底面呈熔融状态，即可立即粘贴在已涂刷一道基层处理剂的基层上，附加层要求无空鼓，并压实铺牢。

（5）弹线、预铺 SBS 卷材：在已处理好并干燥的基层表面，按照所选卷材的宽度，留出搭接缝尺寸（长、短边搭接宽度为 100mm），将铺贴卷材的基准线弹好，按此基准线进行卷材预铺，释放应力，然后将卷材重新打卷。在卷材铺贴时，应由卷材中间向两侧进行卷材铺贴施工，并对卷材进行滚压、排汽。铺贴后卷材应平整、顺直，不得扭曲；搭接宽度符合规范要求。

（6）热熔满粘 SBS 卷材：将起始端卷材粘牢后，持火焰喷灯对着待铺的整卷卷材，使喷灯距卷材及基层加热处 0.3～0.5m 施行往复移动烘烤（不得将火焰停留在一处烘烤时间过长，否则易产生胎基外露或胎体与改性沥青基料瞬间分离），应加热均匀，不得过分加热或烧穿卷材。至卷材底面胶层呈黑色光泽并拌有微泡（不得出现大量气泡），及时推滚卷材进行粘铺，后随一人施行排汽压实工序。

卷材搭接宽度应符合相关规范要求，接缝宽度：长短边均不小于 100mm。地下工程同层相邻两幅卷材的短向搭接缝应错开不小于 1/3 幅宽，上下层卷材纵向错开 1/3～1/2 幅宽。

（7）热熔融合搭接缝：搭接缝卷材必须均匀、全面地烘烤，必须保证搭接处卷材间的沥青密实熔合，且有熔融沥青从边端挤出，沿边端封严，以保证接缝的密闭防水功能。

（8）卷材收口：立面卷材终端收口应采用特制的专用收口压条（镀锌金属压条）及耐腐蚀螺钉固定（圆形构件卷材立面收口应采用金属箍紧固），沥青基密封膏密封，收口高度一般为不小于 250mm。此做法在保证防水系统的安全性能的前提下，对延长防水系统的安全使用寿命起到极大的帮助。

（9）检查验收防水层：铺贴时边铺边检查，检查时用螺丝刀检查接口，发现熔焊不实之处及时修补，不得留任何隐患，现场施工员、质检员必须跟班检查，检查合格后方可进入下一道工序施工。

4. 小结

随着人们生活水平的提高，拥有车辆的家庭越来越多，地面停车位有限，所以项目设计利用地下空间建设地下车库势在必行，车库顶板平台设计为绿地综合景观也是必然。这就对地下车库的防水提出了很高的要求，既要考虑地下水及自然降水的侵蚀，还要考虑经常性的植物灌溉水对地下车库顶板及侧墙的侵蚀。

6.2 屋面防水工程施工

6.2.1 屋面防水工程施工要求

（1）屋面防水工程施工应遵照按图施工、材料检验、工序检查、过程控制、质量验收的原则。所采用的防水材料应有产品合格证书和性能检测报告，材料的品种、规格、性能等应符合现行国家产品标准和设计要求。材料进场后应抽样复检，不合格的材料不得在屋面防水工程中使用。

（2）屋面防水工程施工由具备相应资质的专业队伍进行施工，作业人员应持证上岗。施工之前应通过图纸会审，掌握施工图中的细部构造及有关技术要求，施工单位应编制屋面工程施工方案或者技术措施，并应进行现场安全技术交底。

（3）施工过程中，应建立各道工序的自检、交接检和专职人员检查的三检制度，并有完整的检查记录。每道工序完成后，应经监理单位检查验收，合格后方可进行下道工序的施工。下道工序施工前，应对已经完成验收的屋面防水工程采取保护措施。

（4）屋面工程应建立管理、维修、保养制度；屋面的排水系统应保持畅通，严防水落口、天沟、檐沟堵塞或积水。

（5）屋面防水施工必须符合下列安全规定：

1）防水工程施工严禁在雨天、雪天和五级风及其以上时施工。施工环境气温应符合相关要求。

2）屋面周边和预留孔洞部位，必须按临边、洞口防护规定设置安全护栏和安全网；屋面坡度大于30%时，应采取防滑措施；施工人员应穿防滑鞋，特殊情况下无可靠安全措施时，操作人员必须系好安全带并扣好保险钩。

3）防水材料进场后，应远离火源，露天堆放时应采用不燃材料进行完全覆盖；不得直接在可燃类防水、保温材料上进行热熔或是热粘法施工；喷涂硬泡聚氨酯作业时，应避开高温环境，施工工艺、工具及服装等应采取防静电措施；施工作业区应配备消防灭火器材，对火源、热源等危险源应加强管理。

6.2.2 屋面防水施工方法

1. 卷材防水层施工

此施工方法适用于在屋面基层上粘贴防水卷材而使屋面具有防水功能的一类屋面。卷材防水层的施工关键是：基层必须有足够的排水坡度，且干净、干燥；卷材与卷材之间的搭接缝必须耐久、可靠，在合理的使用年限内不得脱开。卷材的端头及卷材与涂膜的结合处，其固定和密封必须牢固严密；卷材在立面处和大坡度处应有防止下坠、下滑的措施。

（1）施工准备

1）作业条件

与防水层相关的各构造层次验收合格并符合设计要求，屋面各设备基础、水落口、出屋面管道及各种预埋件等安装完毕。

防水施工方案已经通过审批，施工机具、消防安全设施、现场成品保护设施已到位，已做好防水施工安全与技术交底。

2）材料

所用的防水卷材应有产品合格证书及性能检测报告，材料的品种、规格、性能等应符合设计和产品标准的要求。材料进场后，按规定进行抽检复试且合格方可现场施工，工程中严禁使用不合格的材料。

3）施工机具

小平铲、羊角锤、裁剪刀、钢卷尺、手持压辊、火焰加热器、喷涂机、吹风机、钢丝刷、橡胶刮板、消防器材。

4）基层处理

① 使用屋面结构板作为卷材防水层的基层而不另做找平层

应将结构面的疙瘩、浮浆等清理干净，露出洁净的结构面。混凝土基层表面的蜂窝、孔洞、麻面需要先用凿子将松散不牢的石子剔掉，用钢丝刷清理干净，浇水润湿后先涂刷素浆再用高强度等级的细石混凝土填实抹平。

基层表面的油污、水泥杂物等要用专用的工具清除，并用吹风机、吸尘器将基层的灰尘清理干净。基层的裂缝宽度超过 0.3mm 时应将裂缝剔成 V 形槽，在槽内嵌水泥砂浆或者采用注浆的措施。

② 另做找平层作为卷材防水层的基层

水泥砂浆找平层施工质量的主要要求是：表面平整、不起砂、不脱皮、不开裂、与基层粘结牢固，无松动现象。因此找平层施工时，应注意下列问题：

a. 找平层表面必须平整，用 2m 长的直尺检查，找平层与直尺间的最大孔隙不应超过5mm，而且要求孔隙变化平缓；

b. 用装配式混凝土屋面板做基层时，屋面板应安装牢固，做找平层之前，基层表面应清扫干净并洒水润湿，以使找平层粘结牢固；

c. 卷材防水层如果出现不规则拉裂，一般多是由于水泥砂浆找平层收缩裂缝而造成的，因此，找平层宜留分隔缝，以便将裂缝集中到分隔缝处，统一处理，分格缝宽一般为20mm，其位置为留设在预制板支承端的拼缝处，纵横向的最大间距不大于 6m。

6-9 卷材屋面防水施工准备视频

（2）操作工艺

1）施工工艺流程

施工准备→基层处理、验收→涂刷基层处理剂→附加层施工→铺贴卷材→细部处理→自检验收。

2）基层处理剂的涂刷

涂刷基层处理剂之前，首先检查基层的质量和干燥程度，并加以清扫，符合要求后才可进行。卷材防水层的基层应坚实、干净、平整，应无孔隙、起砂和裂缝。基层的干燥程度应根据所选用的防水卷材的特性确定。在大面积涂刷前，应用毛刷对屋面节点、周边、拐角等部位先行处理。

基层处理剂应与卷材相容，可采用喷涂或者刷涂施工工艺，喷涂或者刷涂应均匀一致，干燥之后应及时进行卷材施工。一般气候条件下基层处理剂的干燥时间为4h左右。基层处理剂一次喷刷的面积，应根据基层处理剂干燥时间的长短和施工进度的快慢来确定，面积过大来不及铺贴卷材，时间过长容易被风沙、尘土污染，面积过小会影响下到工序的正常进行。

3）卷材铺贴的技术要求

① 铺贴方向：当屋面坡度小于3％时，卷材宜平行于屋脊铺贴；屋面坡度在3％～15％时，卷材可平行或者垂直于屋脊铺贴；屋面坡度大于15％时，卷材宜垂直于屋脊铺贴。上下层卷材不得相互垂直铺贴。

檐沟、天沟卷材施工时，宜顺檐沟、天沟方向铺贴，搭接缝应顺流水方向。

② 铺贴顺序：卷材大面积铺贴之前，应先做好细部构造节点密封处理、附加层和屋面排水较集中部位、分隔缝的空铺条处理，然后由屋面最低标高向上铺贴；同高度大面积的屋面，先铺离上料点较远的部位，后铺较近部位。

③ 卷材接缝：卷材平行于屋脊的搭接缝应顺流水方向搭接，垂直于屋脊的搭接缝应顺当地年最大频率风向搭接。同一层相邻两幅卷材的短边搭接缝错开不应小于500mm，上下层卷材不得相互垂直铺贴，上下层卷材的搭接缝应错开，且不应小于幅宽的1/3，铺贴卷材时应平整顺直，不得扭曲，搭接尺寸准确（图6-21）。

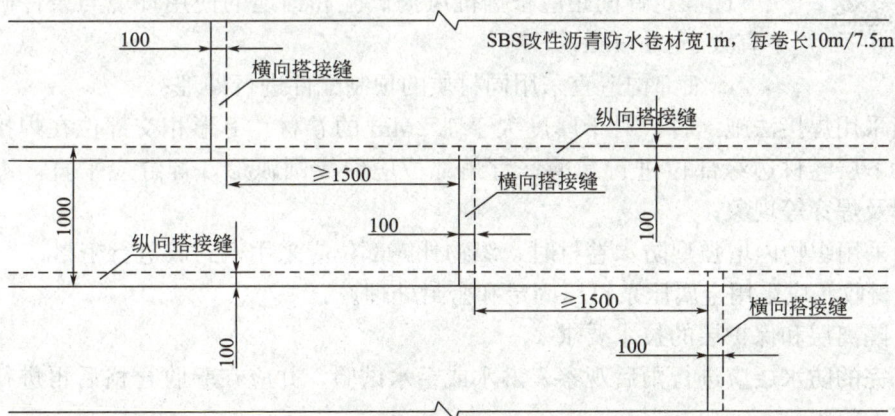

图6-21　卷材铺贴平面图

④ 粘结方式：

a. 卷材与基层的粘贴方式有满粘、条粘、点粘等多种形式，在工程应用中根据建筑部位、使用条件、施工情况，可以采用其中一种或几种方式，通常采用满粘法，而条粘、点粘更适合于防水层上有重物覆盖或基层变形较大的部位，是一种克服基层变形拉裂卷材防水层的有效措施。

b. 外露不上人平屋面、立面，坡度等于或大于20％的坡屋面卷材与基层应采用满粘铺贴；上人的平屋面或是卷材防水层上有重物覆盖以及基层变形较大时，应优先考虑采用点粘与条粘法，采用条粘法时，每幅卷材与基层的粘结面不应少于两条，每条宽度不应小于150mm。但距立面周边600mm范围以内宜满粘贴，短边搭接缝300mm范围内应满粘铺贴。屋面卷材采用叠层构造的，卷材之间应热熔满粘。

c. 在温差变化较大的地区或者因基层含水率问题而影响施工时可考虑条粘、点粘的粘贴方式，但距离屋面周边500mm范围内应满粘。条粘和点粘的面积应根据屋面条件确定，平屋面粘结面积不小于30％，坡屋面粘结面积不小于70％。

⑤ SBS弹性体（APP塑性体）改性沥青防水卷材宜选用热熔法或热粘法施工；自粘聚合物改性沥青防水卷材宜选用自粘法或热粘法施工；橡胶类防水卷材、纤维背衬型热塑性聚烯烃防水卷材宜选用冷粘法施工；湿铺防水卷材宜选用湿铺法施工；织物内增强型热塑性聚烯烃防水卷材宜选用机械固定法施工。

4）卷材施工操作要点

屋面铺贴卷材常见的施工工艺主要包括热熔法施工、自粘法施工、湿铺法施工、冷粘法施工、机械固定法施工这里介绍一下热熔法施工、自粘法施工、机械固定法施工。

① 热熔法施工

② 自粘法施工

③ 机械固定法施工

机械固定法施工是采用固定件将防水卷材固定在屋面基层上的施工方法，机械固定法铺贴卷材的操作要点：

a. 固定件应与结构层连接牢固；

b. 固定件间距应根据抗风揭试验和当地的使用环境与条件确定，且不宜大于600mm；

c. 细部构造宜采用同材质的预制配件进行处理；

d. 当采用焊接法施工时，对于厚度大于1.2mm的卷材，T形相交部位在焊接前，应用刮刀对下层卷材边缘部位进行减薄；直角部位应剪成圆弧形，焊缝应平直，不得有漏焊、虚焊及焊穿等现象；

e. 当采用织物内增强型防水卷材时，织物外露部位应采用密封胶进行密封；

f. 卷材收头应采用金属压条钉压固定和密封处理。

（3）隔离层和保护层的技术要求

施工完的防水层应进行雨后观察、淋水或蓄水试验，并应在验收合格后再进行保护层和隔离层的施工。

在隔离层和保护层施工之前，卷材防水层的表面应平整、干净，施工过程中，应避免损坏防水层。保护层表面的坡度应符合设计要求，不得有积水现象。

6-11 高聚物改性沥青卷材防水层热熔法敷设施工

6-12 卷材防水层自粘冷粘法施工

水泥砂浆及细石混凝土保护层铺设前，应在防水层上做隔离层，多采用干铺塑料膜、土工布作为隔离材料，铺设的隔离材料应平整，不得有皱折、破损或漏铺现象。

当采用细石混凝土做防水保护层时，不宜留施工缝，当施工间隙超过时间规定时，应对接槎进行处理。水泥砂浆及细石混凝土表面应抹平压光，不得有裂纹、脱皮、麻面、起砂等缺陷，施工环境温度应为5～35℃。

2. 涂膜防水层施工

此施工方法适用于在屋面基层上涂布防水涂料而使屋面具有防水功能的一类屋面。

（1）施工准备

1）施工作业条件

施工前应编制施工方案或技术措施。防水施工人员应经过理论与实际施工操作的培训，并持证上岗。

屋面基层应坚实、平整、干净，无孔隙、起砂和裂缝。当采用溶剂型、热熔型和反应固化型防水涂料时，基层应干燥。

涂膜防水层的施工环境温度：水乳型及反应型涂料宜为5～35℃，溶剂型涂料宜为−5～35℃，热熔型涂料不宜低于−10℃，聚合物水泥涂料宜为5～35℃。雨天、雪天和五级风及以上时不得施工。

2）施工材料、机具

主材：了解所选用防水涂料的基本特性和施工特点，明确涂布遍数、次序、涂布时间间隔等。了解防水涂料对于基层的要求，包括基层的材性、坚硬程度、附着能力、清洁干燥程度、平整度等，应按其要求进行基层处理。

防水涂料施工中如果使用两种以上不同的防水材料时，应了解两种材料的亲和性能及相互有无侵蚀作用。如果两种材料相容，则可使用；否则不能使用，以免造成两种材料相互间的损害而使得防水层在短期内失效。

使用的材料主要包括高聚物改性沥青防水涂料、合成高分子防水涂料、聚合物水泥防水涂料，使用过程中配合比应符合材料要求。

胎体增强材料：聚酯无纺布、化纤无纺布。

机具：电动搅拌器、嵌缝挤压枪、搅拌桶、小铁桶、小平铲、塑料或橡胶刮板、长把滚刷、毛刷、小抹子、扫帚、磅秤等。

3）基层处理

基层是涂膜防水层施工的基础，涂膜防水层依附于基层，基层质量的好坏直接影响到防水涂膜的质量。基层必须坚实、平整、清洁，无孔隙、起砂、裂缝，基层的干燥程度应根据所选用的防水涂料特性而定，当采用溶剂型、反应固化型防水涂料时，基层应干燥。

当防水涂料施工前，必须对基层进行严格的检查，使其达到涂膜施工的要求。基层的质量主要包括结构的刚度和整体性，找平层的刚度、强度、平整度以及基层的含水率等。

基层强度：基层强度一般应不小于5MPa，表面疏松、不清洁或是强度太低、裂缝过大，都容易使涂膜与基层粘结不牢。若局部基层出现起砂、起皮等问题，应将此处表面清除，再用掺入界面剂的水泥浆涂刷，并抹平压光。

平整度：如果基层凹凸不平或局部隆起，防水涂料施工时容易出现涂膜厚薄不匀，基层凸起的部位使得防水涂膜厚度减薄，影响防水涂膜的耐久性；基层凹陷部位使得涂膜厚

度增厚，容易产生皱折。如基层的平整度较差，则应将凸起部位铲平，低凹处用1∶2.5水泥砂浆掺界面剂补抹。

干燥程度：基层的干燥程度对不同类型的防水涂料有着不同程度的影响，溶剂型、反应型涂料对基层的干燥程度要求较高，必须在干燥的基层上施工，以避免产生涂膜鼓泡的质量问题。

（2）施工操作工艺

1）施工流程

施工准备→检查、修补基层→细部构件节点处理→阴阳角部位附加层的施工→涂刷第一遍涂料→涂刷第二遍防水涂料→涂刷面层涂料→涂料质量检查→闭水试验。

2）涂料的配比和搅拌

① 双组分涂料的配比和搅拌

采用双组分防水涂料时，应根据生产厂家提供的配合比现场进行配制，配料时要求计量准确，采用电动机具搅拌均匀，已经配制好的涂料应及时使用。搅拌的混合料以颜色均匀一致为标准，如涂料因稠度太大涂布困难时，可根据厂家提供的品种和数量掺加稀释剂，切忌任意使用稀释剂稀释，否则影响涂料性能。

每次配制数量应根据每次涂刷的面积计算确定，不得一次搅拌过多，以免因涂料发生凝聚或固化而无法使用。混合后的涂料存放时间不得超过规定的使用时间。

② 单组分涂料的搅拌

单组分涂料一般用铁桶或塑料桶密闭包装，打开桶盖后即可施工，但因桶装量大，且大部分涂料中含有填充料而容易沉淀而产生不均匀现象，故在使用前也应进行搅拌。较简便的方法是在使用前先将包装桶反复滚动，使得桶内的涂料混合均匀，达到浓度一致。

3）细部节点处理、涂膜附加层施工

大面积防水涂料涂布前，应先对水落口、天沟、檐沟、反梁过水孔、出屋面管根、阴阳角等节点进行处理，完成密封材料的嵌填、有胎体增强材料的附加层铺设，然后进行大面积的涂料施工。

高低跨屋面，应先涂布高跨屋面，后涂布低跨屋面，相同高度屋面，先涂布上料点较远的部位，后涂布较近的屋面；防水涂料应分层分遍涂布，待前一道涂层干燥成膜后，方可涂下一道涂料。

4）涂料施工的技术要求

① 防水涂料应多遍均匀涂布，后一遍涂料应待前一遍涂料干燥成膜后进行，且前后两遍涂料的涂布方向应相互垂直，涂层的甩槎应注意保护，接槎宽度不应小于100mm，接槎前应将甩槎表面处理干净。

② 在涂层间夹铺胎体增强材料时，宜边涂布边铺胎体；胎体应铺贴平整，排除气泡并应与涂料粘结牢固。在胎体上涂布涂料时，应使涂料浸透胎体，并应覆盖完全，不得有胎体外露现象。最上面的涂膜厚度不应小于1mm。

③ 胎体增强材料平行或垂直屋脊铺设应视方便施工而定。平行于屋脊铺设时，应由最低标高处向上铺设，胎体增强材料应顺流水方向搭接；胎体增强材料长边和短边搭接宽度分别不应大于50mm和70mm。当采用两层胎体增强材料时，上下层的长边搭接缝应错开且不得小于1/3幅宽，上下层不得垂直铺设。

④ 聚合物水泥防水涂料、水乳型防水涂料及溶剂型防水涂料宜选用滚涂法或喷涂法施工；反应固化型防水涂料、热熔型防水涂料宜选用刮涂法或喷涂法施工；所有防水涂料用于细部节点构造时宜选用刷涂法或喷涂法施工。

5）防水保护层的技术要求

涂膜防水层完工后，应及时进行保护层施工，以使涂膜层及时得到保护。保护层施工之前，不得在其上直接堆放物品，以免刺穿或者损坏防水涂层。

分隔缝应在浇筑找平层时预留，要求分格符合设计要求，并应与板端缝对齐，均匀顺直，对其清扫后嵌填密封材料。

3. 复合防水层施工

复合防水层是指由彼此相容、功能互补的两种或两种以上的防水材料组合而成防水层的一类屋面结构层次。相容性是指相邻的两种材料之间互不产生排斥的物理和化学作用的性能。

（1）防水卷材与涂料复合施工

防水卷材与涂料的复合施工做法是涂料先做，即先将涂料在基层上施工到设计厚度，等涂膜干燥成膜后再施工防水卷材。

复合防水层在进行施工时，除卷材防水层应符合前述章节卷材防水屋面施工、涂料防水层应符合前述章节涂料防水屋面施工的有关规定外，复合防水层的施工还应注意以下要点：

1）基层的质量应满足底层防水层的要求。

2）不同胎体和性能的防水卷材在复合使用时，或者夹铺不同胎体增强材料的涂膜复合使用时，其高性能的防水卷材或防水涂膜应作为面层。

3）不同防水材料复合使用时，耐老化、耐穿刺的防水卷材应设置在最上面。

4）防水卷材和防水涂膜复合使用时，选用的防水卷材和防水涂膜应相容。

5）挥发固化型的防水涂料不得作为防水卷材粘接材料使用；水乳型或合成高分子类防水涂料不得与热熔型防水卷材复合使用；水乳型或水泥基类防水涂料应等待涂膜实干后，方可铺贴卷材。

（2）防水卷材与涂料热粘施工

热粘复合施工工法：采用加热器将常温下黏稠的非固化橡胶沥青防水涂料加热到规定温度后，采用机械喷涂法或人工刮涂法施工在基层表面，随即将防水卷材紧密的粘贴在热的涂料表面，构成复合防水系统。

热粘复合施工的技术要点：

1）基层表面应无明水或灰尘，采用具有加热和计量等功能的专用设备施工；低温施工时，基层表面应保持干燥，不应有结冰；卷材铺贴宜与涂料施工同步进行。

2）非固化橡胶沥青防水涂料加热后采取刮涂法或喷涂法施工。采用刮涂法施工时，涂料加热达到刮涂的温度，使用齿状刮板进行刮涂，满刮涂不露底，刮涂厚度应满足设计的要求。

3）采用喷涂法施工时，涂料加热达到喷涂所需温度后，开启喷枪进行试喷，达到正常状态后才可进行作业，施工时根据设计厚度进行多遍喷涂，每遍喷涂时应交替改变喷涂方向。

4）卷材铺贴前应将卷材提前展开，并层层压铺进行应力释放，避免防水层表面出现收缩、褶皱现象。涂料施工后应随即在热的涂料表面铺贴卷材防水层，防止因涂料温度下降导致涂料与卷材粘接不严密。

5）卷材搭接部位处理

① 改性沥青防水卷材的搭接采用热熔法处理，即使用加热器加热卷材搭接部位的上下层卷材，当卷材的表面开始熔融时，即可粘合卷材的搭接缝并使接缝边缘溢出热熔的沥青条。

② 自粘聚合物改性沥青防水卷材的搭接采用自粘法处理，搭接部位施工时，将搭接部位的隔离膜揭除直接粘合，用压辊滚压粘结封严。

4. 单层屋面防水施工

此施工方法适用于单层防水卷材屋面，即采用一层防水卷材与相关材料构成的屋面系统。

（1）单层防水卷材屋面施工的一般规定

1）屋面工程施工前应进行图纸会审，对施工图中的细部构造进行审查，编制施工方案和技术措施，并进行技术交底。由专业施工队伍进行施工，操作人员应持证上岗。

2）铺设屋面材料时，分批使用的材料在屋面上应均匀堆放。屋面使用的材料应符合现行国家标准《建设工程施工现场消防安全技术规范》GB 50720 的规定。

3）每道工序完成后，应检查验收并有完整的检验记录，合格后方可进行下道工序的施工。相邻工序进行施工时，应对已完工的部分进行清理和保护。

4）穿出屋面的设施、管道和预埋件等，应在防水层施工前安装固定完毕。

5）无不燃材料覆盖层的绝热层施工完毕后，应及时进行防水层的施工。

6）防水卷材的施工应符合下列规定：

① 施工之前应进行试铺定位，铺贴和固定的防水卷材应平整、顺直，不得扭曲、皱褶。

② 卷材宜平行屋脊进行铺贴，平行屋脊方向的搭接宜顺流水方向，短边搭接缝相互错开不应小于 300mm。搭接部位的表面应干净、干燥，搭接尺寸准确。防水卷材的收头部位宜采用压条钉压固定，并对收头进行密封处理。

③ 高分子防水卷材厚度大于或等于 1.5mm 时，T 形搭接处可采用做附加层或削切处理，附加层采用同材质的均质高分子防水卷材，圆形附加的直径不应小于 200mm，削切处理则应采用修边刀将卷材边缘的焊缝前端切成斜面，削切区域应大于焊接区域。

④ 当高分子防水卷材采用满粘法施工时，环境温度不得低于 5℃；焊接施工时，不宜低于 -10℃。

⑤ 屋面周边和预留洞口部位，必须按临边、洞口防护规定设置安全护栏和安全网；施工人员应系安全带、戴安全帽和穿防滑鞋；严禁在雨天、雪天及五级风及其以上时施工；施工现场应备消防设施，并应加强火源管理。

（2）单层防水卷材屋面的施工工艺

1）基层处理

铺设卷材屋面系统的压型钢板，必须与主体结构有可靠的连接，能够承受屋面风揭荷载的作用。压型钢板间的连接要平顺、连续，不得有

6-14 合成高分子卷材防水层热风法铺贴施工

任何尖锐突出物，以免刺穿、割伤隔汽层及卷材，压型钢板屋面节点做法符合设计及相关国家规范的要求。在铺放卷材以前，清除基层上的碎屑和异物。

2）隔汽层的施工

在经验收合格的基层上铺设 PE 膜隔汽层，注意铺设时保持顺直。相邻 PE 膜搭接 10cm，搭接缝采用 10mm×1mm 丁基胶带粘结，并用压辊压实，避免出现气泡。女儿墙立面、出屋面设备、管道应采用丁基胶带粘接封闭，确保隔绝室内空气，避免室内水汽进入保温层。

3）绝热层的施工

板状绝热材料宜采用机械固定法工艺施工，块状绝热材料在铺设之前，应设计好保温层的铺设方式，应尽可能地采用整张铺设，必须裁切时，应测量好铺设尺寸，误差不超过 5mm。保温板应与卷材同步铺设，施工过程中若长期外露则应加以覆盖，避免淋雨。

板状绝热材料的施工应符合以下规定：基层应平整、干燥、干净；铺设应紧贴基层，铺平垫稳，拼缝严密，错缝铺设，固定牢固；绝热板材若多层铺设时，上下层绝热板材之间的板缝不应贯穿；绝热层上覆或者下衬的保护板及构件的品种、规格应符合设计要求和相关标准的规定；采用机械固定法工艺施工时，固定件的规格、布置方式和数量均应符合设计要求。

绝热板材的固定垫片应与绝热板材表面平齐，固定件应垂直固定在受力层上，固定件穿透钢板不应少于 20mm，嵌入混凝土基层不应少于 30mm，嵌入木板的有效深度不应小于 25mm。

6-15 合成高分子 TPO施工材料机具

4）防水层的施工

① 机械固定法施工

常规单层防水卷材构造层次如图 6-22～图 6-25 所示，单层防水卷材屋面防水层一般采用机械固定法工艺施工。

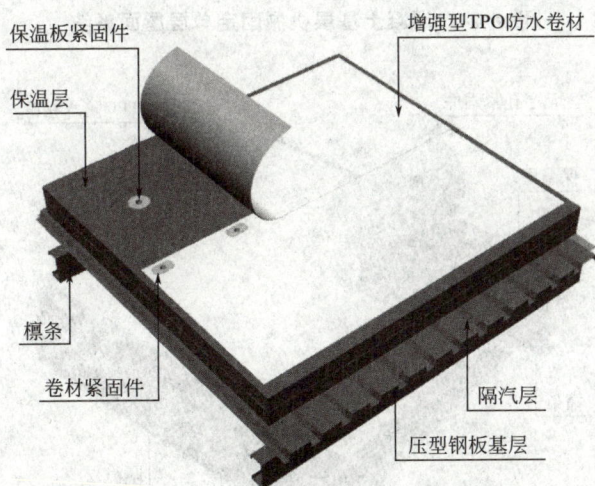

图 6-22　常规机械固定单层屋面系统（一）

防火板固定件　　　　　　　增强型TPO防水卷材

保温层

檩条

防火板

卷材固定件

隔汽层

钢板基层

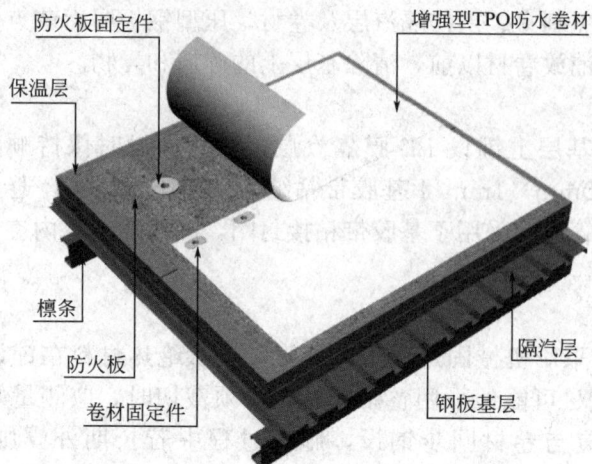

图 6-23　常规机械固定单层屋面系统（二）

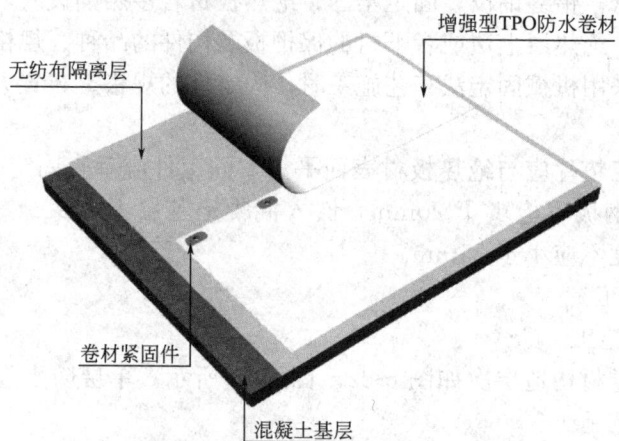

无纺布隔离层　　　　　　　增强型TPO防水卷材

卷材紧固件

混凝土基层

图 6-24　混凝土基层机械固定单层屋面系统

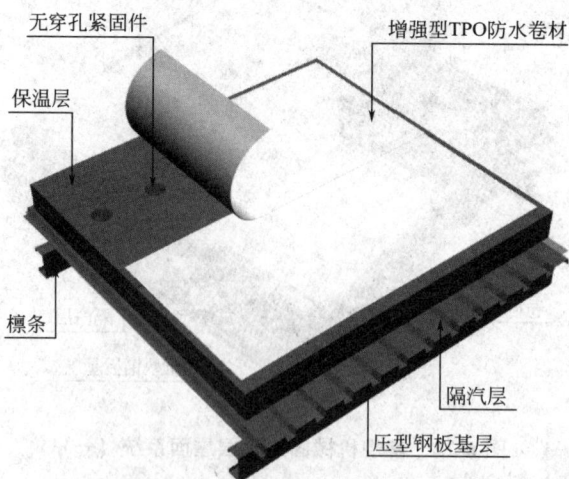

无穿孔紧固件　　　　　　　增强型TPO防水卷材

保温层

檩条

隔汽层

压型钢板基层

图 6-25　无穿孔机械固定单层屋面系统

单层屋面卷材防水施工应符合以下规定：

a. 固定件的数量和间距应符合设计要求，固定件应在压型钢板的波峰上固定，并应垂直于屋面板，与防水卷材结合紧密；在收边和开口部位，当固定件不能设置在波峰位置时，应增设收边加强钢板，固定钉应固定在加强钢板上；

b. 螺钉穿出金属屋面板的有效长度不应小于20mm，当基层为混凝土时，嵌入混凝土的有效深度不应小于30mm，当基层为木板时，嵌入木板的有效深度不应小于25mm；

c. 卷材的铺贴与固定方向宜垂直于屋面压型钢板的波峰方向；

d. 卷材的长边搭接宽度宜为120mm，短边搭接宽度宜为80m，长边搭接时底部卷材采用螺钉加垫片固定，螺钉的固定位置应距离卷材边缘30mm以上，间距则应按风荷载计算数据布置；

e. 卷材搭接边采用焊接法，热风焊接施工是指采用热空气加热热塑性卷材的搭接区进行卷材与卷材接缝粘结的施工方法。

热风焊接法一般适用于热塑性合成高分子防水卷材的接缝施工，即采用热空气焊接机或是热风焊枪，通过电加热产生热气体由焊嘴喷出，将卷材表面熔化达到焊接熔合，接缝方式有搭接和对接两种。

对铺设固定好的单层防水卷材应尽快焊接。焊接前卷材应铺放平整、顺直，搭接尺寸准确，在焊接前应将焊接面擦拭干净，不得有水渍、油迹和杂质。

搭接缝可采用单焊缝或是双焊缝，焊缝应严密。应先焊长边搭接缝，后焊短边搭接缝；焊接完对齐焊接质量应进行检查，出现虚焊、漏焊应做出标记，并进行修复。

采用热焊接法进行合成高分子卷材防水层阴角及阳角部位的施工宜符合下列规定：

当需要在现场制作配件时，宜采用同材质匀质型卷材，平面和立面相交部位宜分别下料，预留搭接部位宽度不应小于50mm，阳角部位加强块的尺寸不宜小于100mm×100mm；宜按照先平面、再立面，最后加强块的顺序施工；应采用手持焊机单焊缝焊接，有效焊接宽度不应小于10mm。

6-16 合成高分子卷材防水层热风法铺贴施工

② 满粘法施工

单层防水卷材屋面防水层采用满粘法构造层次如图6-26所示。

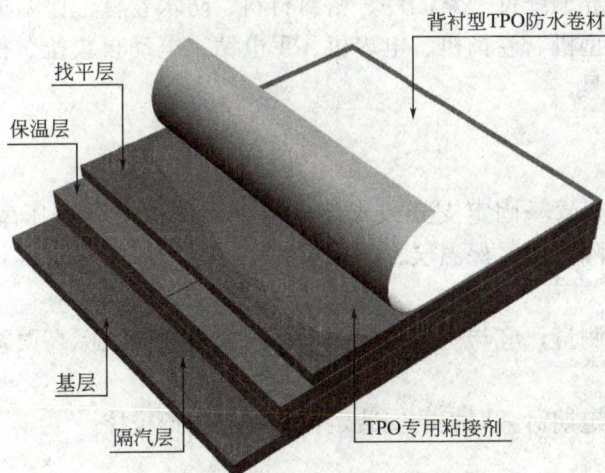

图6-26　混凝土满粘单层屋面系统

满粘法施工工艺应符合下列规定：

a. 细石混凝土、水泥砂浆、不燃材料覆盖板、复合绝热板材等可作为粘结基层，粘结基层应坚实、平整、干净、干燥；

b. 防水卷材的收头部位，屋面周边及穿出屋面设施部位，应采用压条或紧固件固定，并应进行密封处理；

c. 防水卷材粘结面和粘接基层表面均应涂刷胶粘剂；胶粘剂应涂刷均匀，不露底，不堆积；防水卷材在铺贴时，应排除卷材与粘接面之间的空气，可采用滚压粘贴牢固；当绝热材料覆有保护层时，可在保护层上用胶粘剂粘贴防水卷材；

6-17 合成高分子卷材满粘法单层屋面系统

d. 满粘法施工防水卷材，在基层应力集中开裂的部位，宜选用空铺、点粘、条粘或机械固定等施工方法。在坡度较大和垂直面上粘贴防水卷材时，宜先采用机械固定法工艺固定卷材，固定点应密封；

e. 三元乙丙橡胶防水卷材应采用密封胶带搭接。

5. 金属屋面防水施工

（1）施工准备

1）作业条件

① 施工前应编制施工方案或技术措施，根据施工图纸和压型板板型及檩距进行深化排板图设计。

② 金属板屋面施工，应在主体结构和支承结构验收合格后进行。金属板屋面施工人员必须经过培训并持证上岗。

③ 金属板屋面的构件及配件已经运进现场，经检查质量符合要求，数量满足需要，并按平面布置、安装顺序分类堆放整齐。

④ 操作平台及移动脚手架已经搭设完毕。施工机械设备已经进场，安装调试完毕并处于完好状态。

⑤ 为保证施工安全，大坡度屋面在白天施工，雨天、雪天和五级风及以上大风时禁止施工。

2）材料及机具

材料：金属板、异型配件、紧固件、密封材料、防水卷材、保温板、隔汽膜。

机具：金属板压型机、卷扬机、电焊机、手电钻、电动自攻枪、橡皮锤、剪刀、手推胶轮车、上弯下弯工具。

（2）操作工艺

1）施工流程

测量放线→檩条设置→固定支架或支座安装→檐沟板安装→压型板安装→紧固件连接→咬口锁边连接→隔汽层、保温层、防水层施工→金属屋面板安装。

2）测量放线

金属板屋面施工测量，应与主体结构测量相配合，轴线及标高误差应及时调整，不得积累。

施工过程中，应定期对金属板的安装定位基准点进行校核。

3）檩条设置

檩条的品种、规格和质量应符合设计要求及相关产品标准的规定。

檩条应按弹出的中心线铺设，檩条间距应符合设计要求。檩条必须平直，上棱成一直线，檩条接头应设在支承结构上。檩条与支承结构连接宜采用螺栓或焊接固定。

4）固定支架或支座安装

按压型金属板规格尺寸，在檩条上分别弹出安装固定支架或支座的纵向和横向中心线。

檩条上应设置与压型板波型相配套的专用固定支架或支座。按弹出墨线准确放置固定支架或支座，并用自攻螺钉将其与檩条连接。

在固定支架或支座与檩条之间，应按建筑节能要求采用隔热型材或隔热垫，实现热桥部位的隔断热桥措施。

5）檐沟板安装

按施工图的泛水线排列檐沟固定件，并将其焊在檐沟托架上。檐沟板安放在檐沟支架上，用连接螺栓固定在檐沟托架上。

檐沟板应从低处向高处铺设，纵向搭接长度不小于 150mm，接头部位采用拉铆钉连接固定，并用密封带、密封胶处理。檐沟板应伸入屋面压型板的下面，其长度不应小于 100mm。

6）金属压型板安装

从檐口开始向上铺设。压型板应伸入檐沟不小于 100mm。屋脊处两坡压型板间所留空隙不小于 80mm。

压型板的横向搭接宜顺主导风向；当在多维曲面上雨水可能翻越压型板板肋横流时，压型板的纵向搭接应顺流水方向。

压型板铺设过程中，当天就位的金属板材应及时连接固定或采用临时加固措施。

7）紧固件连接

铺设高波压型板时，在檩条上应设置固定支架，固定支架应采用自攻螺钉与檩条连接，连接件宜每波设置一个。

铺设低波压型金属板时，可不设固定支架，应在波峰处采用带防水密封胶垫的自攻螺钉与檩条连接，连接件可每波或隔波设置一个，但是每块板不得少于 3 个。

压型板的纵向搭接应位于檩条处，搭接端应与檩条有可靠的连接，搭接部位应设置防水密封胶带。压型板的纵向最小搭接长度：高波压型板为 350mm；低波压型板屋面坡度不大于 10% 时，为 250mm，屋面坡度不小于 10% 时，为 200mm。

压型板的横向搭接方向宜与主导风向一致，搭接不应小于一个波，搭接部位应设置防水密封胶带。搭接处用连接件紧固时，连接件应采用带防水密封胶垫的自攻螺钉设置在波峰上。

8）咬口锁边连接

压型板应搁置在固定支座上，两片金属板的侧边应确保在风吸力等因素作用下扣合或咬合连接可靠。

暗扣直立锁边是将压型板扣在固定支座的梅花头上，采用电动锁边机将压型板的搭接边咬合在一起。在大风地区或者高度大于 30m 的屋面，压型板应采用 360°咬口锁边连接。单坡尺寸过长或环境温差过大的屋面，压型板宜采用滑动式支座的 360°咬口锁边连接。

9）隔汽层、保温层、防水层施工

隔汽层、保温层、防水层施工要求见前述单层防水卷材屋面的施工工艺中的要求。

6. 瓦屋面施工

（1）瓦屋面采用的木质基层、顺水条、挂瓦条的防腐、防火及防蛀处理，以及金属顺水条、挂瓦条的防锈蚀处理，均应符合设计要求。

（2）屋面木基层应铺钉牢固、表面平整；钢筋混凝土基层的表面应平整、干净、干燥。

（3）瓦屋面防水垫层的铺设应符合下列规定：

1）防水垫层可采用空铺、满粘或机械固定；

2）防水垫层在瓦屋面构造层次中的位置应符合设计要求；

3）防水垫层宜自下而上平行屋脊铺设；

4）防水垫层应顺流水方向搭接，搭接宽度应符合相应规范的规定；

5）防水垫层应铺设平整，下道工序施工时，不得损坏已铺设完成的防水垫层。

（4）持钉层的铺设应符合下列规定：

1）屋面无保温层时，木基层或钢筋混凝土基层可视为持钉层；钢筋混凝土基层不平整时，宜用 1：2.5 的水泥砂浆进行找平。

2）屋面有保温层时，保温层上应按设计要求做细石混凝土持钉层，内配钢筋网应骑跨屋脊，并应绷直与屋脊和檐口、檐沟部位的预埋锚筋连牢；预埋锚筋穿过防水层或防水垫层时，破损处应进行局部密封处理。

3）水泥砂浆或细石混凝土持钉层可不设分格缝；持钉层与突出屋面结构的交接处应预留 30mm 宽的缝隙。

6.2.3 屋面防水节点加强措施

1. 伸出屋面管道

（1）管道周围的找平层应抹出高度不小于 30mm 的排水坡。

（2）伸出屋面的金属管道必须要先除锈和防锈的处理。用砂纸或除锈砂轮机作除锈处理，涂刷防锈漆。经过防锈处理后的金属管道面要涂刷基层处理剂。

（3）卷材收口的高度离面层的尺寸不小于 250mm，防水层端部应采取金属管箍将卷材固定，固定端要用改性沥青密封胶封闭。

（4）管根部位防水处理宜在大面完工后再进行施工，预留的孔洞尺寸不宜大于管道外径 10mm。

（5）采用改性沥青防水卷材进行管根细部处理时，包裹管道的卷材宽度宜大于管道外周长 40mm 以上，搭接宽度不应小于 30mm；卷材在管道上翻高度不宜小于 150mm，顶部用金属箍箍紧且用密封膏封严；下部宜裁切成条后与大面防水满粘，粘结搭接宽度不应小于 25mm，然后用密封膏封严，密封宽度不应小于 50mm。

（6）采用匀质型合成高分子卷材进行管根细部处理时，包裹管道的卷材宽度宜大于管道外周长 40mm 以上，并宜采用单焊缝焊接；卷材在管道上翻高度不宜小于 150mm，顶部用金属箍箍紧且用密封膏封严，下部与大面卷材的有效焊接宽度不应小于10mm；施工时，宜先用热风加热与大面卷材相交的搭接边，并宜用力拉伸，然后按照先平面缝、后竖向缝的顺序施工；当采用与大面防水层相容的防水涂料进行管根处理时，涂膜中宜加铺胎体增强材料，厚度不应小于大面防水层设计厚度。

2. 屋面水落口（图6-27、图6-28）

（1）水落口分为直式和横式两种，无论哪种水落口，其周边500mm范围内应向水落口方向的坡度不小于5%。

（2）水落口的金属杯口周边要预留或者剔20mm×20mm的槽，用吹风机等设备将杂物清理干净后在槽内嵌填密封胶。

（3）水落口周边满粘卷材附加层，附加层伸入水落口的尺寸不小于50mm。

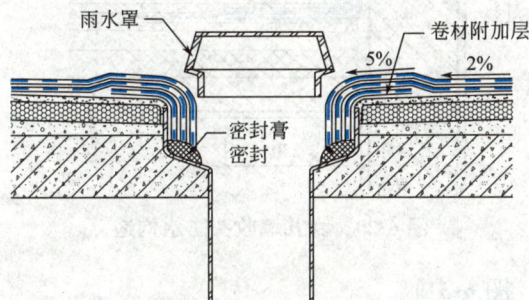

图6-27　屋面直式水落口防水构造

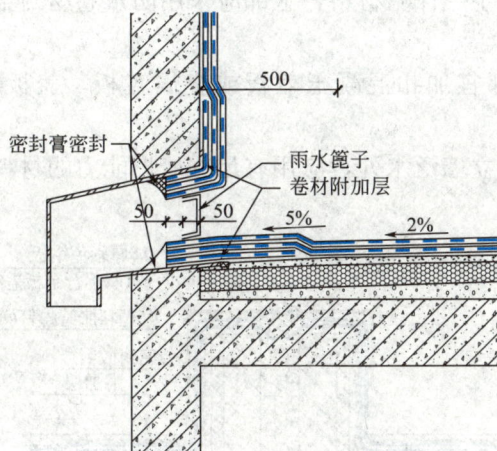

SBS施工
工艺视频
（落水口
附加层）

图6-28　屋面横式水落口防水构造

3. 女儿墙和山墙（图6-29）

（1）女儿墙压顶可采用混凝土或金属制品，压顶向内排水坡度不应小于5%，压顶内侧下端应做滴水处理。

（2）女儿墙泛水处的防水层下应增设附加层，附加层在平面和立面的宽度均不应小

于250mm。

（3）低女儿墙泛水处的防水层可直接铺贴或涂刷到压顶下（高女儿墙泛水处的防水层高度不应小于250mm），卷材收口的部位应用金属压条钉压固定，压条经检查无松动现象后，在金属压条上口使用改性沥青密封胶进行密封处理；防水涂膜收头应用防水涂料多遍涂刷。若有预留凹槽，则将卷材端头裁齐压入凹槽，压条钉压，用密封材料密封，水泥砂浆抹封凹槽。

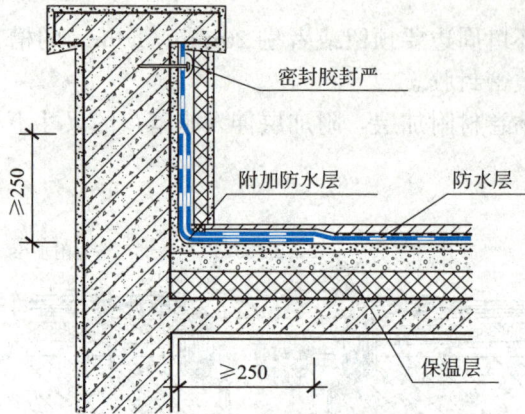

图6-29　女儿墙收头防水构造

4. 变形缝（图6-30、图6-31）

（1）变形缝泛水处的防水层下应增设附加层，附加层在平面和立面上的宽度均不应小于250mm；卷材应铺贴到变形缝两侧泛水墙的顶部。

（2）变形缝内应预填不燃保温材料，上部应采用防水卷材封盖，并填放衬垫材料，再在其上干铺一层卷材。

（3）等高变形缝顶部宜加扣混凝土盖板或金属盖板，盖板的接缝处用密封膏嵌填严密。

（4）高低跨变形缝在立墙泛水处，应用有足够变形能力的材料和构造做密封处理。

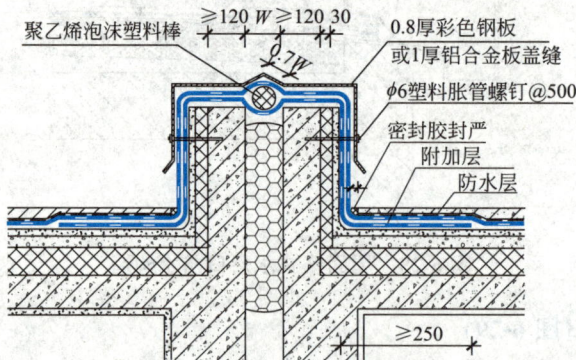

图6-30　等高变形缝防水构造

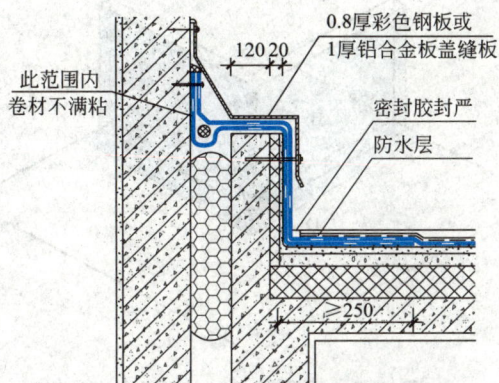

图 6-31　高低跨变形缝防水构造

5. 天沟、檐沟部位（图 6-32）

（1）天沟、檐沟的防水层下应增设附加层，附加层伸入屋面的宽度不应小于 250mm。

（2）檐沟防水层和附加层应由沟底翻上至沟外檐顶部，卷材收头应用金属压条钉压固定，并用密封材料封严。

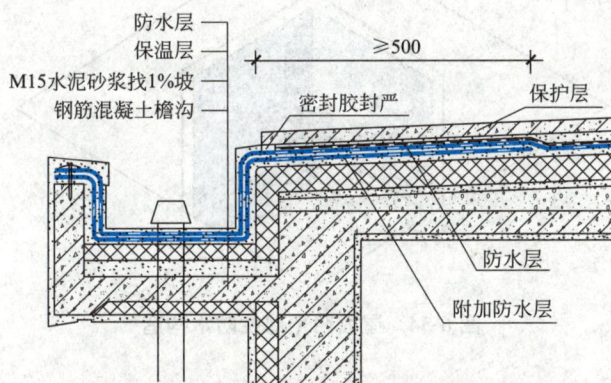

图 6-32　屋面檐沟防水构造

6. 阴阳角部位

改性沥青卷材防水层阳角及阴角部位施工宜符合下列规定：

（1）阳角及阴角部位宜设置宽度不小于 100mm、长度不小于 150mm 的同材质加强块，角部两面及底部宜分三块分别下料裁剪，预留搭接部位宽度不应小于 150mm。

（2）宜按照先做加强块、铺平面部位卷材、再铺立面部位卷材的顺序进行施工。

（3）卷材搭接宽度不应小于 100m；当采用砂岩面卷材时，应将表面砂岩沉入沥青涂盖料中。

（4）搭接部位应有改性沥青涂盖料溢出，宽度不应小于 5mm，接缝应平直。

（5）阳角部位的施工顺序为：

涂刷基层处理剂→安装加强块 D→卷材试铺和裁剪→阳角平面块铺贴 A→阳角立面块铺贴 B→搭接→阳角立面块铺贴 C→搭接，如图 6-33 所示。

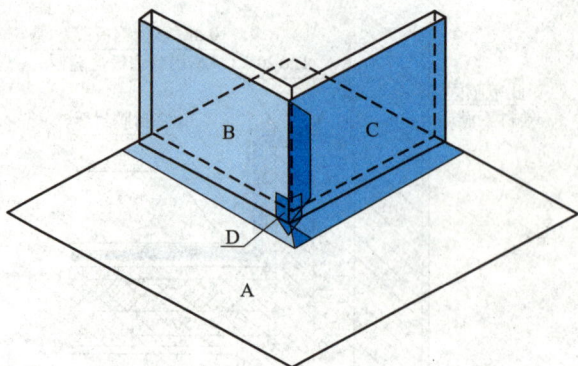

图 6-33　屋面阳角部位防水构造

（6）阴角部位的施工顺序可为：

涂刷基层处理剂→安装加强块 D→卷材试铺和裁剪→铺贴平面块 A→铺贴立面块 B→搭接→铺贴立面块 C→搭接，如图 6-34 所示。

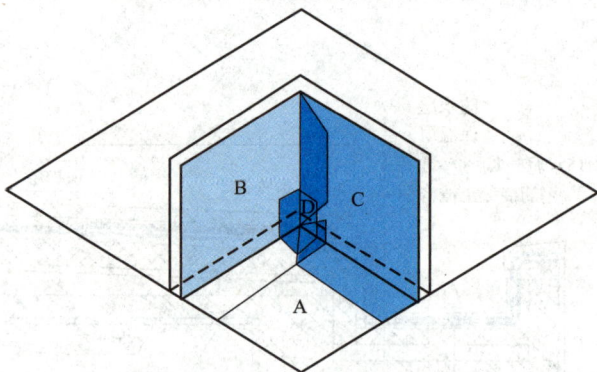

图 6-34　屋面阴角部位防水构造

6.2.4　屋面防水工程施工实例解析

1. 工程概况

成都市某大型城市综合体项目，项目集花园洋房、瞰景高层、独栋办公、LOFT 办公等为一体的综合体。

2. 防水设计构造

项目的屋面防水层选用 2mm 厚 TZH 特种非固化沥青防水涂料复合 3mm 厚 SAM-930 自粘聚合物改性沥青防水卷材。

3. 施工操作要点

（1）施工流程为：

机具准备、材料准备→基层处理→细部附加层施工→大面涂膜防水层刮涂施工→铺贴卷材防水层→质量检查→质量验收→保护层施工。

（2）清理基层，用扫帚或吹风机将基层灰浆及建筑垃圾清理干净。

（3）细部附加层施工，附加层用非固化＋无纺布在两面转角、三面阴阳角等部位进行增强处理，平立面平均展开。方法是先按细部形状将无纺布剪好，在细部贴一下，视尺寸、形状合适，待附加层非固化涂料薄涂完毕，即可立即粘贴牢固，附加层要求无空鼓，并压实铺牢。对屋面的管根、预埋件、阴阳角等处先刮涂 1.0mm 厚的橡胶沥青非固化防水涂料做加强处理，附加层宽度为 500mm。

（4）大面积非固化防水涂料施工：在人工、材料、设备等组织协调顺畅的情况下，可优先采取机械喷涂的方式，以提高工作效率；对于节点部位宜采取人工刮涂的方式，确保附加层的尺寸和厚度。涂料厚度应涂刷均匀，不得漏涂并达到设计厚度。

（5）铺贴防水卷材：在已处理好的基层表面，按照所选卷材的宽度，留出搭接缝尺寸，将铺贴卷材的基准线弹好，按此基准线进行卷材铺贴施工。铺贴后卷材应平整、顺直，搭接尺寸正确，不得扭曲。其中，相邻两幅卷材的短向搭接缝位置应彼此错开不小于1/3 卷材幅宽。

（6）接缝处理：自粘卷材搭接边的粘结：卷材搭接缝的粘结，采用专用压辊在上层卷材的顶面均匀用力辊压，以边缘呈密实粘合为准。必要时采用专用压轮二次压边。

（7）检查验收：分工序自检，检查时用螺丝刀检查接口，发现粘贴不实之处及时修补，不得留任何隐患，现场施工员、质检员必须跟班检查，检查并经验收合格后方可进行下道工序施工。自检合格后报请总包、监理及建设方按照现行国家标准《屋面工程质量验收规范》GB 50207—2012 验收，验收合格后及时进行保护层的施工。

4. 小结

屋面的防水功能要防止雨水或者人为因素产生的水从屋面渗入建筑物内部所采取的一系列结构、构造和建筑措施，因此屋面的防水工程至关重要。TZH 特种非固化橡胶沥青防水涂料具有高耐热、低黏度、可在低温下喷涂或刮涂施工、节能环保以及满足立面与卷材复合防水抗滑移等特种性能，广泛应用于各种新建或维修防水工程。

6.3　外墙防水工程施工

6.3.1　外墙防水施工要求

1. 外墙防水工程应按设计要求施工，施工前应编制专项施工方案并进行技术交底。
2. 外墙防水应由有相应资质的专业队伍进行施工；作业人员应持证上岗。
3. 防水材料进场时应抽样复验。
4. 每道工序完成后，应经检查合格后再进行下道工序的施工。
5. 外墙门框、窗框、伸出外墙管道、设备或预埋件等应在建筑外墙防水施工前安装完毕。
6. 外墙防水层的基层找平层应平整、坚实、坚固、干净，不得酥松、起砂、起皮。

7. 块材的勾缝应连续、平直、密实，无裂缝、空鼓。

8. 外墙防水工程完工后，应采取保护措施，不得损坏防水层。

6.3.2 外墙防水施工方法

1. 外墙砂浆防水层施工

（1）施工准备

1）作业条件

① 外墙砂浆防水工程施工前，应编制专项施工方案并进行技术交底。

② 主体结构验收合格，外墙所有预埋件、嵌入墙体内的各种管道已安装完毕，水、煤管道已做好压力试验，阳台栏杆已装好。

③ 门窗安装合格，窗框与墙体间的缝隙已经清理干净，并用砂浆分层分遍堵塞严密。

④ 混凝土墙面如有蜂窝及松散混凝土要剔除，用水冲刷干净，然后用 1：3 水泥砂浆抹平或用 1：2 干硬性水泥砂浆填实。砖墙凹凸过大处，用 1：3 水泥砂浆填平或剔凿平整。外墙防水层的基层找平层应平整、坚实、牢固、干净，不得酥松、起砂、起皮。

⑤ 外墙防水工程严禁在雨天、雪天和五级风及其以上时施工；施工的环境气温宜为 5～35℃。施工时应采取安全防护措施。

2）材料与机具

① 材料：聚合物防水砂浆

② 机具：刮板、抹子

（2）操作工艺

1）施工流程

清理基层→标筋→砂浆搅拌→涂抹砂浆→细部节点处理→养护。

2）清理基层

基层表面为平整的毛面，光滑表面应进行界面处理，并应按要求湿润。界面处理材料涂刷厚度应均匀、覆盖完全，收水后应及时进行砂浆防水层施工。

3）防水砂浆的配制应满足下列要求：

① 配合比应按照设计要求，通过试验确定。

② 配置乳液类聚合物水泥防水砂浆前，乳液应先搅拌均匀，再按规定比例加入拌合料中搅拌均匀。

③ 干粉类聚合物水泥防水砂浆应按规定比例加水搅拌均匀。

④ 粉状防水剂配置普通防水砂浆时，应先将规定比例的水泥、砂和粉状防水剂干拌均匀，再加水搅拌均匀；

⑤ 液态防水剂配置普通防水砂浆时，应先将规定比例的水泥和砂干拌均匀，再加入用水稀释的液态防水剂搅拌均匀。

⑥ 配制好的防水砂浆宜在 1h 内用完；施工中不得加水。

4）防水砂浆铺抹施工应符合下列规定：

① 厚度大于 10mm，应分层施工，第二层应待前一层指触不粘时进行，各层应粘结

牢固。

② 每层宜连续施工，留槎时应采用阶梯坡形槎，接槎部位离阴阳角不得小于200mm；上下层接槎应错开300mm以上，接槎应依层次顺序操作、层层搭接紧密。

③ 喷涂施工时，喷枪的喷嘴应垂直于基面，合理调整压力、喷嘴与基面的距离。

④ 涂抹时应压实、抹平；遇到气泡时应挑破，保证铺抹密实；抹平、压实应在初凝之前完成。

⑤ 窗台、窗楣和凸出墙面的腰线等部位上表面的排水坡度应准确，外口下沿的滴水线应连续、顺直。

⑥ 砂浆防水层分格缝的留设位置和尺寸应符合设计要求，嵌填密封材料前，应将分格缝清理干净，密封材料应嵌填密实。

⑦ 砂浆防水层转角宜抹成圆弧形，圆弧半径不应小于5mm，转角抹压应顺直。

⑧ 门框、窗框、伸出外墙管道、预埋件等与防水层交接处应留8～10mm宽的凹槽。

⑨ 砂浆防水层未达到硬化状态时，不得浇水养护或直接受雨水冲刷，聚合物水泥防水砂浆硬化后应采用干湿交替的养护方法；普通防水砂浆防水层应在终凝后进行保湿养护。养护期间不得受冻。

2. 外墙涂膜防水层施工

（1）施工准备

1）作业条件

① 外墙涂膜防水工程施工前编制专项施工方案，并按方案进行技术交底。

② 涂刷防水层的基层表面应将尘土、杂物清扫干净，表面残留的灰浆硬块及突出部分应刮平、扫净、压光，阴阳角处应抹成圆弧或钝角。

③ 基层表面应保持干燥，含水率不大于9%。同时基层要平整、牢固，不得有空鼓、开裂或起砂等缺陷。

④ 突出墙面的管根、排水口、阴阳角变形缝等处易发生渗漏的部位，应预先做完附加层等增补处理，经检查验收办理隐蔽工程验收。

⑤ 防水层施工所用的各类材料在储存和保管过程中要远离火源；施工操作时严禁烟火。

⑥ 外墙防水工程严禁在雨天、雪天和五级及以上大风天气施工；施工的环境气温宜为5～35℃。施工时应采取安全防护措施。

2）材料及机具

① 材料：涂膜防水材料的性能符合《建筑外墙防水工程技术规程》JGJ/T 235—2011相关技术要求。

② 机具：磅秤、油漆刷、滚动刷、小抹子、铲刀、吹风机等。

（2）操作工艺

1）施工流程

清理基层→涂刷基层处理剂→配置涂膜防水材料→涂膜防水施工。

2）施工前应对节点部位进行密封或增强处理，基层的干燥程度应根据涂料的品种和性能确定；防水涂料涂布前，宜涂刷基层处理剂。

3）涂料的配制和搅拌应满足下列要求：

① 双组分涂料配制前，应将液体组分搅拌均匀，配料应按照规定要求进行，不得任意改变配合比。

② 应采用机械搅拌，配制好的涂料应色泽均匀，无粉团、沉淀。

4）涂膜防水层施工应满足下列要求：

① 涂膜宜多遍完成，后遍涂布应在前遍涂层干燥成膜后进行。

② 每遍涂布应交替改变涂层的涂布方向，同一涂层涂布时，先后接槎宽度宜为30～50mm。

③ 涂膜防水层的甩槎部位不得污损，接槎宽度不应小于100mm。

④ 胎体增强材料应铺贴平整，不得有褶皱和胎体外露，胎体层充分浸透防水涂料；胎体的搭接宽度不应小于50mm；胎体的底层和面层涂膜厚度均不应小于0.5mm。

5）涂膜防水层完工并经检验合格后，应及时做好饰面层。

3. 外墙防水透汽膜施工

（1）施工准备

1）作业条件

① 外墙透汽膜防水工程施工前应编制专项施工方案，并按方案进行技术交底。

② 主体结构验收合格，外墙所有预埋件、嵌入墙体内的各种管道已安装完毕，水、煤管道已做好压力试验，阳台栏杆已经装好。

③ 墙体保温层施工完毕。

2）材料及机具

① 材料：防水透汽膜。

② 机具：柔性密封胶粘带、刮杠等。

（2）操作工艺

1）基层表面应干净、牢固，不得有尖锐凸起物。

2）铺设宜从外墙底部一侧开始，沿建筑立面自下而上横向铺设，并应顺流水方向搭接。

3）防水透汽膜横向搭接宽度不得小于100mm，纵向搭接宽度不得小于150mm，相邻两幅膜的纵向搭接缝应相互错开，间距不应小于500mm，搭接缝应采用密封胶粘带覆盖密封。

4）防水透汽膜应随铺随固定，固定部位应预先粘贴小块密封胶粘带，用带塑料垫片的塑料锚栓将防水透汽膜固定在基层上，固定点每平方米不得少于3处。

5）铺设在窗洞或其他洞口处的防水透汽膜，应用密封胶粘带固定在洞口内侧；与门、窗框连接处应使用配套密封胶粘带满粘密封，四角用密封材料封严。

6）穿透防水透汽膜的连接件周围应用密封胶粘带封严。

6.3.3 外墙防水节点加强措施

1. 外墙门窗框

门窗框与墙体间的缝隙宜采用聚合物水泥防水砂浆或者发泡聚氨酯填充；外墙防水层

应延伸至门窗框,防水层与窗框之间应预留凹槽,并应嵌填密封材料;门窗上楣的外口应做滴水线;外窗台应设置不小于 5% 的外排水坡度,如图 6-35 所示。

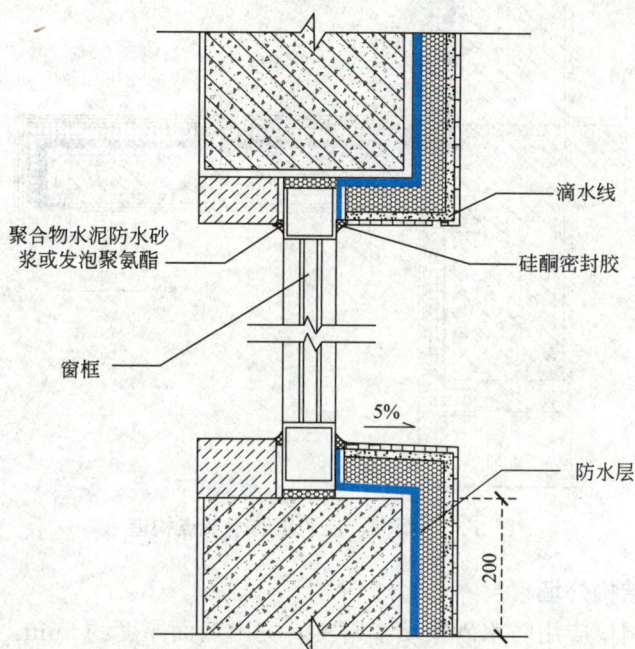

图 6-35 外墙门窗框防水节点构造

2. 伸出外墙管道

穿过外墙的管道宜采用套管,套管应内高外低,坡度不应小于 5%,套管周边应做防水密封处理,如图 6-36 所示。

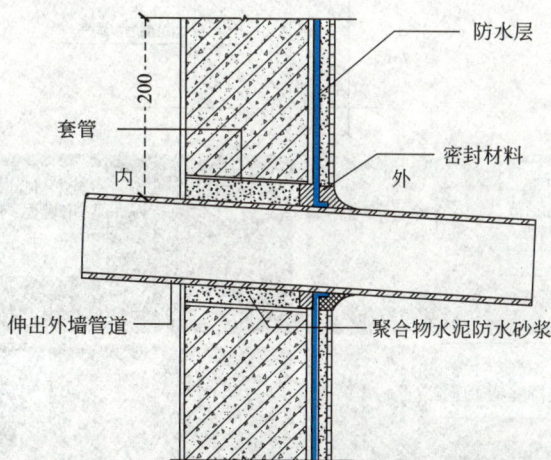

图 6-36 伸出外墙管道防水节点构造

3. 雨棚、空调板（图 6-37）

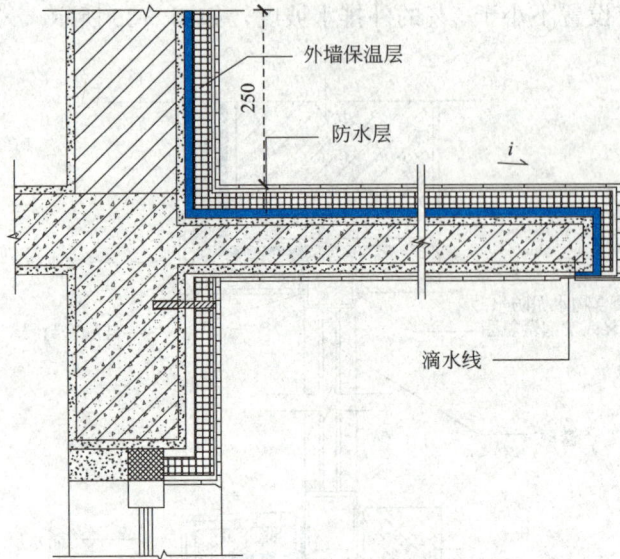

- 外墙保温层
- 防水层
- 250
- i
- 滴水线

图 6-37　雨棚、空调板防水节点构造

4. 钢筋混凝土结构外墙

外墙对拉螺杆洞口应用防水砂浆填塞密实，突出墙面厚度约 5mm，如图 6-38 所示。

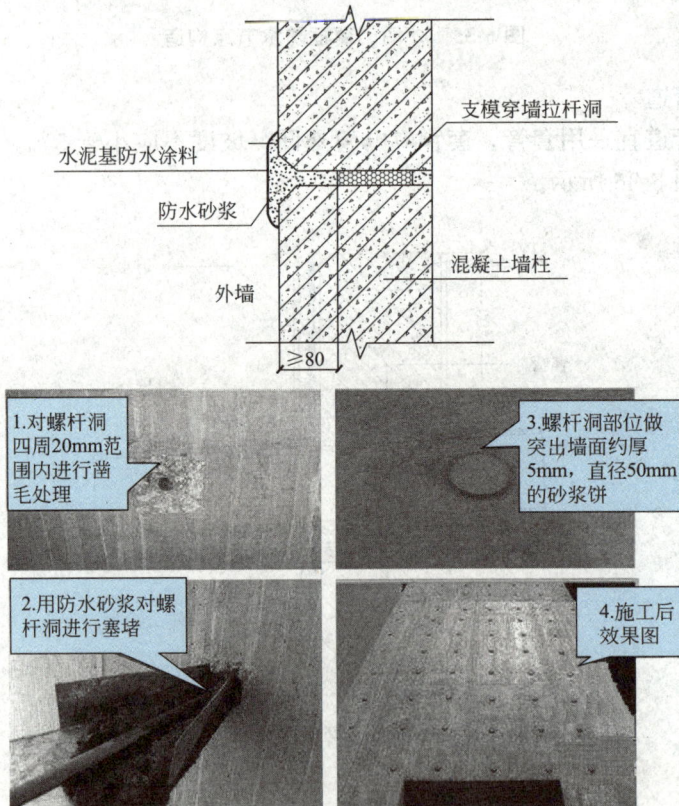

- 支模穿墙拉杆洞
- 水泥基防水涂料
- 防水砂浆
- 混凝土墙柱
- 外墙
- ≥80

1.对螺杆洞四周20mm范围内进行凿毛处理

3.螺杆洞部位做突出墙面约厚5mm，直径50mm的砂浆饼

2.用防水砂浆对螺杆洞进行塞堵

4.施工后效果图

图 6-38　钢筋混凝土外墙对拉螺栓节点处理

外墙施工缝在新浇混凝土之前应凿毛、清除松散混凝土及灰尘，冲洗干净或涂刷界面剂处理，必要时应设置膨胀止水条。有条件时可留设企口。墙体施工缝处设置膨胀止水条或留置凹槽，如图 6-39 所示。

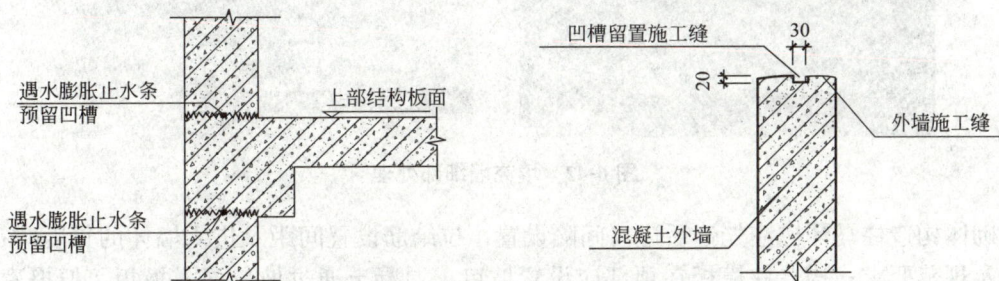

图 6-39　混凝土外墙施工缝处理

5. 砌体结构外墙

外墙砖上墙前应进行选择，破损和有裂纹的砖应避免使用在外墙上。砌筑前应根据砖的品种确定是否浇水及浇水用量，如图 6-40 所示。

图 6-40　外墙砖应完整

墙体砌筑时，灰缝应饱满，墙体砌筑过程中应及时勾缝，如图 6-41 所示。

图 6-41　砌体勾缝

填充墙体砌筑前应在底部砌筑不少于 3 皮实心砖；填充墙与混凝土墙交接处应留不小于 20mm 凹槽，用膨胀水泥砂浆填塞；砌体墙顶部应留有不小于 50mm 缝，用膨胀细石混凝土填塞密实，如图 6-42 所示。

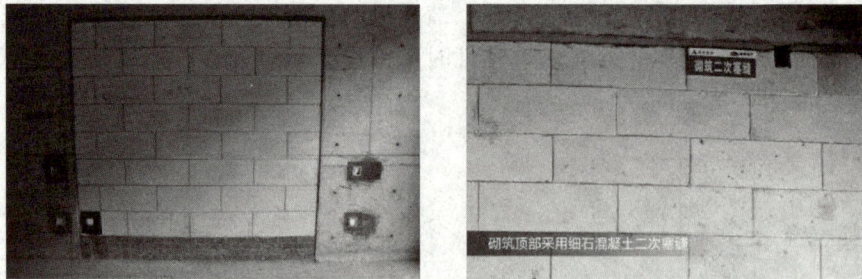

图 6-42　填充墙细部处理

砌体构造柱马牙槎应先退后进，间隔设置，拉结筋设置间距及进入墙体的长度应符合设计及规范要求；构造柱模板在顶部应设置坡口，混凝土通过坡口灌入模板，振捣密实，如图 6-43 所示。

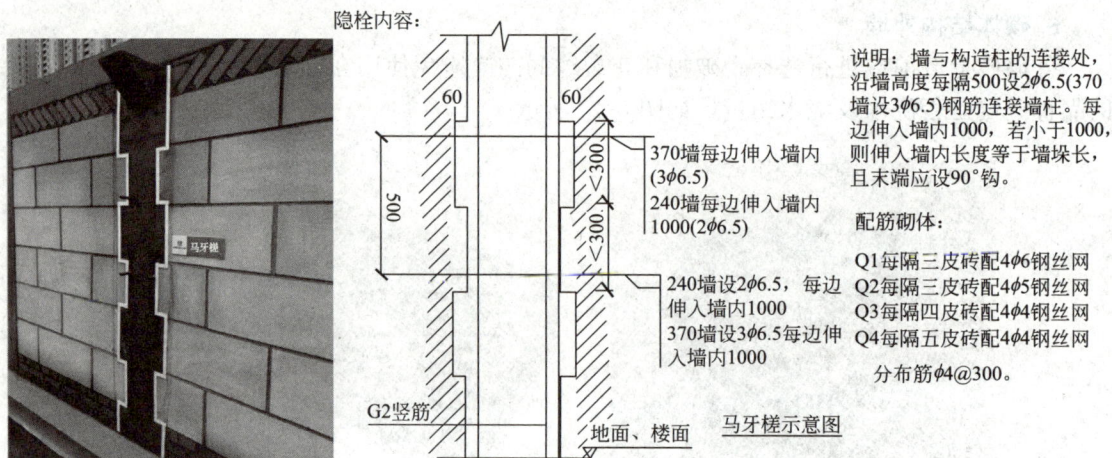

图 6-43　砌体构造柱做法

6.3.4　外墙防水工程施工实例解析

1. 工程概况

成都市某新建小学项目，规划总建筑面积 15000m²，为装配式混凝土框架结构建筑。

2. 防水设计构造

清水混凝土墙部位外墙拼缝采用双组分改性硅酮密封胶，设计接缝宽度为 2.4mm，厚度为 2mm。背衬材料采用椭圆形泡沫棒。外墙防水层采用丙烯酸 HCA-101 防水涂料（一布两涂，拼缝两侧各搭接 100mm）。

3. 外墙防水层施工操作要点

（1）施工流程

基层清理→第一遍涂膜→第二遍涂膜→铺贴网格布→面层涂膜→工程质量验收。

（2）施工操作要点

1）基层清理：选用合适的工具将基层清扫干净，不得有浮尘、杂物，不得有明水。

2）涂刷第一道涂层：待基层清理干净后开始涂刷第一道底涂。底涂需薄涂，涂刷时要均匀，不能有局部沉积，并要多次涂刮使涂料与基层之间不留气泡。

3）涂刷第二道涂层：在第一道涂层干燥后（一般以手摸不粘手为准），进行第二道涂层的施工，涂刷的方向与第一道相互垂直，干燥后再涂刷下一道涂层。

4）铺贴网格布：第二道涂层涂刷时需铺贴网格布，网格布必须铺贴必须平整、均匀，不得有褶皱。

5）面层涂膜施工：最后一道涂层采用加水稀释的面涂料滚涂一道，以提高涂膜表面的平整、光洁效果。在面层涂膜施工完毕又未固化时，可在其表面均匀地撒上适量干净的细砂，用以增加饰面层的粘结力，平面部分无需撒砂。

6）涂膜收头时应采用防水涂料多遍涂刷，以保证其完好的防水效果。

4. 小结

HCA-101 高弹厚质丙烯酸酯防水涂料是以改性丙烯酸酯多元共聚乳液为基料，添加多种助剂、填充料经科学加工而成的厚质单组分水性高分子防水涂膜材料。涂膜强度高、延伸率大，对基层收缩和变形开裂适应性强，具有良好的低温弯折性能，适用于建筑室内、外墙等部位的防水工程。

6.4 室内防水工程施工

6.4.1 室内防水施工要求

1. 住宅室内防水工程施工单位应有专业施工资质，作业人员应持证上岗。
2. 住宅室内防水工程应按设计施工。
3. 施工前应通过图纸会审和现场勘察，明确细部构造和技术要求，并应编制施工方案。
4. 进场的防水材料应抽样复验，并应提供检验报告。严禁使用不合格的材料。
5. 防水材料及防水施工过程不得对环境造成污染。
6. 穿越楼板、防水墙面的管道和预埋件等，应在防水施工前完成安装。
7. 住宅室内防水工程的施工环境温度宜为 5～35℃。
8. 住宅室内防水工程施工，应遵守过程控制和质量检验程度，并应有完整检查记录。
9. 防水层施工完成后，应在进行下一道工序前采取保护措施。

6.4.2 室内防水施工方法

1. 聚合物水泥基防水涂料施工

（1）施工准备

1）作业条件

① 防水层施工前，伸出地面的管道、地漏等都必须按照完毕。

6-21 聚合物防水泥涂料手工施工操作工艺视频

② 室内地面应向地漏处排水，地面排水坡度不小于2%。地漏周围50mm之内排水坡度为5%，地漏处一般低于地面面层20mm。

③ 水泥砂浆找平层平整坚实，无起砂起壳、无麻面松动及凹凸不平现象。

④ 阴阳角处及管道根部应成圆弧状，半径为50mm。

⑤ 基层应安静、干燥，含水率一般不大于9%。

⑥ 立管定位后，楼板与立管之间的空隙应用1：3防水砂浆堵严，如空隙较大也可以用细石混凝土堵塞密实，管根周围宜形成15mm×15mm的凹槽。如立管为热水管、暖气管，应在周围加套管，套管高200～400mm，留缝2～5mm，缝的上口用建筑密封膏封严，套管应高出地面20mm。

⑦ 清除管道外壁300mm高范围内的杂质、油垢等，金属管道表面有生锈的应先除锈再刷防锈漆。

⑧ 管道密集的（两根或者两根以上）应将砂浆做小圆墩台，将管道包裹在水泥砂浆内。横向管道到基层的距离很小的，需要用砂浆填实并用砂浆将管道裹严。

2) 材料机具

扫帚、墩布、电动搅拌器、长柄滚刷、软毛刷、喷涂机械（喷涂时使用）。

（2）操作工艺

1) 施工流程

检查、修补基层→细部构件节点处理→阴阳角部位附加层施工→第一遍涂料施工→第二遍防水涂料施工→面层涂料施工→涂料质量检查→闭水试验。

2) 施工要求

① 检查、修补基层

a. 检查基层面是否有孔洞、凹凸不平，穿楼板的管道是否密集，横向管道到基面的距离，基层是否松动等；

b. 基层如有凹凸不平、松动、孔洞等现象，先将松动部位剔平整，再用1：3的水泥砂浆找平；

c. 基层管根部位若出现松动情况，应将松动的基层剔除干净，用水泥砂浆或刚性堵漏材料进行修补。

② 防水层细部构造处理

a. 地漏或管道的周边嵌填密封胶；

b. 管道、地漏周边、阴阳角部位在大面防水层施工之前应涂刷附加防水涂膜层，防水涂膜附加层的厚度不小于1.5mm；

c. 阴阳角部位附加层宽度为500mm，以交界部位为中线上下各250mm。网格布增强层铺贴后应浸透，不得出现折皱现象。

③ 防水层大面涂刷

a. 由专人负责材料的配制，根据材料配比要求先将液料倒入搅拌桶中，在搅拌器不断地搅拌下再将粉料加入桶中，搅拌至均匀，呈浆状无粉粒；

b. 大面防水层先涂刷立面，后涂刷平面。施工时用滚刷或者毛刷均匀地涂刷涂料，不得露底，单遍涂料厚度宜为0.4～0.5mm厚，一般间隔8h后待涂层固化实干后再涂刷下一道涂料，涂刷方向与前一遍方向垂直，多遍涂刷直至达到设计厚度；

c.若采用机械喷涂施工，喷嘴与被涂基面的距离一般应控制在 400～600mm，喷枪运行速度应适宜且保持一致。喷涂面的搭接宽度，即第一行与第二行喷涂面的重叠宽度，一般应控制在喷涂宽度的 1/3～1/2，以使得涂层厚度比较均匀一致。涂料的稠度要适中，太稠不便于施工，太稀则涂膜的遮盖力较弱，影响涂层的厚度，而且容易流淌。

2. 丙烯酸防水涂料施工

（1）施工准备

作业条件、机具准备同前述章节要求。

（2）操作工艺

1）施工流程

检查、修补基层→细部构件节点处理→阴阳角部位附加层施工→第一遍涂料施工→第二遍涂料施工→面层涂料施工→涂料质量检查→闭水试验。

2）施工要求

① 检查修补基层、防水层细部构造处理同前述章节要求。

② 防水层大面涂刷

大面防水层先涂刷立面，后涂刷平面。施工时用滚刷或者毛刷均匀地涂刷涂料，不得露底，单遍涂料厚度宜为 0.4～0.5mm 厚，待涂层固化实干后再涂刷下一道涂料，涂刷方向与前一遍方向垂直，多遍涂刷直至达到设计厚度。

若采用机械喷涂施工，施工要点同前述聚合物水泥防水涂料机械喷涂施工要求。

3. 聚氨酯防水涂料施工

（1）施工流程

检查、修补基层→细部构件节点处理→阴阳角部位附加层施工→第一遍涂料施工→第二遍涂料施工→面层涂料施工→涂料质量检查→闭水试验。

（2）施工要求

1）基层清理：选用合适的工具将基层清扫干净，基层表面不得有浮尘、杂物，不得有突出尖锐物，且基层应干燥。

2）单组分聚氨酯涂料开盖后直接刮涂施工，双组分聚氨酯涂料需按照材料的配比要求进行 A、B 组分的配料，按产品要求的比例混合，电动搅拌设备充分搅拌均匀，再采用橡胶或金属刮板刮涂施工。

夏季高温施工建议将桶内混合后的物料迅速倒在施工基面上并快速摊开，然后再用刮板刮涂施工，可有效延长开放时间。

3）附加增强处理：在管根、阴阳角等易发生漏水的部位应增加一层网格布加强处理。首先用橡胶刮板或油漆刷厚度均匀地涂刷一遍涂料，涂刷宽度以 300mm 为宜，并立即粘贴网格布进行加筋增强处理。网格布粘贴时，应用漆刷摊压平整，与下层涂料贴合紧密，搭接宽度不小于 100mm，表面再涂刷一至二层涂料，使其达到设计要求的厚度。

4）第一道涂层施工：附加增强层处理完毕且涂膜干燥后，进行第一道大面涂层的施工。将涂料用橡胶或塑料刮板均匀涂布，要求厚度一致，刮涂时要均匀，不能有局部沉积，并要多次涂刮使涂料与基层之间不留气泡。

5）第二道涂层施工：在第一道涂层充分固化后（以不粘手为准），进行第二道涂层的施工，刮涂的方向与第一道相互垂直，干燥后再刮涂下一道涂层，直到达到设计厚度。涂膜收头时应采用防水涂料多遍刮涂，以保证其完好的防水效果。

6）若采用机械喷涂法施工，施工技术要点同前述章节要求。

4. 防水砂浆施工

（1）施工前应洒水润湿基层，但不得有明水，并宜做界面处理。

（2）防水砂浆应用机械搅拌均匀，并应随拌随用。

（3）防水砂浆宜连续施工。当需留施工缝时，应采用坡形接槎，相邻两层接槎应错开100mm以上，距转角不得小于200mm。

（4）水泥砂浆防水层终凝后，应及时进行保湿养护，养护温度不宜低于5℃，按产品的使用要求进行养护。

5. 防水卷材施工

（1）防水卷材与基层应满粘施工，防水卷材搭接缝应采用与基材相容的密封材料封严。

（2）涂刷基层处理剂应符合下列规定：

1）基层潮湿时，应涂刷湿固化胶粘剂或潮湿界面隔离剂。

2）基层处理剂不得在施工现场配制或添加溶剂稀释。

3）基层处理剂应涂刷均匀，无露底、堆积。

4）基层处理剂干燥后应立即进行下道工序的施工。

（3）防水卷材的施工应符合下列规定：

1）防水卷材应在阴阳角、管根、地漏等部位先铺设附加层，附加层材料可采用与防水层同品种的卷材或与卷材相容的涂料。

2）卷材与基层应满粘施工，表面应平整、顺直，不得有空鼓、起泡、褶皱。

3）防水卷材应与基层粘结牢固，搭接缝处应粘结牢固。

（4）自粘聚合物改性沥青防水卷材在低温施工时，搭接部位宜采用热风加热。

6.4.3 室内防水工程节点加强措施

1. 阴阳角

在室内阴阳角部位应做附加层处理，附加层宽度为500mm，以交界部位为中线两侧各250mm宽。附加层的做法为：采用一布三涂的做法，即在涂料中间加设一层加筋布（聚酯无纺布或玻纤布），如图6-44所示。

作业时应均匀涂刷第一遍涂料，并排除涂层中的气泡，将布紧贴在第一遍涂层上（在阴阳角处将加筋布剪成条形，在管根处加筋布剪成块形或三角形紧贴涂层面）。随铺布随刷第二遍涂料，要求涂料将加筋布浸透。待第二遍涂料表干后涂刷第三遍涂层，涂刷方向与上一遍垂直。涂膜作业完成待表干后，才可以进行大面积涂膜防水施工。

2. 管根、地漏

在管根、地漏口等易发生漏水的部位应做附加层处理。附加层的做法同阴阳角的具体做法。

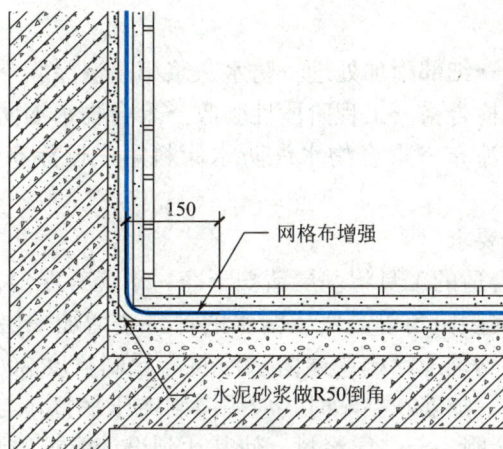

图 6-44　转角处防水构造

附加层包住管道的高度及外沿管道周围的宽度不小于 250mm；在地漏口周边的附加层宽度不小于 250mm，伸入地漏口内的附加层宽度不小于 50mm，如图 6-45、图 6-46 所示。

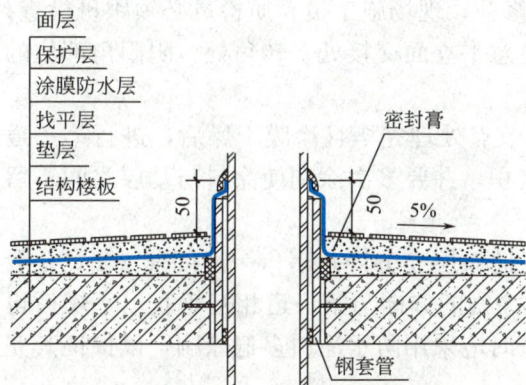

图 6-45　室内管根防水构造

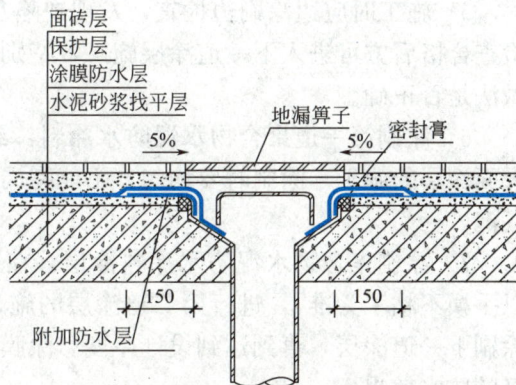

图 6-46　室内地漏防水构造

【室内防水工程施工实例解析】

1. 工程概况

郑州市某大型综合性高端住宅项目，总建筑面积 40 余万 m^2，项目分 5 期建设完成，属于万人大型社区。项目的卫生间总共有 3650 个，大套户型设双卫生间，卫生间设计功能明确，浴厕、洗手、洗衣组合布置，充分利用自然通风采光。

2. 防水设计构造

本项目室内卫生间采用了刚柔相济的防水系统，墙面防水层选用 1.5mm 厚 PMC-421 聚合物改性水泥基防水灰浆，墙面刚性防水层为后续的铺贴系统提供了坚实平整的基面；卫生间地面防水层选用 1.5mm 厚 JSA-101 聚合物水泥防水涂料，地面柔性防水层能较好地适应基层的变形，保证细部构造的防水密封效果。

3. 施工操作要点

（1）施工流程

基层清理→现场配料→细部附加处理→防水灰浆第一遍涂膜→防水灰浆第二遍涂膜→防水灰浆第三遍涂膜→自检合格→工程阶段性验收→聚合物水泥防水涂料第一遍涂布→聚合物水泥防水涂料第二遍涂布→聚合物水泥防水涂料第三遍涂布→自检合格→防水层试水→工程质量验收。

（2）操作要点及技术要求

1）基层清理：选用合适的工具将基层清扫干净，不得有浮尘、杂物，不得有明水。

2）细部附加处理：在阴阳角等易发生漏水的部位应增加一层加筋布加强处理。首先用橡胶刮板或油漆刷厚度均匀地涂刷一遍防水涂料，涂刷宽度300mm为宜，并立即粘贴加筋布进行加筋增强处理。加筋布粘贴时，应用漆刷摊压平整，与下层涂料贴合紧密，搭接宽度100mm，表面再涂刷一至二层涂料，使其达到设计要求的厚度。

3）涂刷第一道防水灰浆涂层：细部节点处理完毕且涂膜干燥后，进行第一道大面涂层的施工。涂刷时要均匀，不能有局部沉积，并要多次涂刮使涂料与基层之间不留气泡。

4）涂刷中间层防水灰浆涂层：在第一道涂层干燥后（一般间隔8h，以手摸不粘手为准），进行第二道涂刷，方向与第一道相互垂直，干燥后再涂刷下一道涂层，直到达到设计厚度。

5）施工时应边涂刷边检查，发现缺陷及时修补，现场施工员、质检员必须跟班检查，检查合格后方可进入下一道涂层施工，特别要注意平立面交接处、转角处、阴阳角部位的做法是否正确。

6）涂刷第一道聚合物水泥防水涂料：细部节点处理完毕且涂膜干燥后，进行第一道大面涂层的施工。涂刷时要均匀，不能有局部沉积，并要多次涂刮使涂料与基层之间不留气泡。

7）涂刷聚合物水泥防水涂料涂层：在第一道涂层充分固化后（一般间隔24h，一般以手摸不粘手为准），进行第二道涂层的施工，涂刷的方向与第一道相互垂直，干燥后再涂刷下一道涂层，直到达到设计厚度。涂膜收头时应采用防水涂料多遍涂刷，以保证其完好的防水效果。

8）涂刷面层聚合物水泥防水涂料，上面还要进行保护层，涂料强度较高，拉力较大，应在涂刷后表干前进行撒砂或者拉毛处理。

9）防水层的验收：施工时应边涂刷边检查，发现缺陷及时修补，现场施工员、质检员必须跟班检查，检查合格后方可进入下一道涂层施工，特别要注意平立面交接处、转角处、阴阳角部位的做法是否正确。自检合格后报请监理方/建设方进行防水层的整体验收。

4. 小结

JSA-101聚合物水泥防水涂料是以优质改性丙烯酸共聚乳液和多种添加剂组成的有机液料，再以高铝高铁水泥及多种添加剂组成的无机粉料，经科学配方加工制成的双组分水性防水涂料。形成的防水涂膜拉伸强度高，延伸率大，绿色安全，环境友好。适用于建筑室内厕浴间、厨房、阳台、楼地面等部位的防水工程。

6.5　蓄水类防水工程施工

6.5.1　蓄水类工程防水施工要求

（1）编制施工方案时，应根据设计要求和工程实际情况，综合考虑各单体构筑物施工方法和技术措施，合理安排施工顺序，确保各单体构筑物之间的衔接、联系满足设计工艺要求。

（2）应做好各单体构筑物不同施工工况条件下的沉降观测。

（3）涉及设备安装的预埋件、预留孔洞以及设备基础等有关结构施工，在隐蔽前安装单位应参与复核；设备安装前还应进行交接验收。

（4）蓄水类工程构筑物底板位于地下水位以下时，应进行抗浮稳定验算；当不能满足要求时，必须采取抗浮措施。

（5）施工应满足其相应的工艺设计、运行功能、设备安装的要求。

（6）防水施工应由有相应资质的专业队伍进行施工；作业人员应持证上岗。防水材料进场时应抽样复验。

（7）防水层的基层应平整、坚实、坚固、干净，不得酥松、起砂、起皮。每道工序完成后，应经检查合格后再进行下道工序的施工。防水工程完工后，应采取保护措施，不得损坏防水层。

6.5.2　蓄水类工程防水施工方法

1. 防水抗渗混凝土施工

（1）防水抗渗混凝土的浇筑必须在模板和支架检验符合施工方案要求后，方可进行；入模时应防止离析，连续浇筑时每层浇筑高度应满足振捣密实的要求。采用振捣器捣实混凝土应符合下列规定：

1）振捣时间，应使混凝土表面呈现浮浆并不再沉落；

2）插入式振捣器的移动间距，不宜大于作用半径的 1.5 倍；振捣器距离模板不宜大于振捣器作用半径的 1/2；并应尽量避免碰撞钢筋、模板、止水带、预埋管（件）等；振捣器宜插入下层混凝土 50mm；

3）表面振动器的移动间距，应能使振动器的平板覆盖已振实部分的边缘；

4）浇筑预留孔洞、预埋管、预埋件及止水带等周边混凝土时，应辅以人工插捣。

（2）变形缝处止水带下部以及腋角下部的混凝土浇筑作业，应确保混凝土密实，且止水带不发生位移。

（3）混凝土运输、浇筑及间歇时间不应超过混凝土的初凝时间。同一施工段的混凝土应连续浇筑，并应在底层混凝土初凝之前将上一层混凝土浇筑完毕。底层混凝土初凝后浇筑上一层混凝土时，应留置施工缝。

（4）混凝土底板和顶板，应连续浇筑不得留置施工缝；设计有变形缝时，应按变形缝分仓浇筑。

（5）蓄水结构物池壁的施工缝设置应符合设计要求，浇筑施工缝处的混凝土应符合下列规定：

1）已浇筑混凝土的抗压强度不应小于 2.5MPa；

2）在已硬化的混凝土表面上浇筑时，应凿毛和冲洗干净，并保持湿润，但不得积水；

3）浇筑前，施工缝处应先铺一层与混凝土强度等级相同的水泥砂浆，其厚度宜为 15～30mm；

4）混凝土应细致捣实，使新旧混凝土紧密结合。

（6）浇筑池壁混凝土时，应分层交圈、连续浇筑。

（7）混凝土浇筑完成后，应按施工方案及时采取有效的养护措施，并应符合下列规定：

1）应在浇筑完成后的 12h 以内，对混凝土加以覆盖并保湿养护；

2）混凝土浇水养护的时间不得少于 14d，保持混凝土处于湿润状态；

3）用塑料布覆盖养护时，敞露的混凝土表面应覆盖严密，并应保持塑料布内有凝结水；

4）混凝土强度达到 1.2MPa 前，不得在其上踩踏或安装模板及支架；

5）环境最低气温不低于－15℃时，可采用蓄热法养护；对预留孔、洞以及迎风面等容易受冻部位，应加强保温措施。

（8）蒸汽养护时，应使用低压饱和蒸汽均匀加热，最高温度不宜大于 30℃；升温速度不宜大于 10℃/h；降温速度不宜大于 5℃/h。

池内加热养护时，池内温度不得低于 5℃，且不宜高于 15℃，并应洒水养护，保持湿润；池壁外侧应覆盖保温；不宜采用电热养护。

（9）日最高气温高于 30℃施工时，可选用下列措施：

1）骨料经常洒水降温，或加棚盖防晒；

2）掺入缓凝剂；适当增大混凝土的坍落度；利用早晚气温较低的时间浇筑混凝土；

3）混凝土浇筑完毕后及时覆盖养护，防止暴晒，并应增加浇水次数，保持混凝土表面湿润。

（10）冬期浇筑的混凝土冷却前应达到设计要求的临界强度，在满足临界强度情况下，宜降低入模温度。浇筑大体积混凝土结构时，应有专项施工方案和相应的技术措施。

2. 防水砂浆施工

（1）基层表面应清洁、平整、坚实、粗糙；施作水泥砂浆防水层前，基层表面应充分湿润，但不得有积水。

（2）水泥砂浆的稠度宜控制在 70～80mm，采用机械喷涂时，水泥砂浆的稠度应经试配确定。

（3）掺外加剂的水泥砂浆防水层厚度应符合设计要求，但不宜小于 20mm。

（4）防水层宜连续操作，不留施工缝；必须留施工缝时，应留成阶梯槎，按层次顺序，层层搭接；接槎部位距阴阳角的距离不应小于 200mm。

（5）水泥砂浆应随拌随用；防水层的阴、阳角应为圆弧形；水泥砂浆防水层的操作环境温度不应低于 5℃，基层表面应保持 0℃以上。

（6）水泥砂浆防水层宜在凝结后覆盖并洒水养护 14d；冬期施工应采取防冻措施。

3. 聚氨酯防水涂料施工

（1）施工流程

基层处理→细部附加防水层施工→大面涂膜防水层施工→质检验收。

（2）基层准备

1）混凝土基层必须首先进行混凝土浮浆打磨、沉积灰尘的清扫工序。合格的基层标准为：无浮浆、无积尘、无油脂、干净坚实的混凝土结构面。

2）基层的阴角部位应用聚氨酯密封胶进行 25mm×25mm 倒角处理。

3）凡和基层相连接的管/构件必须安装牢固，接缝严密，不允许有松动现象。

4）基层表面要求基本干燥，以含水率小于 9% 为宜，简单测定方法是将面积 1m² 厚度为 1.5～2.0mm 的橡胶板材覆盖在基层表面上，放置 2～3h，如橡胶板材覆盖的表面无水印，紧贴基层一侧的橡胶板又无凝结水印，即说明基层含水率已小于 9%，可以满足施工要求。

5）涂料刮涂施工之前基层应由监理单位按照国家标准规范验收合格。

（3）细部附加处理

1）在管根、阴阳角等易发生漏水的部位应增加一层加筋布加强处理。

2）首先用橡胶刮板或油漆刷厚度均匀地涂刷一遍涂料，涂刷宽度 300mm 为宜，并立即粘贴加筋布进行加筋增强处理。加筋布粘贴时，应用漆刷摊压平整，与下层涂料贴合紧密，搭接宽度 100mm。表面再涂刷一至二层涂料，使其达到设计要求的厚度。

（4）涂料大面施工

1）细部节点处理完毕且涂膜干燥后，进行第一道大面涂层的施工。涂刷时要均匀，不能有局部沉积，并要多次涂刮使涂料与基层之间不留气泡。

2）在第一道涂层充分固化后（一般间隔 24h，一般以手摸不粘手为准），进行第二道涂层的施工，涂刷的方向与第一道相互垂直，干燥后再涂刷下一道涂层，直到达到设计厚度。涂膜收头时应采用防水涂料多遍涂刷，以保证其完好的防水效果。

6.5.3　蓄水类工程防水节点加强措施

1. 转角

在转角部位应做附加层处理，附加层宽度为 300mm，以交界部位为中线两侧各 150mm 宽。附加层的做法为：采用一布三涂的做法，即在涂料中间加设一层加筋布（聚酯无纺布或玻纤布），如图 6-47 所示。

2. 进出水口

进出水口管道管根与侧墙交接处预留凹槽（25mm×25mm），槽内应采用密封材料嵌填密实，管根与侧墙交接处的防水涂料中间加设一层加筋布（聚酯无纺布或玻纤布），如图 6-48 所示。

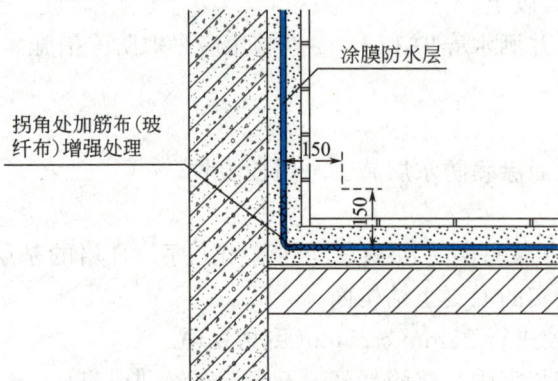

图 6-47　转角处防水节点构造

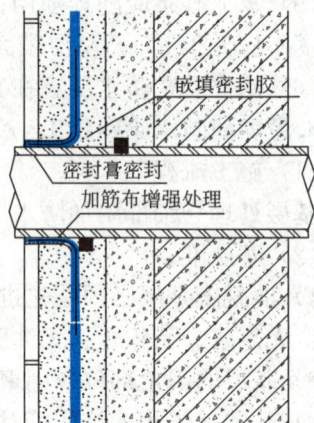

图 6-48　进出水口防水节点构造

【蓄水类工程防水工程施工实例解析】

1. 工程概况

南京市某大学体育馆游泳池，游泳池结构底面积约 $1280m^2$，外周长约 250m，池底混凝土板厚度 300mm。游泳池结构采用抗渗混凝土，池内装修为陶瓷锦砖贴面，池外四周地面为火烧面花岗石面层。

2. 防水设计构造

游泳池结构采用抗渗混凝土，游泳池内壁防水层采用 SPU-311 双组分聚氨酯防水涂料。

3. 内壁防水层施工操作要点

（1）施工流程：基层清理→细部附加处理→第一遍涂膜→第二遍涂膜→面层涂膜→防水层第一次试水→保护饰面层施工→防水层第二次试水→工程质量验收→临时保护。

（2）施工操作要点和技术要求

1）清扫基层：将基层表面的砂浆疙瘩、尘土杂物彻底清扫干净。

2）配料：将聚氨酯 A、B 组分按照规定比例配合搅拌均匀。

3）细部附加处理：在地漏、管根、阴阳角等易发生漏水的部位应增加一层加筋布加强处理。首先用橡胶刮板或油漆刷厚度均匀地涂刷一遍涂料，涂刷宽度 300mm 为宜，并立即粘贴加筋布进行加筋增强处理。加筋布粘贴时，应用漆刷摊压平整，与下层涂料贴合紧密，搭接宽度 100mm，表面再涂刷一至二层涂料，使其达到设计要求的厚度。

4）涂膜防水层的施工：将已搅拌均匀的防水料用橡胶或塑料刮板均匀涂刮在已清理干净的防水基层上，大面积施工用滚刷更为方便。第一度涂膜固化后（约 24h），再按上述方法涂刮第二度涂膜，但涂刮的方向应与第一度涂刮方向相垂直。涂膜收头时应采用防水涂料多遍涂刷，以保证其完好的防水效果。

5）涂膜防水层的验收，在做保护层前必须认真检查涂膜防水层的施工质量。要求满涂不断，薄厚均匀一致，封闭严密，不允许有露底见白，起鼓脱落，开裂等缺陷存在，必要时还可蓄水检查，至不渗漏方为合格。

6）保护层的施工，当涂膜固化完全和验收合格后，即可做水泥砂浆保护层或用传统方法铺贴面砖；陶瓷锦砖等饰面层。

（3）防水层的验收

施工时应边涂刷边检查，发现缺陷及时修补，现场施工员、质检员必须跟班检查，检查合格后方可进入下一道涂层施工，特别要注意平立面交接处、转角处、阴阳角部位的做法是否正确。自检合格后报请监理方/建设方进行防水层的整体验收。

4. 小结

游泳池由于长期浸水，防水材料不仅要有防水作用，还要起到保护钢筋和混凝土耐久性的作用，同时游泳池防水由于是在室内环境下施工及使用，要求防水材料必须为环保型，不得对人体及环境造成危害、污染。

SPU-311 双组分聚氨酯防水涂料是一种双组分反应固化型合成高分子防水涂料，涂膜强度高，延伸率大，弹性好；不含苯类溶剂，无煤焦油成分，对环境无污染；化学反应成膜，耐水、耐腐蚀、耐霉变、耐寒、不透水性强。

思考与练习 🔍

1. 单选题

（1）地下工程的防水卷材的设置与施工最宜采用（　　）法。

A. 外防外贴　　　　　　　　　　　　B. 外防内贴

C. 内防外贴　　　　　　　　　　　　D. 内防内贴

（2）地下卷材防水层未作保护结构前，应保持地下水位低于卷材底部不少于（　　）mm。

6-23 思考与练习答案

A. 200　　　　　　B. 300　　　　　　C. 500　　　　　　D. 1000

（3）对地下卷材防水层的保护层，以下说法不正确的是（　　）。

A. 顶板防水层上用厚度不少于 70mm 的细石混凝土保护

B. 底板防水层上用厚度不少于 40mm 的细石混凝土保护

C. 侧墙防水层可用软保护

D. 侧墙防水层可铺抹 20mm 厚 1∶3 水泥砂浆保护

（4）防水混凝土迎水面的钢筋保护层厚度不得少于（　　）mm。

A. 25　　　　　　B. 35　　　　　　C. 50　　　　　　D. 100

（5）高分子卷材正确的铺贴施工工序是（　　）。

A. 底胶→卷材上胶→滚铺→上胶→覆层卷材→着色剂

B. 底胶→滚铺→卷材上胶→上胶→覆层卷材→着色剂

C. 底胶→卷材上胶→滚铺→覆层卷材→上胶→着色剂

D. 底胶→卷材上胶→上胶→滚铺→覆层卷材→着色剂

（6）当屋面坡度小于 3% 时，卷材应（　　）屋脊方向铺贴。

A. 平行　　　　　　　　　　　　　　B. 垂直

C. 一层平行，一层垂直　　　　　　　D. 由施工单位自行决定

（7）刚性防水屋面分隔缝纵横向间距不宜大于（　　）mm，分格面积以 20m² 为宜。

A. 3000　　　　　　B. 4000　　　　　　C. 5000　　　　　　D. 6000

（8）合成高分子卷材使用的粘结剂应使用（　　　）的，以免影响粘结效果。

A. 高品质　　　　　　　　　　　　B. 同一种类

C. 由卷材生产厂家配套供应　　　　D. 不受限制

（9）当屋面坡度小于3%时，沥青防水卷材的铺贴方向宜（　　　）。

A. 平行于屋脊　　　　　　　　　　B. 垂直于屋脊

C. 与屋脊呈45°　　　　　　　　　　D. 下层平行于屋脊，上层垂直于屋脊

（10）当屋面坡度大于15%或受振动时，沥青防水卷材的铺贴方向应（　　　）。

A. 平行于屋脊　　　　　　　　　　B. 垂直于屋脊

C. 第一层平行屋脊，第二层垂直屋脊　　D. 上下层相互垂直

2. 多选题

（1）为了保证防水混凝土施工质量，要求（　　　）。

A. 混凝土浇筑密实　　　　　　　　B. 养护时间不少于7d

C. 养护时间不少于14d　　　　　　D. 处理好施工缝

E. 处理好固定模板的穿墙螺栓

（2）防水混凝土是通过（　　　），来提高密实性和抗渗性，使其具有一定的防水能力。

A. 提高混凝土强度　　　　　　　　B. 大幅度提高水泥用量

C. 调整配合比　　　　　　　　　　D. 掺外加剂

E. 加大用水量

（3）在地下防水混凝土结构中，（　　　）等是防水薄弱部位。

A. 施工缝　　　　　　　　　　　　B. 固定模板的穿墙螺栓处

C. 穿墙管处　　　　　　　　　　　D. 变形缝处

E. 基础地板

（4）聚合物水泥防水砂浆性能指标（　　　）。

A. 凝结时间　　　B. 抗渗压力　　　C. 粘结强度　　　D. 抗压强度

E. 抗折强度

（5）聚合物水泥防水涂料性能指标（　　　）。

A. 拉伸强度　　　B. 断裂延伸率　　C. 低温弯折性　　D. 不透水性

E. 固体含量

（6）防水透汽膜性能指标（　　　）。

A. 水蒸气透过量　B. 不透水性　　　C. 最大拉力　　　D. 断裂延伸率

E. 耐老化性能

（7）硅酮建筑密封胶性能指标（　　　）。

A. 下垂度　　　　B. 表干时间　　　C. 挤出性　　　　D. 弹性恢复率

E. 拉伸模量

（8）聚氨酯建筑密封胶性能指标（　　　）。

A. 流动性　　　　B. 适用期　　　　C. 弹性恢复率　　D. 拉伸模量

E. 定伸粘结性

（9）按照建筑形式屋面可分为（　　　）。

A. 平屋面　　　　B. 坡屋面　　　　C. 异型屋面　　　D. 金属屋面

E. 瓦屋面

(10) 屋面铺贴防水卷材应采用搭接法连接，其要求包括（　　）。

A. 相邻两幅卷材的搭接缝应错开

B. 上下层卷材的搭接缝应对正

C. 平行于屋脊的搭接缝应顺水流方向搭接

D. 垂直于屋脊的搭接缝应顺年最大频率风向搭接

E. 搭接宽度应符合规定

(11) 连续多跨屋面卷材的铺贴次序应为（　　）。

A. 先高跨后低跨　　　　　　　　　　B. 先低跨后高跨

C. 先近后远　　　　　　　　　　　　D. 先远后近

E. 先屋脊后天沟

(12) 采用热熔法粘贴卷材的工序包括（　　）。

A. 铺撒热沥青胶　　　　　　　　　　B. 滚铺卷材

C. 赶压排汽　　　　　　　　　　　　D. 辊压粘结

E. 刮封接口

(13) 合成高分子防水卷材的粘贴方法有（　　）。

A. 热熔法　　　　　　　　　　　　　B. 热粘结剂法

C. 冷粘法　　　　　　　　　　　　　D. 自粘法

E. 热风焊接法

(14) 对屋面涂膜防水增强胎体施工的正确做法包括（　　）。

A. 屋面坡度大于 15% 时应垂直于屋脊铺设

B. 铺设应由高向低进行

C. 长边搭接宽度不得小于 50mm

D. 上下层胎体不得相互垂直铺设

E. 上下层胎体的搭接位置应错开 1/3 幅宽以上

3. 简答题

(1) 防水混凝土的配合比应符合的规定是什么？

(2) 防水混凝土的施工要点有哪些？

(3) 刚性防水屋面施工操作要点是什么？

(4) 卷材防水施工条件有哪些？

(5) 住宅室内防水工程应遵循哪些原则？

拓展训练

1. 某工程在一次竣工验收时，顶层屋面渗水，局部水珠下滴，检查屋面，阁楼墙根部卷材 SBS 上翻部分大部分脱落，下雨天雨水渗入。请分析原因及提出防治措施。

2. 某屋面防水材料选用彩色焦油聚氨酯，涂膜厚度 2mm。施工时因进货渠道不同，底层与面层涂料分别为两家不同生产厂的产品。施工后发现三个质量问题：一是大面积涂膜呈龟裂状，部分涂膜表面不结膜；二是整个屋面颜色不均，面层厚度普遍不足；三是局部（约 3%）涂膜有皱折、剥离现象如图 6-49 所示。请分析产生的原因及提出防治措施。

图 6-49 拓展训练 2 图例

3. 某数年小区的顶层，只要下雨，阳台就会漏水。上屋面查看发现，防水层外抹的水泥砂浆保护层已经与墙面裂开，形成长长的裂口，雨水尽灌其中如图 6-50 所示。请分析产生的原因及提出防治措施。

图 6-50 拓展训练 3 图例

4. 某住宅顶层雨天时，屋顶渗漏位于水落口周边，并沿预制板缝扩散，导致内装饰层脱落。登屋面细察，卷材防水层开裂如图 6-51 所示。

5. 某大型地铁车辆段项目屋面设计防水设计为聚氨酯防水，防水保护层为 20mm 厚水泥砂浆，保护层分隔缝间距为 6m×6m 交工两年后发现所有屋面变形缝及女儿墙根部渗漏如图 6-52 所示。

6. 某大型地标性展览馆在投入使用五年后出现展厅玻璃幕墙渗水，经现场检查，发现漏水点主要集中在以下两处：①展厅玻璃幕墙玻璃渗水；②玻璃幕墙与 GRC 外墙板交接处渗水如图 6-53 所示，请分析原因及提出防治措施。

图 6-51　拓展训练 4 图例

图 6-52　拓展训练 5 图例

图 6-53　拓展训练 6 图例玻璃幕墙金属框梁与 GRC 板交接处呈锯齿状

7.某大使馆在地震后出现部分质量问题，发现领事部办公楼楼梯旁墙面渗漏如图 6-54 所示。

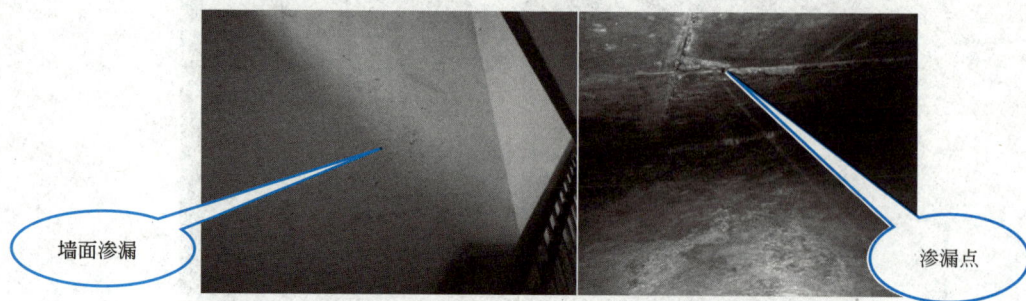

图 6-54　拓展训练 7 图例—领事部办公楼楼梯旁墙面渗漏

项目7

Chapter 07

防水工程质量保证与验收

教学目标

1.掌握影响建筑防水主体特征；掌握建筑防水施工准备知识；掌握施工过程检验方法；掌握工程施工验收依据及屋面工程分部分项工程及检验批的划分。

2.熟悉地区环境对建筑防水的影响；熟悉建筑防水维护方法；熟悉防水施工质量影响因素；熟悉防水工程质量要求。

3.了解验收程序和组织。

4.会建筑防水维护方案编制；能够选择建筑防水环境条件影响因素；会正确选择建筑防水材料；会编制建筑防水施工准备方案；会施工过程检验方法；会工程施工验收及屋面工程分部分项工程及检验批的划分；会验收程序和组织。

思政目标

学习者通过对防水工程质量保证学习，培养精益求精的工匠精神；通过对防水工程防渗漏质量控制，增强学习者的社会责任意识；通过对国家验收规范的学习，增强学习者按照规范规程办事的意识，树立学习者遵纪守法的意识和以人民为中心的家国情怀。

思维导图

辅材施工质量影响因素
辅材施工过程检验 — 辅材质量保证措施及验收要求
辅材施工质量要求
辅材施工质量验收

防水工程施工技术准备
防水工程物资准备
施工准备与环境要求 — 防水工程现场准备
防水工程主体特征及环境条件
验收依据及相关验收要求

成品保护措施
成品保护要求 — 成品保护措施及要求
管理与维护

防水工程质量保证与验收

基层施工质量要求
基层质量保证措施及验收要求 — 基层施工质量验收

安全保护措施
安全保护要求 — 安全保护措施及要求

主材防水层施工质量影响因素
主材防水层施工过程检验
主材防水层的质量保证措施及验收要求 — 主材防水层施工质量要求
主材防水层施工质量验收

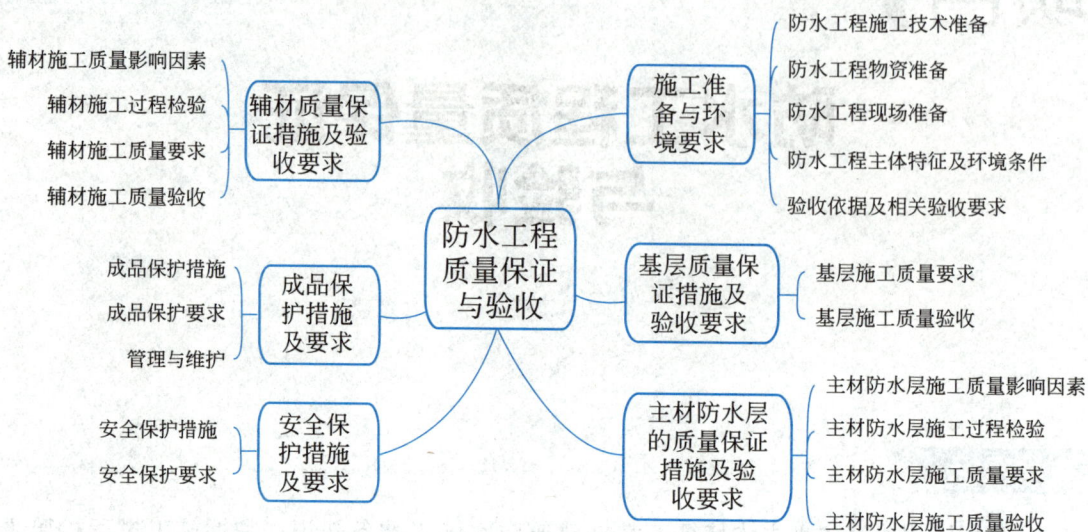

7.1 施工准备与环境要求

7.1.1 防水工程施工技术准备

防水工程施工技术准备是施工准备的核心环节，是防水工程施工的基础。由于任何技术的差错或隐患都可能引起人身安全和质量事故，造成生命、财产和经济的巨大损失。因此必须认真地做好技术准备工作。具体有如下内容：

（1）进行图纸会审，掌握本工程防水施工的形式及特点，掌握工程主体及细部构造的防水技术要求，明确工程所采用的材料，明确图纸所提出的施工要求，明确防水工程和其他工程的交叉配合，以便及早采取措施，确保施工过程中不与其他工程发生位置冲突。

（2）会同相关单位现场核对施工图纸，进行防水施工技术交底。充分了解设计文件和施工图纸的主要设计意图。

（3）熟悉和工程有关的其他技术资料，如施工及验收规范、技术规程、质量检验评定标准。

（4）编制防水工程专项施工方案，根据防水工程设计文件和施工图纸的要求，结合施工现场的客观条件、设备器材的供应和施工人员数量等情况，编制出防水施工工艺及要点，质量要求，防水安全、文明施工等。防水工程专项施工方案经监理单位或建设单位审查批准后执行。

（5）防水工程必须由持有资质等级证书的防水专业队伍进行施工，主要施工人员应持有省级及以上建设行政主管部门或其指定单位颁发的职业资格证书或防水专业岗位证书。

7.1.2　防水工程物资准备

防水材料、构（配）件、机具和设备是保证防水施工顺利进行的物资基础，这些物资的准备工作必须在工程开工之前完成。根据施工方案及各种物资的需求量计划，安排运输并确定仓库及场地堆放所需的面积，使其满足连续施工的要求。

1. 防水材料的准备

（1）防水材料的准备主要是所有防水卷材及其配套材料、防水涂料和胎体增强材料、刚性防水材料等材料的出厂合格证、质量检验报告和现场抽样复检报告（查证明和报告，主要是查材料的品种、规格、性能等），卷材与配套材料的相容性、配合比等均应符合设计要求和国家现行有关标准规定。

（2）防水材料的品种、规格、性能等必须符合现行国家或行业产品标准和设计要求。

（3）材料应符合国家现行有关标准对材料有害物质限量的规定，不得对周围环境造成污染。

2. 构（配）件的准备

防水施工配件主要用来固定卷材或者用于防水卷材末端收头的金属压条和固定件（螺钉及垫片）。

（1）固定螺钉

通常使用碳钢材质带有防腐涂层的螺钉（盐雾试验不少于 1000h）。在高温、高湿、高腐蚀等特殊情况下应使用不锈钢螺钉。主要用于配合压条或金属垫片将卷材固定到基层，以及其他需要加强固定的部位。

（2）金属垫片

通常使用镀锌钢板或镀铝锌钢板制成的垫片，与固定螺钉配合使用，主要用于单层屋面系统机械固定方式施工中的点固定。

（3）固定压条

通常使用钢材制成的线性金属条并预制孔洞。主要配合固定螺钉，用于卷材的线性固定加强使用。

（4）收口压条

通常使用钢材按照使用特点制成的不同形状的线性金属条并预制孔洞。主要配合固定螺钉，用于卷材末端部位的固定收口。

3. 施工机具和施工设备的准备

根据采用的施工方案，安排施工进度，确定施工机械的类型、数量和进场时间。主要施工机具名称见表 7-1。

主要施工机具名称　　　　　　　　　　　　　　　　表 7-1

机具名称	规格	用途
热熔喷枪加热器	双安全阀长柄大口径	卷材热熔粘贴
电子打火热喷枪加热器	双安全阀长柄大口径	卷材热熔粘贴
专用封口热喷枪加热器	双安全阀短柄小口径	卷材搭接缝热熔

续表

机具名称	规格	用途
卷材展铺车	机械化	用于卷材展开和铺贴
锤、錾子	—	清理基层
收口用密封刀	30～150m	度量尺寸
吸尘器、吹风机	3～5m	度量尺寸
电动打孔器	普通型	防水卷材固定打孔工具
电动螺丝刀	—	防水卷材固定打孔工具
弹线器	—	弹基准线
卷材裁剪勾刀	—	裁剪卷材
卷材裁剪平口刀	—	裁剪卷材
金属压辊	ϕ300mm，长400mm	滚压大面卷材
	ϕ50mm，长100mm	搭接边及复杂细部滚压专用
滚筒刷	—	涂刷基层处理剂
橡胶刮板	—	涂刮涂料
护膝	—	劳动保护
工人便携式工作包	—	装工具使用
手套和工作鞋	—	劳动保护

7.1.3 防水工程现场准备

施工现场的准备工作，主要是为了给施工创造有利的施工条件。其具体内容如下：

（1）与防水层相关的各构造层次验收合格并符合设计要求。

（2）基层要求坚实、平整度与含水率应符合防水材料及功法的要求。

（3）平立面交接部位的阴阳角，以及转角处应做成圆弧形，圆弧半径应符合相关规范的要求（地下室预铺反粘法施工按材料施工要求确定）。

（4）防水基层上的各种构造、设施及设备应安装完毕并验收合格。

7.1.4 防水工程主体特征及环境条件

1. 工程按其重要程度分为甲类、乙类和丙类，具体划分应符合表 7-2 规定。

工程类别   表 7-2

工程部位	工程类别		
	甲类	乙类	丙类
地下工程	人员密集的民用建筑、人防工程、地铁车站、地下综合管廊，对渗漏敏感的仓储、机房	除甲类和丙类以外的场所	对渗漏不敏感的物品或设备场所，不影响正常使用的场所

续表

工程部位	工程类别		
	甲类	乙类	丙类
建筑工程	民用建筑、对渗漏敏感的工业和仓储建筑	除甲类和丙类以外的建筑	对渗漏不敏感的工业和仓储建筑
道路、桥梁工程	特大桥、大桥,城市快速路、主干路上的桥梁,交通量较大的城市次干路上的桥梁	除甲类以外的城市桥梁工程;膨胀及湿陷性黄土的道路工程	一般道路工程
蓄水类工程	地下饮用水水池、地下游泳池或戏水池、建筑室内水池、化工侵蚀性介质贮液池、湿陷性黄土中建造的水池、与其他建筑功能区域合建的水池,有保温要求的地面水池	除甲类和丙类以外的蓄水类工程	对渗漏水无严格要求的蓄水类工程,如自然水体景观水系等

2. 工程防水使用环境类别应按表 7-3 选用。

工程防水使用环境类别　　　　　　　　　　　　　　表 7-3

工程部位		工程防水使用环境类别		
		Ⅰ	Ⅱ	Ⅲ
地下工程 1		抗浮设防水位与基础底面高差 $H \geqslant 3\text{m}$	抗浮设防水位与基础底面高差 $0 \leqslant H < 3\text{m}$	基础底面无水位差
建筑工程	建筑屋面与外墙工程 2	年降水量 $P \geqslant 800\text{mm}$	年降水量 $200\text{mm} \leqslant P < 800\text{mm}$	年降水量 $P < 200\text{mm}$
	建筑室内工程 3	长期遇水场合或长期相对湿度 $RH \geqslant 90\%$	年降水量 $200\text{mm} \leqslant P < 800\text{mm}$	—
道路、桥梁工程 4		年降水量 $P \geqslant 800\text{mm}$,或严寒地区、化冰盐区、酸雨、盐雾等不良气候地区的使用环境	年降水量 $200\text{mm} \leqslant P < 800\text{mm}$	年降水量 $P < 200\text{mm}$
蓄水类工程 5		抗浮设防水位与基础底面高差 $H \geqslant 5\text{m}$;或内部蓄水水位高度 $h \geqslant 5\text{m}$	抗浮设防水位与基础底面高差 $3\text{m} \leqslant H < 5\text{m}$;或内部蓄水水位高度 $3\text{m} \leqslant h < 5\text{m}$	抗浮设防水位与基础底面高差 $H < 3\text{m}$;或内部蓄水水位高度 $h < 3\text{m}$

（1）当地下工程所在地降水量不大于 600mm 时,防水使用环境类别按上表选用;当年降水量大于 600mm 且不大于 1600mm 时,Ⅱ类与Ⅲ类防水使用环境类别应分别提高一级;当年降水量大于 1600mm 时,防水使用环境类别应按Ⅰ类选用。

（2）当屋面工程所在地 50 年重现期的月平均最高气温和月平均最低气温差不大于 43℃,且年降水日数不大于 100d 时,防水使用环境类别应按上表选用;当屋面工程所在地 50 年重现期的月平均最高气温和月平均最低气温差大于 43℃,或当屋面及其他工程年降水日数大于 100d 时,防水使用环境类别应按Ⅰ类选用。

（3）当外墙工程所在地 50 年重现期基本风压不大于 0.50kN/m^2 时,防水使用环境类别按上表选用；当外墙工程所在地 50 年重现期基本风压大于 0.50kN/m² 时，Ⅱ 与 Ⅲ 类防水使用环境类别应分别提高一级。

（4）特大桥、大桥，城市快速路、主干路上的桥梁，交通量较大的城市次干路上的桥梁，防水使用环境类别应按 Ⅰ 类选用。

3. 工程防水等级应依据工程防水类别和工程防水使用环境类别确定，并应符合下列规定：

（1）一级工程防水：甲类工程的 Ⅰ、Ⅱ 类防水使用环境，乙类工程的 Ⅰ 类防水使用环境。

（2）二级工程防水：甲类工程的 Ⅲ 类防水使用环境，乙类工程的 Ⅱ 类防水使用环境，丙类工程的 Ⅰ 类防水使用环境。

（3）三级工程防水：乙类工程的 Ⅲ 类防水使用环境，丙类工程的 Ⅱ、Ⅲ 类防水使用环境。

4. 明挖法地下工程应符合以下规定：

（1）明挖法现浇混凝土结构地下工程应采用混凝土结构自防水，结构迎水面防水层的做法应符合表 7-4 的规定。

明挖法地下工程防水做法 表 7-4

明挖法地下工程防水等级	混凝土结构自防水	外设防水层①
一级	应选	应设二道②
二级	应选	应设二道②,③
三级	应选	应选一道

① 外设防水层中应至少有一道柔性外设防水层，刚性防水层不应作为顶板防水层，当涂料-砂浆叠合使用时，涂料防水层不应采用水泥基渗透结晶型防水涂料。叠合式结构或逆筑结构的侧墙及其他不便设置外包柔性防水层的工程部位，应采取刚性防水措施，侧墙的叠合部位宜采用水泥基渗透结晶防水涂料，并在侧墙背水面增设刚性防水层。

② 一级、二级防水底板采用高分子自粘胶膜预铺类防水卷材时，可以一道设防。

③ 二级防水底板采用橡胶类预铺防水卷材时，厚度不应小于 2.0mm。

（2）处于侵蚀性介质环境时，应增强外设防水层并选用对应的耐腐蚀性材料类别。

（3）单衬砌结构应以结构自防水为主，并加强接缝构造防水措施。

（4）明挖法地下工程复合墙结构顶、底板迎水面防水层与侧墙防水层应形成整体密封防水层。

（5）明挖法地下工程叠合墙结构，地下连续墙墙体幅间接缝应设置防水措施并不得渗漏；主体结构内侧应设置离壁沟或离壁墙。

（6）附建式的全地下或半地下工程的防水设防，其高度超出室外地坪高程不得小于 300mm，且不应小于建筑散水高度。

（7）明挖法地下工程的模板加固杆件当采用对拉螺杆时，应设置螺孔封堵措施，防止形成渗水的通道。

5. 暗挖法地下工程应符合下列规定：

（1）暗挖法地下工程的防排水设计应符合下列规定：

1）应根据工程地质、水文地质及周边环境保护要求进行防排水设计。

2）地下水丰富的软弱围岩地段，应采用全封闭式的复合式衬砌全包防水层。

3）排水不得造成水土流失、危及地面建筑物、影响居民生活及农田水利设施。

4）无自流排水条件的排水型地下工程应采取以防为主、限量排放的措施。

5）中等及以上腐蚀性地质的地下工程，不得将衬砌以外的水引至衬砌内排放。

6）排水系统应设置检修或可维护性措施。

（2）矿山法地下工程防水做法应符合表 7-5 的规定。

矿山法地下工程防水做法　表 7-5

矿山法地下工程防水等级	防水做法	二衬模筑混凝土结构自防水	外设防水层①
一级	不应少于二道	应选	应选一道②
二级	应选二道	应选	应选一道③
三级	二道	应选	应选一道

① 外设防水层包括：塑料防水板、高分子自粘胶膜预铺防水卷材、喷涂防水涂料。

② 采用塑料防水板时厚度不应小于 2.0mm，并应设置防水板配套分区注浆系统，采用高分子自粘胶膜预铺防水卷材时厚度不应小于 1.7mm，采用喷涂防水涂料时厚度不应小于 3.5mm。

③ 采用塑料防水板时，厚度不应小于 2.0mm，并应表面附有不小于 0.5mm 厚度的自粘胶层或设置分区预埋注浆系统。采用高分子自粘胶膜预铺防水卷材时，厚度不应小于 1.5mm，采用喷涂防水涂料时厚度不应小于 3.0mm。

（3）矿山法地下工程应采取防水或防排水措施。二次衬砌结构拱顶应预留注浆管，在二次衬砌施工完成后进行回填注浆。

（4）矿山法地下工程二次衬砌接缝的防水细部构造应符合表 7-6 的规定。

矿山法地下工程二次衬砌结构接缝的防水细部构造　表 7-6

工程部位	防水措施类型	防水做法		
		一级	二级	三级
二次衬砌结构施工缝	外贴式止水带	不应少于二种	不应少于二种	应选一种
	预埋注浆管			
	遇水膨胀止水条、遇水膨胀止水胶			
	中埋式止水带			
	水泥基渗透结晶型防水涂料或混凝土界面剂	应选		
	中埋式中孔型橡胶止水带	应选	应选	应选
二次衬砌结构变形缝	外贴式止水带	不应少于二种	不应少于一种	应选一种
	可卸式止水带			
	防水嵌缝材料			

（5）盾构法、TBM 法衬砌的防水细部构造应符合表 7-7 的规定。

盾构法、TBM 法衬砌工程防水细部构造 表 7-7

防水做法类型	防水细部构造
结构自防水	应选
密封垫	应选
螺孔密封圈	应选

（6）盾构法、TBM 法隧道工程的防水混凝土管片，强度等级不应低于 C50，抗渗等级不应低于 P10。管片应至少设置一道密封垫沟槽；接缝密封垫应选择具有良好弹性、耐久性、耐水性的橡胶类材料；密封垫应能被完全压入管片密封垫沟槽内，密封垫沟槽横截面与密封垫横截面的面积比，不应小于 1.00，且不应大于 1.15。

（7）管片密封垫应满足在计算的接缝最大张开量和估算的错位量下、埋深水头的 2～3 倍水压力下不渗漏的要求。

（8）沉管法隧道管段接头应采用 GINA 橡胶止水带和 OMEGA 橡胶止水带双道防水措施。止水带应满足埋深水压及各种位移最不利组合条件下的长期密封止水要求。

（9）顶管和箱涵顶进法隧道，管节节间连接处应设置密封圈，并采取接缝构造防水措施和接头部位钢承口外防腐措施，同时应满足结构的最大允许变形要求。

6. 在进行防水层施工时，气候条件对其影响是很大的。雨天施工会使基层含水率增大，导致防水层粘接不牢；气温过低时铺贴卷材，易出现开卷时卷材发硬、脆裂，严重影响防水层质量；低温涂刷涂料，涂层易受冻且不成膜；五级风以上进行防水层施工操作，难以确保防水层质量和人身安全。防水施工严禁在雨天、雪天和五级风及其以上时施工。

7. 防水材料施工环境气温条件应符合表 7-8 规定。

防水材料施工环境气温条件 表 7-8

防水材料	施工环境气候条件
高聚物改性沥青防水卷材	冷粘法、自粘法不低于 5℃，热熔法不低于−10℃
合成高分子防水卷材	冷粘法、自粘法不低于 5℃，焊接法不低于−10℃
有机防水涂料	溶剂型−5～35℃，反应型、水乳型 5～35℃
无机防水涂料	5～35℃
防水混凝土、防水砂浆	5～35℃
膨润土防水材料	不低于−20℃

8. 进行防水结构或防水层施工时，现场应做到无水、无泥浆，这是保证地下防水工程施工质量的一个重要条件。地下防水工程施工期间，必须保持地下水位稳定在工程底部最低高程 500mm 以下，必要时应采取降水措施。对采用明沟排水的基坑，应保持基坑干燥。

7.1.5　验收依据及相关验收要求

1. 防水工程验收依据

2. 分部分项工程及检验批验收要求

（1）检验批和分项工程是质量验收的基本单元。

（2）所谓检验批是指"按同一的生产条件或按规定的方式汇总起来供检验用的，由一定数量样本组成的检验体"。检验批是工程验收的最小单位，是分项工程乃至整个建筑工程质量验收的基础。

（3）分部工程是在所含全部分项工程验收的基础上进行验收的，在施工过程中随完工随验收，并留下完整的质量验收记录和资料。

（4）单位工程作为具有独立使用功能的完整的建筑产品，进行竣工质量验收。

（5）施工过程的质量验收包括以下验收环节，通过验收后留下完整的质量验收记录和资料，为工程项目竣工质量验收提供依据。

3. 验收程序及组织

（1）检验批质量验收

1）检验批应由专业监理工程师组织施工单位项目专业质量检查员、专业工长等进行验收。

2）检验批质量验收合格应符合下列规定：

① 主控项目的质量经抽样检验均应合格；

② 一般项目的质量经抽样检验合格；

③ 具有完整的施工操作依据、质量检查记录。

3）主控项目是指建筑工程中的对安全、卫生、环境保护和公众利益起决定性作用的检验项目。主控项目的验收必须从严要求，不允许有不符合要求的检验结果，主控项目的检查具有否决权。除主控项目以外的检验项目称为一般项目。

（2）分项工程质量验收

1）分项工程的质量验收在检验批验收的基础上进行。一般情况下，两者具有相同或相近的性质，只是批量的大小不同而已。分项工程可由一个或若干检验批组成。分项工程应由专业监理工程师组织施工单位项目专业技术负责人等进行验收。

2）分项工程质量验收合格应符合下列规定：

① 所含检验批的质量均应验收合格。

② 所含检验批的质量验收记录应完整。

（3）施工过程验收的处理

施工过程的质量验收是以检验批的施工质量为基本验收单元。检验批质量不合格可能是由于使用的材料不合格，或施工作业质量不合格，或质量控制资料不完整等原因所致，其处理方法有：

1）在检验批验收时，发现存在严重缺陷的应推倒重做，有一般的缺陷可通过返修或更换器具、设备消除缺陷后重新进行验收；

2）个别检验批发现某些项目或指标（如试块强度等）不满足要求难以确定是否验

收时，应请有资质的检测单位检测鉴定，当鉴定结果能够达到设计要求时，应予以验收；

3）当检测鉴定达不到设计要求，但经原设计单位核算仍能满足结构安全和使用功能的检验批，可予以验收；

4）严重质量缺陷或超过检验批范围内的缺陷，经法定检测单位检测鉴定以后，认为不能满足最低限度的安全储备和使用功能，则必须进行加固处理，虽然改变外形尺寸，但能满足安全使用要求，可按技术处理方案和协商文件进行验收，责任方应承担经济责任；

5）通过返修或加固处理后仍不能满足安全使用要求的分部工程严禁验收。

7.2 基层的质量保证措施及验收要求

7.2.1 基层施工质量要求

（1）防水卷材采用热熔法、冷粘法、热粘法施工时，只有基层牢固和基面干燥、洁净、平整，才能使卷材与基面粘接牢固，从而保证卷材的铺贴质量。防水卷材采用湿铺法施工时，基层应牢固、洁净、平整且充分湿润，才能使卷材与基层粘结牢固，从而保证卷材的铺贴质量。基层阴阳角是防水层应力集中的部位，应做成圆弧或45°坡角，其尺寸应根据卷材品种确定。

1）铺贴高聚物改性沥青防水卷材时圆弧半径不应小于50mm；

2）铺贴合成高分子防水卷材时圆弧半径不应小于20mm。

（2）防水层卷材采用机械固定法施工时，屋面基层应符合下列规定：

1）压型钢板的基板厚度不宜小于0.75mm，基板的最小厚度不应小于0.63mm，当基板厚度在0.63～0.75mm时应通过固定钉拉拔试验；

2）钢筋混凝土板的厚度不应小于40mm，强度等级不应小于C20，并应通过固定钉拉拔试验；

3）木板的厚度不应小于25mm，并应通过固定钉拉拔试验。

（3）防水涂料施工前，必须对基层表面的缺陷和渗水进行处理。基面洁净，无浮浆，有利于涂料均匀一致并具有较好的粘结力。

1）有机防水涂料基面应干燥；当基面较潮湿时，应涂刷湿固化型胶结剂或潮湿界面隔离剂；

2）无机防水涂料施工前，基面应充分润湿，但不得有明水。

（4）屋面找平层、找坡层质量要求。

1）找坡层宜采用轻骨料混凝土；找坡材料应分层铺设和适当压实，表面应平整。

2）找平层宜采用水泥砂浆或细石混凝土；找平层的抹平工序应在初凝前完成，压光工序应在终凝前完成，终凝后应进行养护，以确保找坡层质量。

3）由于水泥砂浆或细石混凝土收缩和温差变形的影响，找平层应预先留设分格缝，使裂缝集中于分格缝中，减少找平层大面积开裂。找平层分格缝纵横间距不宜大于 6m，分格缝的宽度宜为 5～20mm。

（5）密封防水部位的基层应符合下列要求：

1）基层应牢固，表面应平整、密实，不得有裂缝、蜂窝、麻面、起皮和起砂现象；

2）基层应清洁、干燥，并应无油污、无灰尘；

3）嵌入的背衬材料与接缝壁间不得留空隙；

4）密封防水部位的基层宜涂刷基层处理剂，涂刷应均匀，不得漏涂。

（6）室内工程防水基层要求

1）基层应符合设计的要求，并应通过验收；基层表面应坚实平整，无浮浆，无起砂、裂缝现象；

2）与基层相连接的各类管道、地漏、预埋件、设备支座等应安装牢固；

3）管根、地漏与基层的交接部位，应预留宽 10mm，深 10mm 的环形凹槽，槽内应嵌填密封材料；

4）基层的阴、阳角部位宜做成圆弧形；

5）基层表面不得有积水，基层的含水率应满足施工要求。

（7）桥面防水基层要求

1）当基层混凝土强度应达到设计强度的 80％以上时，方可进行防水层施工；

2）当采用防水卷材时，基层混凝土表面的粗糙度应为 1.5～2.0mm；当采用防水涂料时，基层混凝土表面的粗糙度应为 0.5～1.0mm；

3）混凝土的基层平整度应小于或等于 1.67mm/m；

4）当防水材料为卷材及聚氨酯涂料时，基层混凝土的含水率应小于 4％。当防水材料为聚合物改性沥青涂料和聚合物水泥涂料时，基层混凝土的含水率应小于 10％。

7.2.2　基层施工质量验收

1. 主控项目

（1）找坡层和找平层所用材料的质量及配合比，应符合设计要求。

检验方法：检查出厂合格证、质量检验报告和计量措施。

（2）找坡层和找平层的排水坡度，应符合设计要求。

检验方法：坡度尺检查。

（3）桥梁防水施工混凝土基层检测主控项目应符合表 7-9 的规定。

混凝土基层检测主控项目　　　　　　　　　　　　　　　　表 7-9

项次	检测项目	防水层类型	质量要求	检测方法
1	含水率（质量比）	防水卷材	<4％	含水率检测仪（精度 0.5％）；每一测点连续读取数据三次，取平均值
		聚合物改性沥青涂料、聚合物水泥涂料	<10％	
		聚氨酯类涂料	<4％	

续表

项次	检测项目	防水层类型	质量要求	检测方法
2	粗糙度(mm)	防水卷材	1.5～2.0	按《城市桥梁桥面防水工程技术规程》CJJ 139—2010 附录 A 的测量方法
		防水涂料	0.5～1.0	
3	平整度(mm)	防水卷材 防水涂料	5.0	3m 靠尺、游标卡尺；量测最大间隙。顺桥向、横桥向各量测一次，取大值

2. 一般项目

（1）找平层应抹平、压光，不得有酥松、起砂、裂缝、起皮现象。

检验方法：观察检查。

（2）阴、阳角处宜按设计要求做成圆弧形，且应整齐平顺。

检验方法：观察检查。

（3）找平层分隔缝的宽度和间距，均应符合设计要求。

检验方法：观察和尺量检查。

（4）找坡层表面平整度的允许偏差为 7mm，找平层表面平整度的允许偏差为 5mm，室内防水基层表面平整度的允许偏差不宜大于 4mm。

检验方法：2m 靠尺和塞尺检查。

（5）桥梁防水施工混凝土基层检测一般项目应符合表 7-10 规定。

混凝土基层检测一般项目　　　　　　　　　　　　表 7-10

检测项目	质量要求	检测方法
外观质量	1.表面应密实、平整； 2.蜂窝、麻面面积不得超过总面积的 0.5%，并应进行修补； 3.裂缝宽度不大于设计规范的有关规定； 4.表面应清洁、干燥，局部潮湿面积不得超过总面积的 0.1%，并应进行烘干处理	全桥目测

7.3 主材防水层的质量保证措施及验收要求

7.3.1 主材防水层施工质量影响因素

防水工程项目管理中影响质量控制的因素主要有"人、材料、方法、机械设备和环境"等五大方面。因此，对这五方面因素严格控制，是保证防水工程质量的关键。

1. 人的因素

人的因素主要指领导者的素质，操作人员的防水理论、技术水平、生理缺陷、粗心大意、违纪违章等。施工时首先要考虑到对人的因素的控制，因为人是施工过程的主体。首先，应提高他们的质量意识。施工人员应当树立质量第一的观念、预控为主的观念。其次，是人的素质。领导者、操作人员素质提高。提升质量规划、目标管理、施工组织和技术指导、质量检查的能力。操作人员应有精湛的防水技术技能、一丝不苟的工作作风，严格执行质量标准和操作规程的法制观念。提高人的素质，可以依靠质量教育、精神和物质激励的有机结合，也可以靠专业防水培训和优选，进行岗位技术练兵。

2. 材料因素

防水材料是防水工程施工的物质条件，防水材料的质量是防水工程质量的基础，防水材料质量不符合要求，防水工程质量也就不可能符合标准。所以加强防水材料的质量控制，是提高防水工程质量的重要保证。影响防水材料质量的因素主要是材料的成分、物理性能、应用性能等。

材料控制的要点有：

（1）优选采购人员，提高他们的质量鉴定水平、挑选那些有一定防水专业知识，熟悉防水材料分类及各材料标准的人员担任该项工作。

（2）掌握材料信息，优选供货厂家。

（3）合理组织材料供应，确保正常施工。

（4）加强材料的检查验收，严把质量关。

（5）抓好材料的现场管理，并做好合理使用。

（6）搞好材料的试验、检验工作，做好材料的应用性能试验。

3. 方法因素

防水施工过程中的方法包含所采取的技术方案、工艺流程、组织措施、检测手段、施工组织设计等。防水施工方案正确与否，直接影响防水工程质量控制能否顺利实现。往往由于施工方案考虑不周而拖延进度，影响质量，增加投资。为此，制定和审核施工方案时，必须结合工程实际，从技术、管理、工艺、组织、操作、经济等方面进行全面分析、综合考虑，力求方案技术可行、经济合理、工艺先进、措施得力、操作方便，有利于提高质量、加快进度、降低成本。

4. 机械设备因素

机械设备的有效使用是提高建筑防水整体施工质量的重要手段。防水机械设备的选择必须综合考虑施工现场条件、建筑结构形式、施工工艺和方法、建筑技术经济等合理选择机械的类型和性能参数，合理使用机械设备，正确地操作。操作人员必须认真执行各项规章制度，严格遵守操作规程，并加强对施工机械的维修、保养、管理。

5. 环境因素

环境因素对防水工程质量的影响具有复杂而多变的特点，如气象条件就变化万千，温度、湿度、大风、暴雨、酷暑、严寒都直接影响到防水材料、防水施工工艺的选择，如忽略此环节可能会对最终防水工程的整体质量造成较大影响。因此，根据工程特点和具体条件，应对影响质量的环境因素，采取有效的措施严加控制。

7.3.2　主材防水层施工过程检验

1. 防水混凝土施工过程检验

（1）防水混凝土应密实，表面应平整，不得有露筋、蜂窝等缺陷；裂缝宽度不得大于

0.2mm，并不得贯通；

（2）防水混凝土采用预拌混凝土时，入泵坍落度宜控制在 120～160mm，坍落度每小时损失不应大于 20mm，坍落度总损失值不应大于 40mm。

（3）混凝土拌制和浇筑过程控制应符合下列规定：

1）拌制混凝土所用材料的品种、规格和用量，每工作班检查不应少于两次。每盘混凝土组成材料计量结果的允许偏差应符合表 7-11 的规定。

混凝土组成材料计量结果的允许偏差（%） 表 7-11

混凝土组成材料	每盘计量	累计计量
水泥、掺合料	±2	±1
粗、细骨料	±3	±2
水、外加剂	±2	±1

注：累计计量仅适用于微机控制计量的搅拌站。

2）混凝土在浇筑地点的坍落度，每工作班至少检查两次坍落度试验应符合现行国家标准《普通混凝土拌合物性能试验方法标准》GB/T 50080 的有关规定。混凝土坍落度允许偏差应符合表 7-12 的规定。

混凝土坍落度允许偏差（mm） 表 7-12

规定坍落度	允许偏差
≤40	±10
50～90	±15
>90	±20

3）泵送混凝土在交货地点的入泵坍落度，每工作班至少检查两次。混凝土入泵时的坍落度允许偏差应符合表 7-13 的规定。

混凝土入泵时的坍落度允许偏差（mm） 表 7-13

所需坍落度	允许偏差
≤100	±20
>100	±30

4）当防水混凝土拌合物在运输后出现离析，必须进行二次搅拌。当坍落度损失后不能满足施工要求时，应加入原水胶比的水泥浆或掺加同品种的减水剂进行搅拌，严禁直接加水。

2. 水泥砂浆防水层施工过程检验

（1）水泥砂浆防水层施工中，水泥砂浆的配制应按所掺材料的技术要求准确计量。

（2）水泥砂浆防水层分层铺抹或喷涂，铺抹时应压实、抹平，最后一层表面应提浆压光。

（3）防水砂浆宜连续施工。当需留施工缝时，应采用坡形接槎，相邻两层接槎应错开 100mm 以上，距转角不得小于 200mm。

3. 卷材防水层施工过程检验

（1）卷材铺贴方向应正确，搭接缝应粘结或焊接牢固，搭接宽度应复合设计要求，表面应平整，不得有损伤、空鼓、扭曲、折皱和翘边等缺陷。

（2）地下工程中卷材防水层应铺设在主体结构的迎水面。一般卷材铺贴采用外防外贴和外防内贴两种施工方法。由于外防外贴法的防水效果优于外防内贴法，所以在施工场地和条件不受限制时一般采用外防外贴。

（3）转角处、变形缝、施工缝和穿墙管等部位是地下工程防水施工中的薄弱部位，应铺贴卷材加强层，加强层宽度宜为 300～500mm。

（4）地下工程防水卷材的搭接宽度应符合表 7-14 的要求。铺贴双层卷材时，上下两层和相邻两幅卷材的接缝应错开 1/3～1/2 幅宽，且两层卷材不得相互垂直铺贴。

防水卷材的搭接宽度 表 7-14

卷材品种	搭接宽度（mm）
弹性体改性沥青防水卷材	100
改性沥青聚乙烯胎防水卷材	100
自粘聚合物改性沥青防水卷材	80
三元乙丙橡胶防水卷材	100/60（胶粘剂/胶粘带）
聚氯乙烯防水卷材	60/80（单焊缝/双焊缝）
	100（胶粘剂）
聚乙烯丙纶复合防水卷材	100（粘接料）
高分子自粘胶膜防水卷材	70/80（自粘胶/胶粘带）

（5）屋面工程中屋面坡度大于 25％时，卷材应采取满粘和钉压固定措施。

（6）屋面工程中卷材铺贴方向应结合卷材接缝顺水接槎和卷材铺贴可操作性综合考虑，要求符合下列规定：

1）卷材铺贴在保证顺直的前提下，宜平行屋脊铺贴；

2）上下层卷材不得相互垂直铺贴。

（7）屋面工程搭接缝应符合表 7-15 的要求。平行屋脊的卷材搭接缝应顺流水方向。相邻两幅卷材短边搭接缝应错开，且不得小于 500mm。上下层卷材长边搭接缝应错开，且不得小于幅宽的 1/3。

卷材搭接宽度（mm） 表 7-15

卷材类别		搭接宽度
合成高分子防水卷材	胶粘剂	80
	胶粘带	50
	单缝焊	60，有效焊接宽度不小于 25
	双缝焊	80，有效焊接宽度 10×2＋空腔宽
高聚物改性沥青防水卷材	胶粘剂	100
	自粘	80

（8）热熔法铺贴卷材时，接缝部位的热熔胶料必须溢出。热塑性卷材接缝焊接时，单缝焊接宽度应为 60mm，有效焊缝宽度不应小于 30mm；双焊缝搭接宽度应为 80mm，中间应留设 10～20mm 的空腔，每条焊缝有效焊缝宽度不宜小于 10mm。

4. 涂料防水层施工过程检验

（1）涂料防水层应与基层粘接牢固，不得有脱皮、流淌、鼓泡漏胎、褶皱等缺陷。

（2）涂料防水层宜用于主体结构的迎水面，无机防水涂料宜用于主体结构的迎水面或背水面。

（3）有机防水涂料应采用反应型、水乳型、聚合物水泥等涂料；无机防水涂料应采用掺外加剂、掺合料的水泥基防水涂料或水泥基渗透结晶型防水涂料。

5. 桥面防水工程施工过程要求

（1）铺设防水卷材时，任何区域的卷材不得多于 3 层，避免因卷材过厚对桥面铺装体系的剪切强度造成不利影响。搭接接头应错开 500mm 以上，严禁沿道路宽度方向搭接形成通缝。接头处卷材的搭接宽度沿卷材的长方向应为 150mm、沿卷材宽度方向应为 100mm。

（2）铺设防水卷材应平整顺直，搭接尺寸应准确，不得扭曲、褶皱。卷材的展开方向应与车辆的运行方向一致，卷材应采用沿桥梁纵、横坡从低处向高处的铺设方法，高处卷材应压在低处卷材之上，以利于排水。

（3）防水涂料宜多遍涂布。防水涂料应在上一遍涂料干燥成膜后方可涂布后一遍涂料。涂刷法施工防水涂料时，每遍涂刷的推进方向宜与前一遍相一致。涂层的厚度应均匀，且表面平整，其总厚度应达到设计要求。

（4）涂料涂层间设置的胎体增强材料的施工，宜边涂布边铺胎体；胎体应铺贴平整，排除内部气泡，保证胎体增强材料充分浸透并粘结牢固。在胎体上涂布涂料时，应使涂料浸透胎体，覆盖完全，不得有胎体外漏现象。

（5）涂料防水层内设置的胎体增强材料，应顺桥面行车方向铺贴。铺贴顺序应自最低处开始向高处铺贴并顺桥宽方向搭接，高处胎体增强材料应压在低处胎体增强材料之上。沿胎体的长度方向搭接宽度不得小于 70mm、沿胎体的宽度方向搭接宽度不得小于 50mm，严禁沿道路宽度方向胎体搭接形成通缝。采用两次胎体增强材料时，上下层应顺桥面行车方向铺设，搭接缝应错开，其间距不小于幅宽 1/3。

（6）道路桥梁工程沥青混凝土面层，在沥青混凝土摊铺之前应对到场的沥青混凝土进行温度检测。当采用防水卷材时，其温度应高于防水卷材的耐热度 10～20℃，且不得高于 170℃；当采用防水涂料时，其温度应低于防水涂料的耐热度 10～20℃。

7.3.3 主材防水层施工质量要求

1. 防水混凝土施工质量要求

（1）防水混凝土抗压强度试件，应在混凝土浇筑地点随机取样后制作，并应符合下列规定：

1）同一工程、同一配合比的混凝土，取样频率与试件留置组数应符合现行国家标准《混凝土结构工程施工质量验收规范》GB 50204 的有关规定；

2）抗压强度试验应符合现行国家标准《混凝土物理力学性能试验方法标准》GB/T 50081 的有关规定；

3）结构构件的混凝土强度评定应符合现行国家标准《混凝土强度检验评定标准》GB/T 50107 的有关规定。

（2）防水混凝土抗渗性能应采用标准条件下养护混凝土抗渗试件的试验结果评定，试件应在混凝土浇筑地点随机取样后制作，并应符合下列规定：

1）连续浇筑混凝土每 500m 应留置一组 6 个抗渗试件，且每项工程不得少于两组；采用预拌混凝土的抗渗试件，留置组数应视结构的规模和要求而定；

2）抗渗性能试验应符合现行国家标准《普通混凝土长期性能和耐久性能试验方法标准》GB/T 50082 的有关规定。

（3）大体积防水混凝土的施工应采取材料选择、温度控制、保温保湿等技术措施。在设计许可的情况下，掺粉煤灰混凝土设计强度等级的龄期宜为 60d 或 90d。

2. 卷材防水层施工质量要求：

（1）冷粘法铺贴卷材应符合下列规定：

1）胶粘剂应涂刷均匀，不得露底、堆积或漏涂；

2）根据胶粘剂的性能，应控制胶粘剂涂刷与卷材铺贴的间隔时间；

3）铺贴时不得用力拉伸卷材，排除卷材下面的空气，辊压粘贴牢固；

4）铺贴卷材应平整、顺直，搭接尺寸准确，不得扭曲、褶皱；

5）卷材搭接缝的粘接质量关键是搭接宽度和粘结密封性能。卷材接缝部位应采用专用胶粘剂或胶粘带满粘，接缝口应用密封材料封严，其宽度不小于 10mm。

（2）热粘法铺贴卷材应符合下列规定：

1）熔化热熔型改性沥青胶结料时，宜采用专用导热油炉加热，加热温度不应高于 200℃，使用温度不宜低于 180℃；

2）粘贴卷材的热熔型改性沥青胶结料厚度宜为 1.0～1.5mm；

3）采用热熔型改性沥青胶结料粘贴卷材时，应随刮随铺，并应展平压实。

（3）热熔法铺贴卷材应符合下列规定：

1）火焰加热器加热卷材应均匀，喷嘴与卷材应保持适当的距离，加热至卷材表面有黑色光亮时方可以粘合，不得加热不足或烧穿卷材；

2）卷材表面热熔后应立即滚铺，排除卷材下面的空气，并粘贴牢固；

3）铺贴卷材应平整、顺直，搭接尺寸准确，不得扭曲、褶皱；

4）卷材接缝部位应溢出热熔的改性沥青胶料，使接缝粘贴牢固，封闭严密。

（4）自粘法铺贴卷材应符合下列规定：

1）铺贴卷材时，应将有黏性的一面朝向主体结构，且施工时应将隔离层全部撕净；

2）外墙、顶板铺贴时，排除卷材下面的空气，辊压粘贴牢固；

3）铺贴卷材应平整、顺直，搭接尺寸准确，不得扭曲、皱折和起泡；

4）立面卷材铺贴完成后，应将卷材端头固定，并应用密封材料封严；

5）低温施工时，宜对卷材和基面采用热风适当加热，然后铺贴卷材。

（5）卷材接缝采用焊接法施工应符合下列规定：

1）焊接前卷材应铺放平整，搭接尺寸准确，焊接缝的结合面应清扫干净；

2）卷材焊接缝的结合面应干净、干燥，不得有水滴、油污及附着物；

3）焊接时应先焊长边搭接缝，后焊短边搭接缝；

4）控制热风加热温度和时间，焊接处不得漏焊、跳焊、焊焦或焊接不牢；

5）焊接时不得损害非焊接部位的卷材。

（6）高分子自粘胶膜防水卷材宜采用预铺反粘法施工，并应符合下列规定：

1）卷材宜单层铺设，高分子胶膜层朝向主体结构空铺在基面上；

2）在潮湿基面铺设时，基面应平整坚固、无明水；

3）卷材长边应采用自粘边搭接，短边应采用胶粘带搭接，卷材端部搭接区应相互错开；

4）立面施工时，在自粘边位置距离卷材边缘 10～20mm 内，每隔 400～600mm 应进行机械固定，并应保证固定位置被卷材完全覆盖；

5）浇筑结构混凝土时不得损伤防水层。

（7）机械固定法铺贴卷材应符合下列规定：

1）卷材应采用专用固定件进行机械固定；

2）固定件应设置在卷材搭接缝内，外露固定件应用卷材封严；

3）固定件应垂直钉入结构层有效固定，固定件数量和位置应符合设计要求；

4）卷材搭接缝应粘结或焊接牢固，密封应严密；

5）卷材周边 800mm 范围内应满粘。

3. 涂料防水层施工质量要求

（1）多组分涂料应按配合比准确计量，搅拌均匀，并应根据有效时间确定每次配制的用量。

（2）涂料应分层涂刷或喷涂，涂层应均匀，涂刷应待前遍涂层干燥成膜后进行，两涂层施工间隔时间不宜过长，防止形成分层。每遍涂刷时应交替改变涂层的涂刷方向，同层涂膜的先后搭压宽度宜为 30～50mm。

（3）涂料防水层的甩槎处接槎宽度不应小于 100mm，接涂前应将其甩槎表面处理干净。

（4）采用有机防水涂料时，基层阴阳角处应做成圆弧；在转角处、变形缝、施工缝、穿墙管等部位应增加胎体增强材料和增涂防水涂料，宽度不应小于 500mm。

（5）地下工程中胎体增强材料的搭接宽度不应小于 100mm。

（6）屋面工程中胎体增强材料宜采用聚酯无纺布或化纤无纺布，平行或垂直屋脊铺设应视方便施工而定，平行于屋脊铺设时，应由低标高处向上铺设，胎体增强材料顺着流水方向搭接，长边搭接宽度不应小于 50mm，短边搭接宽度不应小于 70mm。

（7）胎体增强材料铺贴时，应边涂刷边铺贴，避免两者分离。

（8）上下两层和相邻两幅胎体的接缝应错开 1/3 幅宽，且上下两层胎体不得相互垂直。

4. 复合防水层施工质量要求

（1）卷材与涂料复合使用时，涂膜防水层宜设置在卷材防水层的下面。涂膜防水层粘结强度高，可修补防水层基层裂缝缺陷。

（2）卷材与涂料复合使用时，两者之间能否很好地粘接是防水层成败的关键，防水卷材的粘结质量应符合表 7-16 的规定。

防水卷材的粘结质量　　　　　　　　　　　　　表 7-16

项目	自粘聚合物改性沥青防水卷材和带有自粘层防水卷材	高聚物改性沥青防水卷材胶粘剂	合成高分子防水卷材胶粘剂
粘结剥离强度（N/10mm）	≥10 或卷材断裂	≥8 或卷材断裂	≥15 或卷材断裂
剪切状态下的粘合强度（N/10mm）	≥20 或卷材断裂	≥20 或卷材断裂	≥20 或卷材断裂
浸水 168h 后粘结剥离强度保持率（%）	—	—	≥70

注：防水涂料作为防水卷材粘结材料复合使用时，应符合相应的防水卷材胶粘剂规定。

（3）在复合防水层中，如果防水涂料既是涂膜防水层，又是防水卷材的胶粘剂，在复合防水层完工后整体验收，如果防水涂料不是防水卷材的胶粘剂，应对涂膜防水层和卷材防水层分别验收。

（4）复合防水层的总厚度包括卷材厚度、卷材胶粘剂厚度和涂膜厚度。在复合防水层中，如果防水涂料即是涂膜防水层，又是防水卷材的胶粘剂，那么涂膜厚度应给予适当增加。

5. 水泥砂浆防水层施工质量要求：

（1）水泥砂浆防水层应密实、平整，粘结牢固，不得有空鼓、裂纹、起砂、麻面等缺陷。

（2）水泥砂浆终凝后应及时进行养护，养护温度不宜低于 5℃，并应保持砂浆表面湿润，养护时间不得少于 14d；聚合物水泥防水砂浆未达到硬化状态时，不得浇水养护或直接受雨水冲刷，硬化后应采用干湿交替的养护方法。湖湿环境中，可在自然条件下养护。

6. 桥面防水层施工质量要求：

（1）防水卷材施工质量要求

1）为了保证桥面排水口、转角等处的防水效果，卷材防水层铺设前应先做好桥面排水口、转角等局部部位的处理，然后再进行大面积铺设，必要时可使用与卷材材性相容的防水涂料。

2）当采用热熔法铺设防水卷材时，应排除卷材下面的空气，并应辊压粘贴牢固。搭接部位的接缝应溢出热熔的改性沥青胶料，使接缝粘贴牢固，封闭严密。

3）卷材的储运、保管应符合现行行业标准《道桥用改性沥青防水卷材》JC/T 974 中的相应规定。

（2）防水涂料施工质量要求

1）为了保证桥面排水口、转角等节点处的防水效果。防水涂料施工应先做好节点部位的细部处理，不得有削弱、断开、流淌和堆积现象，然后再进行大面积涂布。

2）道桥用聚氨酯类涂料施工中，多组分的配料计量不准确和搅拌不均匀，将会影响混合料的充分化学反应，造成涂料性能指标下降。聚氨酯类涂料应按配合比准确计量，混合均匀，已配成的多组分涂料应及时使用，严禁使用过期材料。

3）防水涂料的储运、保管应符合现行行业标准《道桥用防水涂料》JC/T 975 中的相应规定。

7.3.4 主材防水层施工质量验收

1.防水混凝土分项工程检验批的抽样检验数量，应按混凝土外漏面积每 100m² 抽查 1 处，每处 10m²，且不得少于 3 处。

（1）主控项目

1）防水混凝土的原材料、配合比及坍落度必须符合设计要求。

检验方法：检查产品合格证、产品性能检测报告、计量措施和材料进场检验报告。

2）防水混凝土的抗压强度和抗性能必须符合设计要求。

检验方法：检查混凝土抗压强度、抗性能检验报告。

3）防水混凝土结构的施工缝、变形缝、后浇带、穿填管、埋设件等设置和构造必须符合设计要求。

检验方法：观察检查和检查隐蔽工程验收记录。

（2）一般项目

1）防水混凝土结构表面应坚实、平整，不得有露筋、空洞等缺陷；埋设件位置应准确。

检验方法：观察检查。

2）防水混凝土结构表面的裂缝宽度不应大于 0.2mm，且不得贯通。

检验方法：用刻度放大镜检查。

3）防水混凝土结构厚度不应小于 250mm，其允许偏差应为 8mm、−5mm；主体结构迎水面钢筋保护层厚度不应小于 50mm，其允许偏差应为 ±5mm。

检验方法：尺量检查和检查隐蔽工程验收记录。

2.卷材防水层分项工程检验批的抽样检验数量，应按铺贴面积每 100m² 抽查 1 处，没处 10m²，且不得少于 3 处。

（1）主控项目

1）卷材防水层所用卷材及其配套材料必须符合设计要求。

检验方法：检查产品合格证、产品性能检测报告和材料进场检验报告。

2）地下工程卷材防水层在转角处、变形缝、施工缝、穿墙管等部位做法必须符合设计要求。

检验方法：观察检查和检查隐蔽工程验收纪录。

3）屋面工程卷材防水层不得有渗漏和积水现象。

检验方法：雨后观察或淋水、蓄水试验。

4）屋面工程卷材防水层在檐口、檐沟、天沟、水落口、泛水、变形缝和伸出屋面管道的防水构造，应符合设计要求。

检验方法：观察检查。

5）室内防水工程防水层不得渗漏。

检验方法：在防水层完成后进行蓄水试验，楼、地面蓄水高度不应小于 20mm，蓄水时间不应少于24h；独立水容器应满池蓄水，蓄水时间不应少于24h。

（2）一般项目

1）卷材防水层的搭接缝应粘贴或焊接牢固，密封严密，不得有扭曲、褶皱、翘边和起泡等缺陷。

检验方法：观察检查。

2）地下工程采用外防外贴法铺贴卷材防水层时，立面卷材接槎的搭接宽度，高聚物改性沥青类卷材应为150mm，合成高分子类卷材应为100mm，且上层卷材应盖过下层卷材。

检验方法：观察和尺量检查。

3）卷材防水层铺贴方向应正确，卷材搭接宽度的允许偏差应为−10mm。

检验方法：观察和尺量检查。

3.涂料防水层分项工程检验批的抽样检验数量，应按涂层面积每100m²抽查1处，每处10m²，且不得少于3处。

（1）主控项目

1）涂料防水层所用的材料及配合比必须符合设计要求。

检验方法：检查产品合格证、产品性能检测报告、计量措施和材料进场检验报告。

2）地下工程涂料防水层的平均厚度应符合设计要求，最小厚度不得小于设计厚度的90%。

检验方法：用针测法检查。

3）地下工程涂料防水层在转角处、变形缝、施工缝、穿墙管等部位做法必须符合设计要求。

检验方法：观察检查和检查隐蔽工程验收记录。

4）屋面工程涂膜防水层不得有渗漏和积水现象。

检验方法：雨后观察或淋水、蓄水试验。

5）屋面工程涂膜防水层在檐口、檐沟、天沟、水落口、泛水、变形缝和伸出屋面管道的防水构造，应符合设计要求。

检验方法：观察检查。

6）涂膜防水层的平均厚度应符合设计要求，且最小厚度不得小于设计厚度的80%，室内防水工程最小厚度不得小于设计厚度的90%。

检验方法：针测法或取样量测。

7）室内防水工程在转角、地漏、伸出基层的管道等部位，防水层的细部构造应符合设计要求。

检验方法：观察检查和检查隐蔽工程验收记录。

8）室内防水工程防水层不得渗漏。

检验方法：在防水层完成后进行蓄水试验，楼、地面蓄水高度不应小于20mm，蓄水时间不应少于24h；独立水容器应满池蓄水，蓄水时间不应少于24h。

（2）一般项目

1）涂料防水层应与基层粘结牢固，涂刷均匀，不得流淌、鼓泡、露槎。

检验方法：观察检查。

2）涂层间夹铺胎体增强材料时，应使防水涂料浸透胎体覆盖完全，不得有胎体外露现象。

检验方法：观察检查。

3）涂膜防水层的收头应用防水涂料多遍涂刷。

检验方法：观察检查。

4）铺贴胎体增强材料应平整顺直，搭接尺寸应准确，应排除气泡，并应与涂料粘结牢固；胎体增强材料搭接宽度的允许偏差为－10mm。

检验方法：观察和尺量检测。

4. 复合防水层分项工程检验批的抽样检验数量，应按铺贴面积每 $100m^2$ 抽查 1 处，每处 $10m^2$，且不得少于 3 处。

（1）主控项目

1）复合防水层所用防水材料及其配套材料的质量，应符合设计要求。

检验方法：检查出厂合格证、质量检验报告和进场检验报告。

2）复合防水层不得有渗漏和积水现象。

检验方法：雨后观察或淋水、蓄水试验。

3）复合防水层在天沟、檐沟、檐口、水落口、泛水、变形缝和伸出屋面管道的防水构造，应符合设计要求。

检验方法：观察检查。

（2）一般项目

1）卷材与涂膜应粘贴牢固，不得有空鼓和分层现象。

检验方法：观察检查。

2）复合防水层的总厚度应符合设计要求。

检验方法：针测法或取样量测。

5. 水泥砂浆防水层分项工程检验批的抽样检验数量，应按施工面积每 $100m^2$ 抽查 1 处，每处 $10m^2$，且不得少于 3 处。

（1）主控项目

1）防水砂浆的原材料及配合比必须符合设计规定。

检验方法：检查产品合格证、产品性能检测报告、计量措施和材料进场检验报告。

2）防水砂浆的粘结强度和抗渗性能必须符合设计规定。

检验方法：检查砂浆粘结强度、抗渗性能检验报告。

3）水泥砂浆防水层与基层之间应结合牢固，无空鼓现象。

检验方法：观察和用小锤轻击检查。

（2）一般项目

1）水泥砂浆防水层表面应密实、平整，不得有裂纹、起砂、麻面等缺陷。

检验方法：观察检查。

2）水泥砂浆防水层施工缝留槎位置应正确，接槎应按层次顺序操作，层层搭接紧密。

检验方法：观察检查和检查隐蔽工程验收记录。

3）水泥砂浆防水层的平均厚度应符合设计要求，最小厚度不得小于设计厚度的 85%。

检验方法：用针测法检查。

4）水泥砂浆防水层表面平整度的允许偏差应为 5mm 检验方法：用 2m 靠尺和楔形塞尺检查。

6.桥面防水层施工现场检测应符合下列规定。

（1）主控项目

1）粘结强度：质量要求按表 7-17、表 7-18 的规定取值，检测方法按《城市桥梁面防水工程技术规程》CJJ 139—2010 附录 B 的规定采用。

基层处理剂粘结强度控制值　　　　　　　　　　　　表 7-17

基层处理剂表面温度（℃）	10	20	30	40	50
粘结强度（MPa）	0.45	0.4	0.35	0.30	0.25

卷材、涂料粘结强度控制值　　　　　　　　　　　　表 7-18

防水层表面温度（℃）	10	20	30	40	50
涂料粘结强度（MPa）	0.40	0.35	0.30	0.25	0.20
卷材粘结强度（MPa）	0.35	0.30	0.25	0.20	0.15

2）涂料厚度：利用厚度仪进行量测，每一测点连续读取数据三次，取平均值。

（2）一般项目

1）防水层施工外观质量应符合表 7-19 的规定。

防水层施工外观质量　　　　　　　　　　　　表 7-19

检测项目		质量要求	检测方法
外观质量	卷材防水	1）基层处理剂：涂刷均匀，漏刷面积不得超过总面积的 0.1%，并应补刷。 2）防水层不得有空鼓、翘边、油迹、褶皱。 3）防水层和雨水口、伸缩缝、缘石衔接处应密封。 4）搭接缝部位应有宽为 20mm 左右溢出热熔的改性沥青痕迹，且相互搭接卷材压薄后的总厚度不得超过单片卷材初始厚度的 1.5 倍	全桥目测
	涂料防水	1）涂刷均匀，漏刷面积不得超过总面积的 0.1%，并应补刷。 2）不得有气泡、空鼓、翘边。 3）防水层和雨水口、伸缩缝、缘石衔接处应密封	

2）防水层与沥青混凝土层粘结强度检测为特大桥、桥梁坡度大于 3‰ 等对防水层有特殊要求的桥梁可选择进行的检测项目。防水层强度要求应按表 7-20 的规定取值，检测方法应按规程《城市桥梁面防水工程技术规程》CJJ 139—2010 附录 B 的规定采用。

3）防水层与沥青混凝土层抗剪强度检测为特大桥、桥梁坡度大于 3‰ 等对防水层有特殊要求的桥梁可选择进行的检测项目。防水层强度要求应按表 7-20 的规定取值，检测方法应按规程《城市桥梁面防水工程技术规程》CJJ 139—2010 附录 C 的规定采用。

防水层强度要求   表 7-20

防水层表面温度(℃)	10	20	30	40	50
涂料剪切强度(MPa)	1.00	0.50	0.30	0.20	0.15
卷材剪切强度(MPa)	1.00	0.50	0.30	0.15	0.10

7.4 辅材的质量保证措施及验收要求

7.4.1 辅材施工质量影响因素

防水工程项目管理中辅材防水施工与主材防水施工质量控制的因素基本一致。除主要的"人、材料、机械、方法和环境"五大方面外，还应该注意辅材与主材的相容性。防止防水施工中由于辅材与主材的不相容而造成整体施工质量的下降，从而造成渗漏的发生。

主材与辅材的相容性主要分为以下方面：

1. 材料相容

我国防水行业发展较快，防水材料品类繁多、性能各异，各类不同的卷材都应有其配套或相容的基层处理剂、胶粘剂和密封材料。如混用可能产生防水材料之间的腐蚀，如聚氨酯类材料与沥青类材料不可直接接触使用。

2. 施工相容

防水辅材的施工方式应充分考虑主材防水层所用防水材料的品类及特性，配合主材防水层的施工工艺进行辅材的使用，严禁在防水辅材的施工中造成主材防水层的破坏，或对后续主材防水层造成施工困难。

7.4.2 辅材施工过程检验

1. 密封材料

（1）改性沥青密封材料

1）当采用热灌法施工时，应由下往上进行，尽量减少接头；密封材料熬制及浇筑温度，应按不同材料要求严格控制。

2）当采用冷嵌法施工时，应先将少量密封材料批刮在缝槽两侧，分次将密封材料嵌填在缝内，用力压嵌密实，并与缝壁粘结牢固。嵌填时，密封材料与缝壁不得留有空隙，并防止裹入空气。接头应采用斜槎。

（2）合成高分子类密封材料

1）单组分密封材料可直接施工。多组分密封材料应根据规定的比例准确计量并拌合均匀。每次拌合量、拌合时间和拌合温度应按所用密封材料的要求严格控制。

2）密封材料可使用挤出枪或腻子刀嵌填。嵌填应饱满，无气泡和空洞。

3）当采用挤出枪施工时，要求根据接缝的宽度选用口径合适的挤出嘴，保证由底部逐渐充填整个接缝。一次嵌填或分次嵌填应根据密封材料的性质确定。

2. 基层处理剂

（1）在配制基层处理剂时，应根据所用基层处理剂的品种，按有关规定或产品说明书的配合比要求，准确计量，混合后应搅拌 3～5min，使其充分均匀。

（2）在喷涂或涂刷基层处理剂时应均匀一致，不得漏涂，待基层处理剂干燥后应及时进行卷材或涂膜防水层的施工。

（3）如基层处理剂未干燥前遭受雨淋，或是干燥后长期不进行防水层施工，则在防水层施工前必须再涂刷一次基层处理剂。

采用胶粘剂应符合下列规定：

（1）胶粘剂应涂刷均匀，不得露底、堆积或漏涂；

（2）根据胶粘剂的性能，应控制胶粘剂涂刷与卷材铺贴的间隔时间。

3. 止水带、止水胶、止水条

（1）止水条与施工缝基面应密贴，中间不得有空鼓、脱离等现象；止水条应牢固地安装在缝表面或预留凹槽内；止水条采用搭接连接时，搭接宽度不得小于 30mm。

（2）中埋式止水带的接缝应设在边墙较高位置上，不得设在结构转角处；接头宜采用热压焊接，接缝应平整、牢固，不得有裂口和脱胶现象。

（3）遇水膨胀胶应采用专用注胶器挤出粘结在施工缝表面，并做到连续、均匀、饱满，无气泡和孔洞，挤出宽度及厚度应符合设计要求。

（4）后浇带部位补偿收缩混凝土浇筑前，后浇带部位和外贴式止水带应采取保护措施。

4. 水泥基渗透结晶防水涂料

（1）粉状渗透结晶型防水材料

1）粉状渗透结晶型防水材料应按产品说明书提供的配合比控制用水量，配料宜采用机械搅拌。配制好的材料应色泽均匀，无结块、粉团。

2）拌制好的粉状渗透结晶型防水材料，从加水时起计算，材料宜在 20min 内用完。在施工过程中，应不时地搅拌混合料。不得向已经混合好的粉料中另外加水。

3）多遍涂刷时，应交替改变涂刷方向。

4）采用喷涂施工时，喷枪的喷嘴应垂直于基面，合理调整压力、喷嘴与基层距离。

5）每遍涂层施工完成后应按照产品说明书规定的间隔时间进行第二遍作业。

6）涂层终凝后，应及时进行喷雾干湿交替养护，养护时间不得少于 72h。不得采用蓄水或浇水养护。

7）干撒法施工时，当先干撒粉状渗透结晶型防水材料时，应在混凝土浇筑前 30min 以内进行，如先浇筑混凝土，应在混凝土初凝前干撒完毕。

（2）液态渗透结晶型防水材料

1）应先将原液充分搅拌，按照产品说明书规定的比例加水混合，搅拌均匀，不得任意改变溶液的浓度。

2）喷涂时应控制好每遍喷涂的用量，喷涂应均匀，无漏涂或流坠。

3）每遍喷涂结束后，应按产品说明书的要求，间隔一定时间后喷洒清水养护。

4）施工结束后，应将基体表面清理干净。

7.4.3　辅材施工质量要求

使用材料应符合国家现行有关标准对材料有害物质限量的规定，不得对周围环境造成污染。工程各构造层的组成材料，应分别与相邻层次的材料相容。

1. 密封材料

（1）嵌填的密封材料应与接缝两侧粘结牢固，表面应平滑，缝边应顺直，不得有气泡、开裂和剥离等缺陷。

（2）自粘法铺贴卷材时，考虑到施工的可靠度，防水层的收缩，以及外力使缝口翘边开缝的可能，卷材接缝口用密封材料封严，以提高防水层的密封防水性能。

（3）多组分密封材料应按配合比准确计量，拌合应均匀，并应根据有效时间确定每次配制的数量。

（4）密封材料嵌填完成后，在固化前应避免灰尘、破损及污染，且不得踩踏。

2. 基层处理剂

（1）铺贴防水卷材前，基层应干净、干燥，并应涂刷基层处理剂；当基面潮湿时，应涂刷湿固化型胶粘剂或潮湿界面隔离剂。

（2）在进行基层处理剂喷涂前，应按照卷材、涂膜防水层所用材料的品种，选用与其材性相容的基层处理剂。

（3）基层处理剂可采取喷涂法或刷涂法施工，喷涂应均匀，覆盖完全，待干燥后应及时进行防水层施工。

（4）喷涂基层处理剂前，应采用毛刷对细部节点位置先行涂刷，然后再进行大面积基层面的喷涂。

（5）基层处理剂涂刷完毕后，其表面应进行保护，且应保持清洁。涂刷范围内，严禁人员踩踏。

3. 胶粘剂和胶粘带

（1）卷材搭接缝的粘结质量关键是搭接宽度和粘结密封性能。卷材接缝部位应采用专用胶粘剂或胶粘带满粘，接缝口应用密封材料封严，其宽度不小于 10mm。

（2）当防水卷材采用胶粘剂和胶粘带进行接缝粘接时，进场材料检验时应进行以下试验：

1）胶粘剂的剪切性能试验

2）胶粘带的剪切性能试验

3）胶粘剂的剥离性能试验

4）胶粘带的剥离性能试验

4. 止水带、止水胶、止水条

（1）中埋式止水带埋设位置应准确，其中间空心圆环与变形缝的中心线应重合。

（2）止水胶挤出成形后，固化期内应采取临时保护措施；止水胶固化前不得浇筑混凝土。

（3）后浇带部位补偿收缩混凝土浇筑前，后浇带部位和外贴式止水带应采取保护措施。

（4）外贴式止水带在变形缝与施工缝相交部位宜采用十字配件；外贴式止水带在变形缝转角部位宜采用直角配件。止水带埋设位置应准确，固定应牢靠，并与固定止水带的基层密贴，不得出现空鼓、翘边等现象。

5. 水泥基渗透结晶防水涂料

（1）渗透结晶型防水材料的品种、规格和质量应符合设计和国家现行有关标准的要求。

（2）施工配合比应符合产品说明书的要求。

（3）渗透结晶型防水材料的单位用量不得小于设计规定。

（4）粉状渗透结晶型防水材料的涂层与基层应粘结牢固，不得粉化，涂布均匀。

（5）液态渗透结晶型防水材料喷涂应均匀，无流淌、漏涂现象。

（6）养护的方法和时间应符合本规程的规定。

7.4.4　辅材施工质量验收

1. 密封防水材料

（1）主控项目

1）密封材料及其配套材料的质量，应符合设计要求。

检验方法：检查出厂合格证、质量检验报告和进场检验报告。

2）密封嵌填应密实、连续、饱满，粘结牢固，不得有气泡、开裂、脱落等缺陷。

检验方法：观察检查。

3）室内防水工程中密封材料的嵌填宽度和深度应符合设计要求。

检验方法：观察和尺量检查。

（2）一般项目

1）密封防水部位的基层应符合相关规定。

检验方法：观察检查。

2）接缝宽度和密封材料的嵌填深度应符合设计要求，接缝宽度的允许偏差为±10%。

检验方法：尺量检查。

3）嵌填的密封材料表面应平滑，缝边应顺直，应无明显不平和周边污染现象。

检验方法：观察检查。

4）卷材防水层的收头应与基层粘结，钉压应牢固，密封应严密。

检验方法：观察检查。

5）变形缝嵌填密封材料的缝内两侧基面应平整、洁净、干燥，并应涂刷基层处理剂；嵌缝底部应设置背衬材料；密封材料嵌填应严密、连续、饱满，粘结牢固。

检验方法：观察检查和检查隐蔽工程验收记录。

6）固定式穿墙管应加焊止水环或环绕遇水膨胀止水圈，并做好防腐处理；穿墙管应在主体结构迎水面预留凹槽，槽内应用密封材料嵌填密实。

7）桩头部位结构底板防水层应做在聚合物水泥防水砂浆过渡层上并延伸至桩头侧壁，其与桩头侧壁接缝处应采用密封材料嵌填。

检验方法：观察检查和检查隐蔽工程验收记录。

2. 止水带、止水胶、止水条

（1）主控项目

1）止水带价格、遇水膨胀止水条或止水胶必须符合设计要求。

检验方法：检查产品合格证、产品性能检验报告和材料进场检验报告。

2）中埋式止水带埋设位置应准确，其中间空心圆环与变形缝的中心线应重合。

检验方法：检查产品合格证、产品性能检验报告和材料进场检验报告。

（2）一般项目

1）中埋式止水带及外贴式止水带埋设位置应准确，固定应牢靠。

检验方法：观察检查和检查隐蔽工程验收记录。

2）遇水膨胀止水条应具有缓膨胀性能；止水条与施工缝基面应密贴，中间不得有空鼓、脱离等现象；止水条应牢固地安装在缝表面或预留凹槽内；止水条采用搭接连接时，搭接宽度不得小于30mm。

检验方法：观察检查和检查隐蔽工程验收记录。

3）遇水膨胀胶应采用专用注胶器挤出粘结在施工缝表面，并做到连续、均匀、饱满，无气泡和孔洞，挤出宽度及厚度应符合设计要求；止水胶挤出成形后，固化期内应采取临时保护措施；止水胶固化前不得浇筑混凝土。

检验方法：观察检查和检查隐蔽工程验收记录。

4）中埋式止水带的接缝应设在边墙较高位置上，不得设在结构转角处；接头宜采用热压焊接，接缝应平整、牢固，不得有裂口和脱胶现象。

检验方法：观察检查和检查隐蔽工程验收记录。

5）中埋式止水带在转弯处应做成圆弧形；顶板、底板内止水带应安装成盆状，并宜采用专用钢筋套或扁钢固定。

检验方法：观察检查和检查隐蔽工程验收记录。

6）外贴式止水带在变形缝与施工缝相交部位宜采用十字配件；外贴式止水带在变形缝转角部位宜采用直角配件。止水带埋设位置应准确，固定应牢靠，并与固定止水带的基层密贴，不得出现空鼓、翘边等现象。

检验方法：观察检查和检查隐蔽工程验收记录。

7）安设于结构内侧的可拆卸式止水带所需配件应一次配齐，转角处应做成45°坡角，并增加紧固件的数量。

检验方法：观察检查和检查隐蔽工程验收记录。

8）后浇带部位补偿收缩混凝土浇筑前，后浇带部位和外贴式止水带应采取保护措施。

检验方法：观察检查。

3. 水泥基渗透结晶防水涂料

（1）主控项目

水泥基渗透结晶防水涂料必须符合设计要求。

检验方法：检查产品合格证、产品性能检验报告和材料进场检验报告。

（2）一般项目

1）水平施工缝浇筑混凝土前，应将其表面浮浆和杂物清除，然后铺设净浆、涂刷水泥基渗透结晶型防水涂料，再铺 30～50mm 厚的 1：1 水泥砂浆，并及时浇筑混凝土。

检验方法：观察检查和检查隐蔽工程验收记录。

2）垂直施工缝浇筑混凝土前，应将其表面清理干净，再涂刷水泥基渗透结晶型防水涂料，并及时浇筑混凝土。

检验方法：观察检查和检查隐蔽工程验收记录。

3）后浇带两侧的接缝表面应先清理干净，再涂刷水泥基渗透结晶型防水涂料；后浇混凝土的浇筑时间应符合设计要求。

检验方法：观察检查和检查隐蔽工程验收记录。

4）桩头顶面和侧面裸露处应涂刷水泥基渗透结晶型防水涂料，并延伸到结构底板垫层 150mm 处；桩头四周 300mm 范围内应抹聚合物水泥防水砂浆过渡层。

检验方法：观察检查和检查隐蔽工程验收记录。

7.5 成品保护措施及要求

7.5.1 成品保护措施

1. 地下防水工程成品保护措施

（1）地下室底板防水层施工完成后，为防止后续施工对防水层造成破坏应及时做细石混凝土保护层进行保护，预铺反粘法施工预铺反粘类防水卷材时可不做保护层。

（2）地下室外墙防水层施工完成后，为了防止后续室外土方回填作业及其他硬物对防水层的破坏，应及时进行防水保护层施工，可采取 XPS 挤塑板或砌筑保护墙等措施。

（3）地下室顶板防水层施工完成后，面临后续工序施工及机械回填等可能造成的破坏，应及时进行保护层施工，可采用水泥砂浆保护层、聚乙烯膜、聚酯无纺布或细石混凝土保护层。

2. 屋面防水工程成品保护措施

屋面防水层的成品保护是一个非常重要的环节。屋面防水层完工后，往往在后续工序作业时会造成防水层的局部破坏，所以必须做好防水层的保护工作。

（1）伸出屋面的管道、设备或预埋件等，应在保温层和防水层施工前安设完毕，屋面防水层完工后，严禁在其上凿孔、打洞，破坏防水层的整体性，以避免屋面渗漏。

（2）屋面防水工程中沥青类的防水卷材也可直接采用卷材上表面覆有的矿物颗粒或铝箔作为保护层。

7.5.2 成品保护要求

1. 地下防水工程在防水层完工并验收合格后应及时做保护层。保护层应符合以下规定：

（1）顶板的水泥砂浆保护层或细石混凝土保护层与防水层之间宜设置隔离层，防止保护层伸缩变形而破坏防水层。细石混凝土保护层厚度：机械回填时不宜小于70mm，人工回填时不宜小于50mm。

（2）顶板采用土工布或聚酯无纺布作保护层时，单位面积质量不应小于300g/m^2。

（3）底板细石混凝土保护层厚度不应小于50mm。

（4）侧墙宜采用聚苯乙烯泡沫塑料板、发泡聚乙烯、塑料排水板等软质保护材料或铺抹20mm厚1：2.5水泥砂浆。

（5）高分子自粘胶膜防水卷材采用预铺反粘法施工时，可不做保护层。

2.屋面防水工程完成后保护层应符合以下规定：

（1）防水层上的保护层施工，应待卷材铺贴完成或涂料固化成膜，并经检验合格后进行。

（2）用块体材料做保护层时，宜设置分格缝，分格缝纵横间距不应大于10m，分格缝宽度宜为20mm。

（3）用水泥砂浆做保护层时，表面应抹平压光，并应设表面分格缝，分格面积宜为1m^2。

（4）用细石混凝土做保护层时，混凝土应振捣密实，表面应抹平压光，分格缝纵横间距不应大于6m。分格缝的宽度宜为10～20mm。

（5）块体材料、水泥砂浆或细石混凝土保护层与女儿墙和山墙之间，应预留宽度为30mm的缝隙，缝内宜填塞聚苯乙烯泡沫塑料，并应用密封材料嵌填密实。

（6）保护层的允许偏差和检验方法见表7-21。

保护层的允许偏差和检验方法　　　　　　　　　　表 7-21

项目	允许偏差（mm）			检验方法
	块体材料	水泥砂浆	细石混凝土	
表面平整度	4.0	4.0	5.0	2m靠尺和塞尺检查
缝格平直度	3.0	3.0	3.0	拉线和尺量检查
接缝高低差	1.5	—	—	直尺和塞尺检查
板块间隙宽度	2.0	—	—	尺量检查
保护层厚度	设计厚度的10%，且不得大于5mm			钢针插入和尺量检查

（7）保护层强度等级应符合设计要求，即水泥砂浆强度等级不应低于M15，细石混凝土强度等级不应低于C20。

（8）浅色涂料类保护层应与防水层粘接牢固，厚度应均匀，不得漏涂。

7.5.3 管理与维护

（1）防水工程应建立管理、维修、保养制度，内容应包括巡检程序、识别关键部位和范围、确定责任人、制定维护措施等。

（2）建设单位、总承包单位和物业单位应保存与防水工程相关的原始资料，建设单位和总承包单位保存期不得少于保修期，物业单位保存期不得少于设计工作年限。

（3）总承包单位在向建设单位提交工程竣工验收报告时，应向建设单位出具包括防水工程的质量保修书。质量保修书中应当明确防水工程的保修范围、保修期限和保修责任等。工程交付时总承包单位应向建设单位提供防水工程资料；建设单位应向业主单位和物业单位提供防水工程使用和维护说明书。

（4）在正常使用条件下，防水工程在保修范围和保修期限内发生质量问题的，施工单位应当履行保修义务并对造成的损失承担赔偿责任；保修期满至防水设计工作年限内，由业主委员会或委托物业单位申请公共维修基金进行维护维修；防水达到设计工作年限时应进行评定，根据评定结论进行维修或翻新。

（5）对于已经投入使用的建筑，在开展现场维护、维修作业时，应建立高空作业、动火和有限空间作业的安全管理制度和保证措施。屋面工程维护严禁与外墙面、地面等相关联操作面交叉作业，阵风 5 级及以上时，不能进行高空作业。

（6）严禁在屋面上凿孔打洞和重物冲击、使用明火或燃放烟花爆竹。严禁在裸露防水层上使用沥青、油脂、化学溶剂或其他可能对防水层使用寿命产生影响的物质。裸露的防水层上应防止刺穿或损坏。

（7）金属屋面的防水密封胶达到材料正常使用年限时，应重新进行打胶密封。

（8）防水工程进行修补时，应确保新旧材料相容。

（9）屋面排水系统应保持畅通，应防止水落口、檐沟、天沟堵塞和积水。

（10）地下建筑物的渗漏治理方案应长期有效。不得造成原结构混凝土的破损出现混凝土酥松掉块和新裂缝产生；剔槽作业不得裸露钢筋；注浆工艺在满足渗漏治理的同时应减少对原防水系统的破坏；引排措施应符合地质条件要求，且有序引入排水沟或废水泵房。

（11）设备集中房间的渗漏治理应保障设备正常运转的温度、湿度要求。

（12）采用在结构衬砌内限量排水的矿山法地下工程，应根据地质情况制定排水系统导水管的岩层结晶物清理周期，确保排水畅通。

（13）桥梁工程伸缩缝内的垃圾尘土应及时清理，每个季度应至少清理一次。伸缩缝橡胶止水带等防水密封系统出现渗水，漏水现象，应及时维护，修补或局部更换。

7.6 安全保护措施及要求

7.6.1 安全保护措施

（1）安全保护目的为加强安全管理，保障施工现场施工的顺利进行，确保参与施工的人员及财产安全。

（2）安全保护范围适用于所有施工现场的作业。

（3）安全保护的职责：

1）项目经理是施工现场安全第一责任人，负责施工现场的安全管理。

2）项目部技术负责人负责对施工现场的作业控制实施。

（4）安全保护措施要求：

1）根据工程实际需要，按照工程结构形式、现场作业条件编制相应的施工组织设计或方案。

2）安全生产部要定期检查施工现场的安全作业情况，对不符合安全要求的要制定整改方案，指定整改日期和整改负责人，指定整改完毕后的检查验收人员。

3）对现场安全有相关要求的人员必须持证上岗，严格按操作规程进行操作，严禁违章操作。

4）应当进行技术交底。

5）现场施工人员要经过严格训练才能上岗。

6）施工人员进入施工现场，必须遵守工地的各项安全规章制度，一切听从班组长和现场管理人员的统一领导和安全施工。

① 施工人员应戴好防护工具如安全帽、安全带、防护手套等方可进行施工。

② 交叉作业时要佩戴安全帽，并且要设专门的安全监护人员。

③ 有关安全技术的未尽事宜，按国家和地方的有关规定执行。

（5）安全保护针对防水作业防护具体措施：

1）患皮肤病、眼结膜病以及对沥青严重敏感的工人，不得从事沥青施工工作。沥青作业每班适当增加间歇时间。

2）皮肤不得外露。装卸、搬运防水涂料，必须洒水，防止粉末飞扬。

3）需加热施工类桶装涂料时，应先将桶盖和气眼全部打开，防止专用设备进行加热。严禁火焰与油直接接触。

4）需加热施工类防水涂料加热时不得设在电线的垂直下方。

5）加热类防水涂料加热时应安排有经验的工人看守，要按照材料说明随时测量控制温度。

6）屋面铺贴卷材，四周应设置1.2m高围栏，靠近屋面四周沿边应侧身操作。

7）在地下室基础、池壁、管道、容器内等处进行溶剂型防水涂料作业时，应定时轮换间歇，通风换气。

8）严格遵守技术操作规范，按技术交底进行工作。

9）配合企业做身体健康定期检查，以保证身体健康。

7.6.2　安全保护要求

（1）设置安全警示标志牌，在易发伤亡事故（或危险）处设置明显的、符合国家标准要求的安全警示标志牌。

（2）在施工作业面处设置高空维护，以保证施工人员的安全。楼板、屋面、阳台等临边防护，采用密目式安全立网全封闭，作业层另加两边防护栏杆和18cm高的踢脚板。

（3）通道口防护需设置防护棚，防护棚应为不小于5cm厚的木板或两道相距50cm的竹芭。两侧应沿栏杆架用密目式安全网封闭。预留洞口防护应用木板全封闭；短边超过1.5m长的洞口，除封闭外四周还应设有防护栏杆。如有电梯井等需设置定型化、工具化、标准化的防护门；在电梯井内每隔两层（不大于10m）设置一道安全平网；楼梯边需设置

1.2m 高的定型化、工具化、标准化的防护栏杆，18cm 高的踢脚板。上述防护措施根据现场实际情况进行选取设置。

（4）垂直方向交叉作业需设置防护隔离棚，高空作业应设置有悬挂安全带的悬索或其他设施；有操作平台，有上下的梯子或其他形式的通道。

（5）遇到"四口、五临边"防护设施不到位的地方，要及时汇报业主单位。

（6）进入施工现场必须戴好安全帽，安全帽由公司统一配备，安全帽使用方法如下：

1）选用适合自己头型的安全帽，帽衬顶端与帽壳内顶必须保持 20～50mm 的空间。

2）安全帽必须戴正，否则一旦头部受到物体打击，就不能减轻对头部的伤害。

3）必须扣好下颏带，否则一旦发生坠落或物体打击，安全帽就会离开头部起不到预期的安全保护作用。

4）安全帽在使用过程中会逐渐损坏，要经常进行外观检查。

（7）所有安全防护用品必须有合格证、检测报告，并做好安全劳动防护用品的使用登记工作，做到有案可查。

（8）禁止穿硬底和带钉易滑的鞋，必须戴好安全帽。

（9）所用材料要堆放平稳，工具应随手放入工具袋（套）内，上下传递物件禁止抛掷。

思考与练习

1. 简答题

（1）简述室内工程防水基层要求。

（2）地下工程中常见防水卷材的搭接宽度各是多少？

（3）在地下工程中高分子自粘胶膜防水卷材采用预铺反粘法施工时有哪些质量要求？

7-1 思考与练习答案

2. 拓展训练

在某一地下工程项目中，钢筋工小王听说该项目防水施工正在抢工期，通过老乡小李的介绍进入工地现场进行防水施工。由于前一天夜里降雨，所以到达现场后先将明水进行了清扫，清扫后在现场喷涂沥青基层处理剂，然后进行了耐根穿刺防水卷材的热熔施工，但在次日施工完成的部位发生大面积空鼓，请分析后简述原因，并说明本案例存在的问题及改进措施。

7-2 地下工程应防水材料进场抽样检验表

7-3 屋面防水材料进场检验项目表

7-4 室内防水材料进场检验项目表

附　录

1. 道路桥梁隧道工程防水设计

学习者通过对道路、桥梁工程防水设计的学习，掌握道路防排水设计、桥梁防水设计、市政隧道工程构筑防水等相关知识。

附录1-A 道路
桥梁隧道工程
防水设计

附录1-B 道路
桥梁隧道工程
防水设计

2. 道路桥梁防水工程施工

道路桥梁防水工程施工包括道路桥梁防水施工要求、道路桥梁防水施工方法、道路桥梁防水节点加强措施、桥梁防水工程施工实例解析等内容。

附录2 道路桥梁
防水工程
施工

参考文献

[1] 张道真. 建筑防水 [M]. 北京：中国城市出版社，2014.

[2] 沈春林. 屋面工程防水设计与施工（第二版）[M]. 北京：化学工业出版社，2016.

[3] 王寿华，王比军. 屋面工程设计与施工手册. 北京：中国建筑工业出版社，1996.

[4] 刘宇，赵继伟，赵莉. 屋面与装饰工程施工. 北京：北京理工大学出版社，2018.

[5] 鞠建英. 实用地下工程防水手册. 北京：中国计划出版社，2002.

[6] 张凤祥，朱合华，傅德明. 盾构隧道 [M]. 北京：人民交通出版社，2004.

[7] 戎建波，谭辉，丛连庆，等. 常州某厂房消防废水池工程防水施工技术. 中国建筑防水，2014.

[8] 张美聪. 厦门轨道交通 2 号线跨海盾构隧道防水设计. 湖北武汉：中国建筑防水，2019.

[9] 李志勇，王江帅，李彦伟，赵永祯. 道路防排水技术. 北京：人民交通出版社，2011.

[10] 朱祖熹，陆明，柳献. 隧道工程防水设计与施工. 北京：中国建筑工业出版社，2012.

[11] 王秀花. 建筑材料. 北京：机械工业出版社，2003.7.

[12] 祖青山. 建筑施工技术. 北京：中国环境科学出版社，1997.10.

[13] 卢循. 建筑施工技术. 上海：同济大学出版社，1999.7.

[14] 高琼英. 建筑材料（第 2 版）. 武汉：武汉理工大学出版社，2002.4.

[15] 姚谨英. 建筑施工技术. 北京：中国建筑工业出版社，2016.

[16] 魏鸿汉. 建筑材料. 北京：中国建筑工业出版社，2003.

[17] 冯为民. 建筑施工实习指南. 武汉：武汉工业大学出版社，2000.7.